新視野 · 新觀點 · 新活力

ReNew

新視野・新觀點・新活力

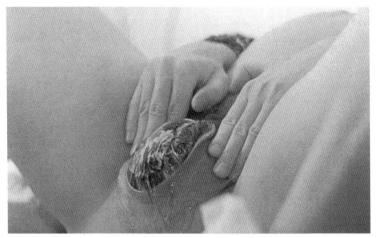

(a)

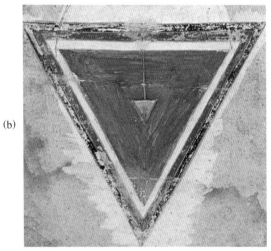

(b)

(c)

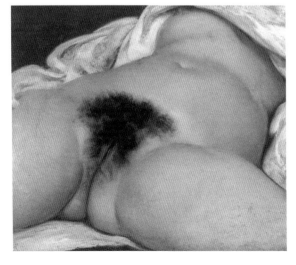

女陰風光：(a)分娩的女陰；
(b)女陰冥想圖——始自太初
的三角形，大母神的象徵
（印度拉加斯坦，十七世
紀）；(c)庫爾貝的畫作《世
界的源頭》，一八六六年。

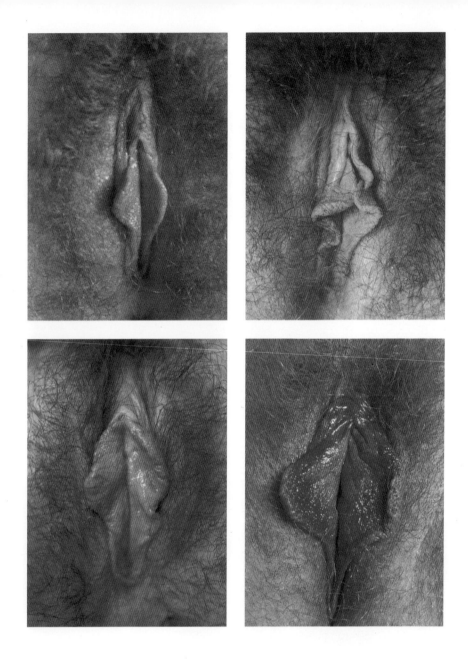

牡丹、嫩蕊、花心：女性外生殖器的形式、風采各異，令人嘆為觀止，每個女人的女陰
都獨一無二。

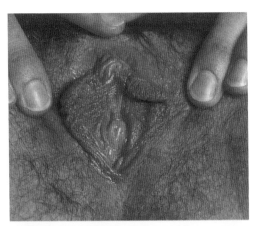

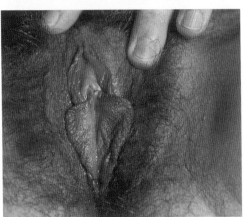

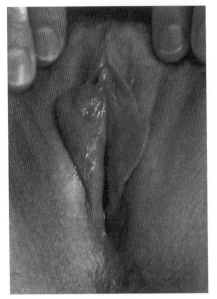

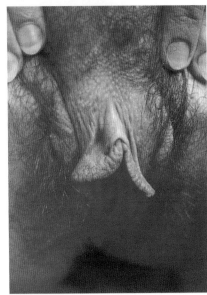

(a)

(b)

(c)

雌巴諾布猿享受性慾之歡:(a)雌巴諾布猿生殖器的位置較靠身體正面,陰蒂突出明顯;
(b)巴諾布猿也懂得自慰之樂;(c)巴諾布猿兩相對望,彼此磨蹭陰部,一隻小巴諾布猿也
想加入。

女陰

The Story of V

Opening Pandora's Box

揭開女性秘密花園的秘密

凱瑟琳·布雷克里琪（Catherine Blackledge） 著

郭乃嘉 譯

緣起　　　　　　　　　　　　005

1 世界的源頭　　　　　　　015

2 玉戶　　　　　　　　　　073

3 天鵝絨革命　　　　　　　113

4 夏娃的秘密　　　　　　　151

5 打開潘朵拉的盒子　　　　199

6 芳香花園　　　　　　　　255

7 高潮的作用　　　　　　　303

參考書目　　　　　　　　　361

圖片出處　　　　　　　　　373

譯名對照表及索引　　　　　377

縁起

這本書談的是世人對女陰的看法，有非正統的，有饒富趣味的，有見解偏狹的，也有革命性的。讀者將在書裡看到來自各個領域、出自科學、歷史、神話及民間傳說、語言與文學、以及人類學與藝術的眾多女陰觀點，我的目的是要盡我所能完整、坦率地呈現出女性性器的全貌。這可以說是對女陰的廣角綜觀，我期盼這本書能讓讀者就此對女陰有全新的看法。

你對女性性器官有什麼感覺？女陰對你有何意義呢？在很多人眼裡，女陰是女性性歡愉的中心，人類由此受孕誕生；女陰也是喚發兩性強烈性慾的處所。女陰觀不僅止於此。有些人認為女陰代表神聖的性愛，是受膜拜的對象，是生命的源頭，是生殖力的象徵；但有些地方的人認為女陰是能煞人威風、去人力量的可怕帶齒器官「有齒女陰」。同時，還有許多文化認為，女性身體的這個部分在公共場所一定要遮蓋起來，談話中不可提及「陰部」這個詞；然而，在成人刊物上，修改過的女性性器照片卻從便利商店的貨物架上俯視眾生。對女陰的看法林林總總，你的看法又是哪一種？

還沒蒐集研究資料寫作本書之前，我也有自己的女陰觀。我必須承認我的觀點有些狹隘。我的雙腿間有個陰戶，跟性事、歡愉、排經血與小便有關；無奈的是，跟痛苦也有關，或許將來也會跟生孩子有關。這些是陰戶的事實，但是若要談我對自己陰部的感覺，我還真說不上來。如果有人這樣問我，我可能會說：「很好啊，好得很，是我身體享受歡愉的美妙部分。」可是，如果我的感覺這麼正面，為什麼有時說到「陰部」還會臉紅？是羞恥心還是難堪之情作祟嗎？

在思忖自己的女陰觀時，我成長的西方文化給予的衝突訊息教人感到困擾。擁有女陰，意謂著我擁有為人世帶來新生命的特殊能

力，可是自出生以來，我與無女陰的人受到的待遇又不同。不同待遇通常就是指較差的待遇，有女陰意謂著我可能與無女陰的人同工不同酬，可能受到二等公民的待遇，會讓我不時遭人看扁。我也知道，如果我生長在另一個社會，有女陰可能帶來更多限制和危險，還可能要了我的命。

儘管女陰帶來歡愉，但是想到這些環繞女陰的情緒，想到以某些宗教觀點而言，有女陰似乎會嚴重阻礙我的靈性成長，我怎能以女性性器為傲呢？老實說，我不喜歡自己兩腿間那兒；說得更明白點，我不喜歡自己對女性性器的觀感，不喜歡自己對女陰的所知所聞。我希望有更多看待女陰的方式，這就是我想要以女陰為題寫一本書的起因。為了尋找女性性器的新觀點，為了看看自己能否得到一個較為持平的女陰觀，我踏上了一場漫長的個人探索。我能改變自己對女性性器的感覺嗎？這本書就是我找到的答案。這既是一趟尋寶之旅，也是一趟自我啟迪之旅。

我自小浸淫在科學領域，這場探索之旅的第一站自然是探究當今的科學、醫學與解剖學界如何看待女性與女性性器。一探之下，教我大感訝異。這些領域充滿了爭議矛盾之論，嚴重欠缺像樣的新近研究讓情況更糟糕。各家爭辯女性是否有前列腺；假使有前列腺，功用又何在。對於陰蒂的結構及陰蒂在性歡愉與生殖作用扮演哪一種角色，學者看法分歧。有些研究清楚顯示陰道內壁很敏感，有些研究卻信心滿滿（儘管立論有誤）地力陳陰道內壁感覺遲鈍。談到性高潮及女性性高潮的作用時，各種想像力豐富的理論不一而足，卻沒有一個答案令人信服。

對於女性性器的構造、作用與感受歡愉的能力如此欠缺了解，讓我大感不解。如果說，女性性器擔負了地球上最重要的工作——

受孕、懷胎與產下後代——為什麼清楚、正確且前後一致的資訊這麼少？為什麼陰道、陰戶或生殖道之類的詞彙一出現在研究計畫中或經費補助提案的標題上，經費就難以取得？現在可是二十一世紀耶！然而，就在這一堆立論偏頗的過時醫學觀點中，我初次聽到一道另類觀點的聲音。就在我深入科學與媒體交善的表象下探究之際，又驚又喜地發現驚奇之事正發生在生殖生物學的領域中，一場女陰革命正在醞釀著。

雌性選擇是這場科學革命的主題，被推翻的信條是：雌性生殖器是被動的容器，只是精子進入及子代出世的通道。幾個世紀以來，雌性生殖器是生殖作用中完全無主控權的被動容器這個概念，支持者有增無減，這種看法部分解釋了以往花在研究雌性生殖器的結構與作用的時間和經費為何如此稀少。然而，女陰是被動容器的概念可能是科學史上的一大誤解。

值得玩味的是，現在卻有越來越多的研究顯示，雌性生殖器具有選擇與控制權，是對有性生殖結果有主控權的複雜器官。令人驚訝的是，研究結果也逐漸顯示，許多雌性動物拜聰明的生殖器之賜，能決定哪個雄性有幸成為父親。這種新思考當然會對旨在模仿有性生殖過程的科技造成重大影響，因為大多數生殖輔助科技都以女性性器是被動容器為前提。

以雌性生殖器對有性生殖的重要性為著眼點，本書也討論了多種物種的雌性生殖器。能看的東西可多了，只是驚鴻一瞥，就足以讓人知道各物種雌性生殖器的差異可大了。我沒想到雌性生殖器構造的變異如此之大、如此之美，這般複雜精細的體內構造實在教人驚嘆，以前根本不曉得。我原本以為會有一種不起眼、「全部適用」的雌性生殖器，讀者將看到完全不是這麼一回事，神奇的雌性

生殖器可貯存、排出並殺死精子，審慎準確地選出基因最相容的精子。其他物種的雄性生殖器也在此一併討論，想要一窺雌性生殖器壯觀的全貌，當然必須了解其共享歡愉的搭檔——雄性生殖器；若要研究雄性生殖器，一定要探討雌性生殖器。本書將揭露兔類、鳥類、蜂類、巴諾布猿等各種動物的性生活，說明雌性與雄性生殖器如何以各種創意十足的方式結合。

討論過其他物種的生殖器與交配行為細節之後，本書也將重新思考「陰蒂是陰莖殘跡」這一類學者爭論多年的棘手問題。研究了其他雌性動物的生殖器之後，我找到許多答案。讀者會發現男人跟女人一樣有陰蒂，鼻子和性器有個好理由密切相關：鼻子也有陰蒂。而在體內的部分，讀者將會看到，女性性器內部的生態系統既是精子的保鏢，也是剔除精子的門房與精子分類器，將會了解什麼是女性前列腺和名聲響亮的女性射液。女性的性高潮與性歡愉也有了革命性的解釋。

出於不滿既有的女陰觀而進行的這一路探索，意外讓我重新思考科學研究的本質。科學通常被視為講究客觀的領域，探討某個東西或概念的科學報告都標榜立場中立，不受個人或社會的情緒或看法左右。可是，目之所及，各種科學研究都不乏主觀之論。比方說，研究者一向認為，許多物種的雌性都是行單偶制，只願與一個雄性交配，這個理論現在證明是錯誤的；大部分物種的雌性都是行多偶制，選擇與多個雄性交配。雌性行單偶制的概念，其實是受意識型態而非證據主導的科學概念，這種概念背後的意識型態主張的是雌性不同於雄性、不會也不能體驗性慾和性歡愉的過時觀點。由此得到的啟示就是，科學與其他學界一樣主觀；要了解科學理論，就不能不了解創造這些理論的文化。

探索西方科學、醫學與解剖學女陰觀遞嬗的歷史時，我再次注意到固守單一觀點的危險，及其對科學推論的影響，女陰觀的歷史顯露了這些領域對女陰的想像極為偏狹。一言以蔽之，武斷陳腐的理論主張男人是衡量女人的基準，主張用男性陰莖這把尺來測量女性性器官。這種不可靠的偏頗之論造成的結果就是，文藝復興時期的解剖學家宣稱陰道是發育不良、沒有外翻的陰莖，卵巢是睪丸，子宮是陰囊，而陰蒂也是一個陰莖。儘管反證的證據擺在眼前，他們還是如此陳言，因為必須附和主流的權威觀點。科學所稱的客觀原來不過如此。

　　以後見之明審視歷來的女陰觀，也讓我發現一些驚奇的事。有些解剖學家勇氣過人，大膽發表新穎的女陰觀，本書將摘錄他們對女性性器構造與功用的先知灼見與創新描繪。有件事令人震驚：學者在一六七二年對陰蒂構造的了解，比我出生的一九六八那一年還透澈。為什麼三百年後的世人對於一六七二年發表的報告幾乎一無所知呢？為什麼這項傑出發現沒有後續的研究、沒有引起更廣泛的討論呢？讀者將會看到，答案就在促成世人誤以為女性性器為被動容器、對生殖作用沒有貢獻的背景，西方宗教和以往的道德觀也是促成這種女陰觀的一大要素。

　　宗教——社會的信仰體系——一向是敏感話題。研究以往各宗教對女性性器的看法時，我看到南轅北轍的觀點。在西方宗教這一頭，女陰是通往地獄的大門，是人世所有苦難紛爭的源頭，是引誘男人墮落的禍水，世人懼怕、嘲笑並厭惡女陰。然而，源自印度與中國的信仰系統則持相反的觀點，這些信仰主張女陰是世界的象徵性起源，是所有新生命的源頭，是追求長生不老的途徑；女陰在這些地方受人崇拜、愛戴與尊崇，享有神聖的地位。就算我不相信文

字記載，也還有鮮明的女陰藝術為證，各種圖畫、塑像與雕刻再再證實，幾千年來這麼多不同文化的民族如此崇敬女性性器。

為了尋求殊異的女陰風光，我將眼界放得更寬，研究了語言、文學、神話、藝術與人類學，百家爭鳴的觀點就此湧現。在西方以外的文化中，人們以鮮明、感官、愉悅的字眼談論女性性器。意外發現「陰穴」（cunt）[1]這個字的來源讓我興奮了老半天。文學、神話與人類學開拓了我的視野，讓我重新思考不同文化為何都如此重視女性性器。各地生動的女陰藝術和神話傳說，或讓我捧腹大笑，或讓我悲傷落淚。美國新墨西哥州如狼似虎的「女陰女孩」、夏威夷的女陰誦唱與歌曲、以陰蒂為主題的翻線遊戲、諸多對外型各異陰蒂的鮮活描述、肆無忌憚的「寶波美人」和作風大膽的「城堡之女」都是例子。往前回溯到史前時代，我發現遠古初民崇敬女陰；女陰不但是生殖力的象徵，也是驅逐邪魔的工具。看來女陰觀極其多樣，原來我雙腿之間如此有價值，如此讓人津津樂道。

所以，以下就是我的女陰故事。恰如其分，這不是直線敘述的故事，也不可能是完整的女陰故事，我確信女陰的故事會隨著時間而改變。我只希望能以最豐富的觀點、最多重的聲音，向最廣大的讀者述說這個沒有人說過的故事。從科學的角度來看，我期望這本書能讓世人了解雌性生殖器在性歡愉與生殖作用上扮演的重要角色；從情感的觀點來看，我盼望這本書呈現的觀點能讓世間男女明白女陰和女性的重要性。人們不了解、不重視的東西就容易遭到忽略和破壞，歷來世人看待和對待女性性器的方式就是個很好的例子。我渴望透過展現女性性器的構造、功用、氣味、性歡愉、生殖作用、

---

1 譯註：這個字一般是罵人王八蛋、爛人、賤人的粗話。

性高潮、藝術、語彙和神話，讓世人就此一解女性性器美麗、迷人、令人興奮、教人感嘆的諸多樣貌，讓女陰從此受到珍視。

有個動作串連起本書的開頭與結尾，想當然爾，這是個和女陰有關的行為，一個女性行之數千年的舉動。本書第一章談到，史上最常見的女陰動作就是女人掀裙子露女陰；讀者將會看到，這個動作不但大膽、自豪、效果強烈，也具有驚人的威力。我還發現這也是個挑戰權威的動作。完成本書的初稿後，我到附近一家慈善商店，準備犒賞自己一條新裙子。店裡人潮眾多，當我離開更衣室時，撞見一名光著上身的男子。「那沒什麼，」結帳處一名女子說：「妳絕對猜不到我上星期看到什麼。」她還沒說下去我就曉得了。有個可能是難民的老婦被店員懷疑在店裡行竊，這名婦人被逼到角落無處可逃，便做了唯一能讓她重拾自尊與人世地位的動作——撩起裙子露女陰。看來她沒有忘記女陰的力量，店員也沒找她麻煩。

如果沒有家人、朋友、同事、維登斐德與尼可森出版公司的工作人員、甚至那些素昧平生之士，給我這麼多支持，我就完成不了這趟認識女陰之旅。我要感謝來自諸多研究領域的人，慷慨撥冗與我分享知識，聽我說，跟我說，問我問題，給我建議。女陰的事實讓我驚奇，發現處處有好心人、在最奇特最出人意料之處獲得援助也讓人很開心。所以，巴菲、史派克、裘斯，謝了。但是，最感謝的是我的家人。衷心感謝媽媽、爸爸、海倫和吉羅德、安德魯、保羅、珍妮特和傑米、多明尼克、班尼迪克、史提夫和梅西給我物質、經濟和精神上的支助。最後，謝謝爸媽總是在我需要時載我一程，毫無條件地愛我。謝謝珍奈特一路陪我走來，教了我好多感情的道理。謝謝史提夫回到我身邊，教我新事物。我愛你，史提夫，我也會記得的。

1
世界的源頭

加泰隆尼亞人有句諺語是這麼說的:「一見女陰,大海就會風平浪靜。」對女陰的崇拜,讓當地的漁家婦女有個在丈夫出航前向大海展示女陰的祈福習俗。想當然爾,加泰隆尼亞人也相信女人朝海浪撒尿會引起暴風雨。據民俗傳說所言,展露女陰不但能平息大浪,也能安撫大自然;比方說,印度南部馬德拉斯的婦女就以展露性器收服強烈的暴風雨而知名。一世紀的古代史史家老普林尼在他的作品《博物誌》中寫過,冰雹、旋風和閃電一碰到裸露下體的女人,就會平息消散。

　　展露女陰足以平息自然力,但是古代歷史與傳說所述的女陰威力不僅止於此;許多社會也認為女性性器是有效的驅邪物,相信女性展現陰戶能防杜禍害發生。驅逐邪魔、抵擋惡靈、威嚇猛獸、嚇退敵軍、趕走神祇——這些都是建立部分女陰威力美名的英雌冒險行徑。因此,我們在許多文化都找得到女人大膽展露女陰的故事。以老普林尼與同是古代史家兼哲學家的普魯塔克為例(c.46-c.120 CE),兩人都曾描述大英雄與神祇見了女性性器就逃之夭夭的故事。十六世紀落腳北非的旅人也曾記載,當地人相信獅子見了女陰會落荒而逃;而葬禮也會聘請婦女擔任送葬者,目的是要展現女陰以驅除邪靈。俄羅斯有個民間故事說的就是,一頭走出森林的熊見了一名年輕女子掀裙子,立刻逃離現場。看來,危難當前時,女性最好的對策就是把裙子一掀,男性則千萬記得要站在姊妹身旁。

　　現在看來,這種女陰觀可能不可思議,甚至讓人惴惴不安。女陰能平息自然力並驅逐惡魔?可以確定的是,這種看待女性性器官的方式在今日大部分文化中並不尋常。在二十一世紀的西方世界,女性展露性器官一定牽扯上性、色情或挑逗撩人的姿態,無關威力與影響力。很多人認為,女人暴露女陰惹人反感、有欠端莊,根本

談不上是受人歡迎之舉或避難處。女人自己則認為,在公開場所展露女陰較有可能引發丟臉、困窘之感,而非受尊敬、享權威的感覺。今日有些文化不但極力禁止公開展露女性性器,連私下也難得一見,讓赤裸女陰的負面聯想更為嚴重。分娩大概是現代裸露女陰最具影響力的時刻——女人的女陰大張,奇蹟似地讓寶寶安全來到人世。我們可以說,這張分娩照是女性性器官唯一「准許」公開露臉的機會(見彩圖頁),也是人們唯一可以自在觀看而不會臉紅或不好意思的女陰圖像。

不過,女人掀裙子展威力在世界各地都有悠久的歷史。從義大利阿布魯佐地區有女人掀裙子露女陰施展威力的故事,到印度也有女人掀裙子驅除邪靈的說法,女性展現性器官的故事在各個文化的歷史、民間傳說和文學中處處可見。十八世紀艾森為拉芳登的《寓言》所繪的美麗蝕刻版畫,描繪了女陰驅逐邪魔的威力(見圖1.1)。在這張引人注目的圖片裡,一名站立的年輕女子自信無懼,勇敢面對惡魔。她左手輕扶著牆,

圖1.1 遭女陰展示嚇退的惡魔。

右手則高高掀起裙子，向撒旦展示她的性器。撒旦看到她裸露的性器官，害怕地將身子往後縮。故事中說，這名女子因此擊退了來犯的撒旦，拯救了她的村子。幾個世紀之前，法國作家拉伯雷在他的故事中，也讓老婦巴波非吉耶赫以同樣的方式打垮妖魔；十七世紀的馬克杯上就曾生動描繪這幅女陰大戰惡魔的場景，這個景象絕對讓人喝起飲料更加津津有味。

裸露女陰可擊退敵人、驅除惡魔的看法似乎也經久傳世、散見各地。很重要的一點是，有關暴露女陰達成某種效果的記載，並非獨見於單一的歷史時期或文化，而是橫跨數千年，由古至今（如「緣起」的故事所示）橫越各大洲。普魯塔克在〈女性英勇事蹟〉一文中提到一群婦女掀裙子露女陰，改變了戰事的結果。他描述在一場波斯與米底亞的戰役中，眼看來犯的米底亞軍勢如破竹，喪了膽的波斯男人準備棄甲逃亡，卻被波斯婦女擋住去路，大罵他們孬種，還掀了裙子，叫她們的男人看女陰。波斯男人受此屈辱，回頭上陣，一舉打敗敵軍。

來到二十世紀，西方報刊也登過類似的新聞。一九七七年九月二十三日的《愛爾蘭時報》上，馬漢—史密斯寫過以下這則故事：

> 我家附近的一個村子裡，有兩個農家是世代血仇。一次世界大戰前的某一天，一家的男人帶了乾草叉和李樹製成的粗手杖攻打仇家，仇家的女主人出現在農舍門口，將裙子和內衣高掀過頭，向所有來人（我和父親正好路過）展露性器官。對方一看，嚇得一溜煙就跑光了。

在西方世界之外，上一世紀在馬克薩斯群島蒐集到的人類學資

料也顯示，他們對女性性器官同樣深表敬意，儘管方式和西方不盡相同。這個玻里尼西亞文化認為，女性性器官有超自然的力量。馬克薩斯人認為女陰的力量足以驅逐擾人的邪靈，所以這個地方的驅邪儀式就是讓裸女坐在中邪者的胸膛上。在馬克薩斯社會中，女性性器官具有神秘的力量不僅於此；比方說，他們也相信，女人在人或東西的名字前加上「女陰」一詞來詛咒對方，會為對方帶來霉運。我倒沒試過這一招。

在許多人和社會的觀念中，女陰是具有強大威力的器官——如果有女人對你閃現陰戶，就要當心了。可是，女陰展示還有另一個面向。有些女陰儀式顯示，展露的女陰不但能保護人、抵擋禍害，而且同樣重要的是，還蘊含養育和滋養的力量。史有記載，女陰展示也能提升繁殖力，讓植物或大地欣欣向榮。許多西方國家在二十世紀前對女陰神力的信仰，還能見於農婦對亞麻田展露女陰的儀式。農婦會一邊展露一邊說：「請長到我性器官的高度。」聽來或許不可思議，白雪公主的童話故事據說是源自古代義大利一項促進大地繁殖力的習俗；當鐵礦場的產量降低時，人們會將一位美麗的貴族女孩送進礦井，向大地之母展現她生氣勃勃的女性能量。有人就主張，白雪公主的故事是源自義大利柏盧諾北方科地維列河流經的多羅邁特地區，此地以生產富含鎂的鐵礦聞名。

女陰展示對繁殖力的影響還有更深入的發揮方式，我們可以說，古埃及婦女向田地展露女陰是為了達到雙重效果。這種儀式原本是要驅除田上的邪靈，但是趕跑邪靈後的連帶結果也讓人歡喜；沒有邪靈侵擾，耕作的婦女自然能提升莊稼的收成。驅逐邪魔使得繁殖力增加，女陰展示因而有雙重功用。老普林尼記載的一種地方習俗也顯示這種雙重目的，他提到有個地方的女人日出前在田

地走動展示女陰，以驅除害蟲。馬克薩斯群島的豐年祭就以一項感謝該年收成豐登、並祈求來年同樣豐收的儀式作終——陰蒂舞。這種傳統舞蹈的表演方式，是穿著一片裙的年輕女子撩起裙子展示女陰及陰蒂，生殖器上還刻有宗教意涵的花紋刺青。

希臘人稱為「掀衣裳」

那麼，女性這個威力十足、見諸各大洲、多文化又經久傳世的傲人之舉是怎麼來的？這個讓諸多二十一世紀人們看來陌生無恥的驅逐邪魔、增進繁殖力動作，源自何處又代表什麼意義呢？第一筆明確的記載出自世上最古老的文明之一——古埃及。根據古代史家的記載，女人展示女陰是古埃及儀式、慶典和信仰中常見的一個主題。希臘探險家兼歷史學家希羅多德就是這麼一位記錄者，他在西元前五世紀遊遍埃及。在這個希臘人眼中，奇異的古埃及世界與希臘世界的風俗完全背道而馳。據他所述，那裡的「女人上市場、談交易、做生意，丈夫則待在家裡紡織」；在這個他看來性別角色顛倒的國度中，女陰展示是宗教信仰的一部分。也許因為這個動作如此常見，也許因為他倍感震撼，或是因為他必須找個方式向希臘人解釋埃及的習俗，於是為這個動作取了「ana-suromai」這個名稱，源自字面意思是「掀起衣服」的希臘字。有時，這個動作在希臘文也稱為 anasyrma 或 anasyrmos。

希羅多德在埃及記錄下的掀衣裳事件是布巴斯提斯的年度慶典，這是古埃及最盛大、最受歡迎的節慶，猶如當今英國葛拉斯頓伯里的戶外音樂節或印度教的大壺節。這項慶典崇敬的是古埃及眾神中虜獲人心的女貓神貝斯特，她是掌管娛樂、舞蹈、音樂與歡樂

之神，奉祀她的主廟就位於尼羅河畔的布巴斯提斯（城名的字面意思是「貝斯特的寓所」，即今日的札加吉克）。希羅多德在《歷史》（445 BCE）中記載，每年有成千上萬的人搭船來此，狂歡慶祝女貓神節：

> 這會兒，男男女女擠在一艘艘大平底船上順尼羅河而下，參加布巴斯提斯節。有些女人帶著響板，嗒聲響亮；有些則吹著笛子，不分男女拍掌唱和著。每行經一個村鎮，他們就把船航近河岸，然後……一些女人跳著舞，一些則站在船上展露性器官……他們還朝著駐足河邊的村婦高聲咒罵，扯著嗓子說些嘲弄的俏皮話和玩笑，在每個村莊都如此行徑。一到布巴斯提斯，他們就舉行祭品豐盛的祭典，據說在這項慶典中吞下肚的酒量，比一年其餘時間的總和都還多。據布巴斯提斯的居民所述，參加慶典的人數高達七十萬人（包括兒童）。

說來奇怪，世人老是將貓與女性性器官、女性相關事物扯在一塊。英國人最早將 pusse 一字當成女陰名稱是在一六六二年，這個字現在變成 pussy。義大利文指稱母貓的字 chatte 和 gatta 也指女陰，許多文化也將貓與交歡、女性性慾、甚至賣春聯想在一起。女人像貓，男人則從來不會跟貓扯上關係。很多文化認為貓擁有神秘的力量，是女巫的伴侶，並以此為敬；比方說，日本人就相信貓會帶來好運，妓院則以貓為標誌──在這個地方，女陰不但可以看，還能提供更多服務。儘管這是好幾百年前的事了，人們至今仍把貓和女陰聯想在一起，一如女陰展示和埃及歡樂女神貝斯特給人的聯想。

希羅多德並非唯一在國外目睹這種驚人「掀衣裳」之舉的希臘

人，西西里的狄奧多羅斯是另一個目瞪口呆的目擊者。這位寫了四十卷世界歷史叢書的著名史家，在西元前六〇年至埃及遊歷，較希羅多德記載布巴斯提斯節掀裙子歡慶之舉晚了約四百年。狄奧多羅斯記載之事發生在孟斐斯，這個埃及最古老的都城得名自處女月神美奈弗。孟斐斯舉行神聖女陰展示的地點在塞拉皮翁神廟，廟裡如侍奉神明般崇奉著一頭活公牛，稱之為「阿皮斯」。埃及人認為，尊貴的有角獸阿皮斯是至高的創造神卜塔的化身，死去的聖牛會有另一頭活牛遞補，顯示對卜塔的尊敬；正是聖牛不斷遞嬗，造就了掀衣裳的儀式。狄奧多羅斯寫道：「新阿皮斯就位的頭四十天，婦女可入廟觀牛。她們往牛前一站，高高掀起袍子。」

有人主張，這項女陰儀式是以促進阿皮斯的生殖力為目的，這個概念與古埃及社會關注的焦點相符。越來越多的研究顯示，古埃及人以提高土地與人民的生殖力為要務。現在學者多主張，許多古埃及宗教儀式與信仰體系源自埃及人對生殖的迷戀，是他們用以獲致並提升生殖力的方式。古埃及人的掀衣裳之舉會不會是源自人們希望大地與人類生殖力旺盛的原始慾望呢？

掀裙子的神話

要一解女人掀裙子展性器的源頭與意義，就不能不探究各文化的神話。故事與民俗傳統可能蘊藏宇宙人生的真理，而且被該社會尊為可敬的睿智之言，我們也能將社會的神話視為該族群對重大生命課題的看法，儘管神話揭櫫的真理不見得直接明瞭、基於史實或符合科學。有人就說過，若是不了解一個社會的神話，就不可能了解這個社會的人。值得注意的是，不論今昔，所有的社會都有表達

信仰、形塑行為以及解釋其制度、習俗與價值的神話。不同的社會常有相似或相同的傳說，但是「一文化影響另一文化」之說並不足以、也未必能解釋這種現象。有人主張，不同的文化擁有雷同的神話，顯示他們對於某個重大的生命課題具有同樣的思考模式。

許多文化的神話都相信女性性器官和掀裙子的威力，這也許證明了這些社會不願遺忘這種女陰觀，以及這種看待並了解女人和女性性器官的看法。我們發現女陰展示的故事有兩種：一種強調驅逐邪魔之效，另一種著重增強繁殖力。民間傳說與歷史記載中的女陰故事也能如此分類。第一種掀衣裳的故事來自希臘和愛爾蘭的神話，這兩個國家都有豐富的說故事傳統，流傳的女陰故事屬於驅逐邪魔類，旨在凸顯女人集體展露性器官有威嚇之效。一言以蔽之，這些故事的大意，就是女人兩腿間之物有震嚇、擊退敵軍的能力，而這些神話也呼應了普魯塔克所載古代波斯女人掀裙子以氣勢懾服男人的史事。

首先，柏勒羅豐的神話就讓人想到女陰對海洋有影響力的普遍看法。在希臘神話中，柏勒羅豐是以馴服飛馬佩格瑟斯而聞名的英雄，他馴服佩格瑟斯之後就無往不勝，成別人所不能之事——先是殺了有獅頭羊身和蛇尾、還會噴火的凶猛女怪獸奇美拉，接著又征服傳說中生活在黑海邊驍勇善戰的亞馬遜女戰士。可是，這位偉大的戰士回贊索斯的利西亞城挑戰大敵利西亞王時，卻吃了敗仗。快要抵達贊索斯時，柏勒羅豐請求海神波賽頓水淹贊索斯平原；波賽頓聽見他的請求，號令巨浪連連攻向利西亞城。柏勒羅豐騎著佩格瑟斯入城，對贊索斯男人懇求他阻止洪水滅城無動於衷。就在此刻，贊索斯女人涉水來見此家國之敵，這群女人當著柏勒羅豐的面將裙子高掀過腰，展露女陰。結果呢？大浪消退，飛馬受了驚嚇，

柏勒羅豐含辱離去，被女陰打敗了。

在愛爾蘭，蓋爾人有個太陽神庫克連的古老傳說，提到女人掀衣裳的威力之大，而且集體展示時效力會加成。這個傳說是關於年輕的庫克連打算與歐斯特同胞對戰的故事，勸他打消這項不智之舉的人不知凡幾，卻無人成功。愛爾蘭女人決定採取行動，在女首領史孔拉克的領導下，一百五十個女人擋住他的去路。撰於一一八六至九二年間的一個版本是這麼說的：

> 她們全向他暴露了自己
>
> 及其過人的勇氣
>
> 這個男孩垂下眼簾
>
> 把臉貼在戰車上
>
> 好讓自己眼不見那些女人的赤裸與勇氣

不只是非洲

這些希臘與蓋爾人的神話及其引發的回應，在二十世紀非洲等社會的許多習俗中也找得到相同的例子。西喀麥隆的科姆人有一項名為「安魯」的傳統習俗。值得注意的是，科姆人屬於母系社會，一個人的社會地位取決於生下他的女陰。安魯儀式是該族女人以露女陰舞蹈施行的一種懲戒方式，會招致安魯儀式處分的罪行包括，欺負老人、孕婦或雙親，亂倫，打架時抓住對手的性器，或用「爛屄」之類的髒話侮辱父母。很重要的是，安魯儀式必須由科姆女性集體參與，制裁冒犯者。

一名科姆族男子做了如下的描述：

安魯儀式開始時是一名女人彎著身子尖聲大叫，同時用四支手指打唇改變音調。其他女人聽到這個聲音會同樣彎身尖叫，立刻丟下手邊的事，趕往第一個女人的所在地。群眾很快就聚集起來，不久她們會隨著即興編成的歌曲起舞，歌詞描述發生的事情，令人憤慨的細節無一遺漏，冒犯者的「前科」也歷歷細數。歌舞的女人請求冒犯者的先人加入安魯儀式，然後所有的女人會離開並進入樹林，等到約好的時間才回來（通常是在黎明之前），臉上頂著彩繪，身上披著藤蔓和男人衣物的碎片，準備舉行正式的儀式。她們全都披掛並拿著蛋形綠茄子之類的果子，據說被果子打到的人會「枯竭」。這群女人一路歌舞，湧進冒犯者的住區……好似群魔亂舞。隨著吟唱的音調漸行詭異，不雅的身體部分也展露了出來……

冒犯者若有懺悔之意，女人們會帶他到溪邊進行滌罪儀式，則安魯儀式劃下句點；若是不肯認錯，就會遭到社會摒棄，直到有悔改之意為止。科姆人的安魯儀式之所以值得重視，是因這些非洲女人不但不以女陰為恥，反而露女陰來羞辱人，巧妙地扭轉了局勢；而利用有「枯竭」聯想的果子，也顯示了這個習俗對生殖力的影響。不僅如此，現代的科姆族女人也曾用安魯儀式保護自己土地的繁殖力。一九五八年，七千名婦女以驚人之姿群起展露女陰，抗議政府訂定不利於她們的耕作規定。結果，這些女人贏了。

人類學研究指出，非洲女人用集體的女陰展示來表現身為女性、擁有女陰的驕傲，也用來羞辱他人。直到二十世紀下半葉之前，西喀麥隆的貝克維立人都用這種集體行動懲治侮辱女性性器的男人。在傳統的儀式中，全村的女子會包圍這名冒犯女陰的男子，

要求他立刻道歉並提供物質賠償；若是不從，女子大隊會一邊起舞，一邊唱著帶有性意涵歌詞的歌曲，做出有性暗示的動作，並且展露女陰。有一首歌是這麼唱的：「Tiki ikoli 容不得侮辱，是美麗的，美麗的。」貝克維立人對於 Tiki ikoli 有好幾種解釋，有「美麗」和「無價之物」的意思，可是也有「侮辱」之意，還有與女性性器、女人的秘密及洩露這種秘密相關的意思。在字面上，Tiki 是「一千」的意思，ikoli 則是小孩對陰戶的稱法。

在非洲其他地方，對女性性器有不敬之詞也會遭到集體露女陰的懲罰。同樣在喀麥隆，巴隆人也有這種儀式，他們認為一個男人若是輕慢了妻子的性器，那就像「侮辱了所有的女人，所有的女人都會發怒」。不僅如此，對一個女陰不敬，還會對全村的女人、甚至對新生兒造成不好的影響。我們並不清楚這個不好的影響是指什麼，可能是孕婦無法生下健康的寶寶。因此，對女陰有侮慢之言的男子若不願賠償村裡的女人，「她們會脫衣服，唱歌羞辱他」。近年來，司法程序已取代婦女露女陰的制裁，一九五六年的法庭記錄說明「侮辱女人下體是不法的行為」。想像一下，西方世界若是認定以「cunt」（陰穴）這個字侮辱人是違法行為，會是什麼樣子。我想，這個概念將會和「女人以女陰及其代表的事物為傲」一樣怪異，但是世上的確有人相信這兩個觀念。在某些地方，捍衛女陰的好名聲至關重要。

事實上，以女陰展示來懲治輕蔑侮慢之詞，似乎是許多非洲社會直到二十世紀都共有的羞辱他人之舉，這大概等於直截了當地說：「放尊重點，別忘了你是從哪兒來的。」研究指出，阿贊德族的婦女會「扯下遮蓋性器的葉片，衝向冒犯者，高聲地辱罵此人，並做出淫穢的動作」；而基庫尤族會刻意展露「某物或某人詛咒的

027

▼

私處」；波科特族的女人也公然「圍繞著他歌舞，對著他露陰戶」來羞辱惡棍。十八世紀末，一些到達南非的歐洲男性探險家描述，科依桑族的婦女對他們裸露性器，這些男人並不曉得這是科依桑族羞辱偷窺狂的方式。

非洲以外的地區也有露女陰的行為。在地球另一端的巴布亞紐幾內亞，伊拉西塔村的阿拉佩什族婦女可以公開展露陰戶嘲弄男人。與此部族屬於同語系的高山阿拉佩什族男人，最大的侮辱就是親吻女陰，這是有神話淵源的。有個故事描述一群女人踐踏一名男子，用蘇鐵的針葉刺他的陰莖，用圍裙打他的臉，懲罰這名強暴犯；然後，受害的女子強迫罪犯親吻她的陰戶，藉此羞辱他。據說，吉普賽男人最大的恥辱是被女人掀起裙子套在頭上，從此不潔，在社會上無容身之地。

具催化作用的女陰

讓我們回頭看看神話。第二種以掀裙子為題的神話故事氣氛較輕鬆，因為裙底風光激發的是歡笑與生命力，而不是用來羞辱人。我們現在要看的是埃及、日本與希臘文明。埃及神話中展露女陰的是掌管愛、歡樂、性愛、分娩與養育的哈托爾女神，她是太陽神瑞的女兒，哈托爾的伴侶何露斯也在這個故事中。何露斯與叔叔塞特為了爭奪埃及統治權而長期對立，兩位神祇在一次激烈爭吵中侮辱了現任統治者瑞。瑞勃然大怒，憤而離開宮廷，不願再參與任何會議，政事因而停擺。哈托爾挺身當起調解人，她用什麼方式平息父親的怒氣呢？她把女陰一露，惹得父親笑開了。見了女陰而息怒的瑞回到宮廷，讓政事恢復運作。西元前一一六〇年一份述及這個故

事的莎草紙文獻說：「哈托爾……來到父親這位宇宙之主的面前，展露女陰，他不由得笑了。」

哈托爾讓父親息怒的方式的確新奇，而展現女陰顯然也是驅散陰鬱氣氛或緩和膠著情況的強力催化劑。女陰具催化作用的概念也出現在其他兩個類似的神話故事中，故事中都有個女人一展女陰，讓一位女神走出陰霾，笑聲與舞蹈再度成了關鍵。在哈托爾的故事中，略微提到露女陰之舉讓「系統」恢復運作的概念，以下兩個希臘與日本的神話故事則大加強調。這兩個含有生命真理的故事凸顯了，公開展露這個女性關鍵特徵，可以引發個人與世界性的改變；不但讓人笑逐顏開，也使得受男性暴力糟蹋而陷入黑暗貧瘠的大地回復豐饒。因此，這兩個神話也成了人類與植物生、死、再生與復活，以及四時遞嬗週期的象徵。故事中的女陰是女性生育力的象徵，是驅散負面與破壞性力量的工具，讓人想到至今仍存在的概念──女人展露女陰可驅逐邪魔。

第一個故事是關於日本神道中帶來光亮與生命的太陽女神「天照大御神」，她是日本眾神中地位最高的神祇，日本天皇的世系即以太陽女神為起始。太陽女神的傳說最早記載於西元七一二年，至今仍是日本人耳熟能詳的故事。在故事中，太陽女神對哥哥風暴神「須佐之男」日益暴力的行徑感到氣憤。風暴神搗毀了太陽女神的天田，在女神的宮殿中排泄，還在神聖的紡織宮用紡錘刺入女神的女陰。在憤怒又絕望的情況下，太陽女神一走了之，離開世界，把自己關在一個山洞裡。

如此一來，天地沈淪黑暗，黑夜主宰世界，天災肆虐，土地貧瘠。八百位神祇憂心世界從此不再有光亮、溫暖和食物，群聚商討讓太陽女神息怒的方式，但即便是智慧之神也束手無策。這時，歡

樂女神「天鈿女命」在一個倒扣的籃子或桶子上跳起舞，對著眾神掀起裙子，露出神聖的女陰（日文稱為「天磐戶」）。眾神笑聲連連、掌聲不斷，天地為之撼動。這番喧鬧聲引起太陽女神的好奇，從隱匿處小心翼翼地走出來，陽光與繁殖力也連帶回到大地。此外，歡樂女神的女陰也出現在她與陽具神「猿田彥大神」照面的故事，大小邪魔見了陽具神莫不不寒而慄；可是，只要歡樂女神亮出陰戶，陽具神就氣力全失，「疲軟如枯萎的花朵」。

希臘神話也有類似的故事，主角是掌管生殖力與四季遞嬗的大地之母、穀物女神狄米特。冥王普路托綁走了狄米特的女兒可兒，狄米特傷痛欲絕，孤身離開奧林帕斯山，在人間尋找女兒。哀傷的狄米特不吃不喝，大地也失去生機，荒涼且無法收成。狄米特最後來到雅典城西北方十五哩遠的伊洛西斯，化身為一名老婦，接下保母的工作，可是她仍愁腸百結、不願進食，因此莊稼乾枯、飢荒四起。一位高齡老婦寶波前來探望狄米特，見她滿臉愁容，說了些體恤話想安慰她，卻不見效果，便轉而掀起裙子，指著自己的陰戶要狄米特瞧。女神一見來人大膽展露女陰，笑了開來，就不再愁緒滿懷，也願意吃東西了。女神恢復食慾，大地也恢復生機，寶波的舉動因而幫助世界重獲協調、和諧與豐饒。

從掀衣裳到「全都露」

這些傳說大大提醒了我們，今日對女陰的普遍觀點並非唯一的觀點，人類史上有一段時期認為女性性器具有強大的催化作用，足以讓萬物起死回生，這的確是極具影響力的象徵與概念。想想這些神話對於不同社會的意義如此重大，因此在歷史上一再重現於習俗

儀式中，也許就不那麼讓人意外。比方說，希羅多德在《歷史》第二部就提到一個有哈托爾裸露故事的儀式，從以下的討論，讀者將會發現狄米特和寶波、太陽女神和歡樂女神的神話與古代儀式的關聯，重演神祇故事的公開儀式，是要提醒人們這些神祇舉動的重要意義。有些時候，人們舉行儀式是要重新喚起這些神祇代表的原始力量。

較讓人訝異的也許是，掀衣裳的儀式與象徵不只存在於古代，在現代也見得到。日本的神樂祭是歷史悠久的神道儀式，每年舉行一次，紀念太陽女神和歡樂女神讓光明重回黑暗大地的神話。現在，每年的神樂祭仍可見到這個故事的元素，古代的神聖儀式遺留至今。不過，現代版本基本上是脫衣舞，扮演歡樂女神的女祭司一邊跳舞，一邊向寺廟的信徒展露女陰。

日本另一項傳統的「盡收眼底」表演藝術，也含有太陽女神神話與神聖儀式的成分，東京、京都等地的紅燈區每晚都有盡收眼底（露女陰）的表演。這種俗語稱為「全都露」的表演秀，以特殊的方式凸顯女陰帶來光亮的意涵，表演者展露女陰前會發小手電筒給觀眾。太陽女神神話對日本人的影響在現代電影上也看得見，九〇年代上映的《氣象女主播》，就是述說氣象女主播惠子在電視上掀裙子左右天氣的故事，這部電影在票房和影展上都獲得肯定。

一些作家覺得「盡收眼底」秀如此迷人，因而在作品中加以描述。布魯瑪的《面具之下》就有這麼一段敘述：

這些女子曳步舞到舞台邊，開始下腰。她們一邊往後伸展，一邊緩緩張開大腿，距離前排觀眾羞紅的臉只有幾吋遠。觀眾……俯身向前看個清楚，這個神奇的器官盡情展露自己的神秘

光采，然是懾人心魂。這些女子⋯⋯從一名觀眾到下一名觀眾面前，慢慢橫行，鼓勵觀者瞧個仔細。為了讓觀眾徹底研究，舞者還分發放大鏡和小手電筒，供觀者輪流使用。所有的目光都聚集在女體的那個部位，這些女人似乎主控一切，她們不是受男性慾望主宰的對象，而是威震天下的女神。

　　古希臘的掀衣裳儀式是幾種和豐饒女神狄米特、她的女兒可兒及寶波有關的宗教儀式中的一種，這些宗教儀式包括著名的伊洛西斯秘密儀式、婦女節，以及如四月慶祝的花神節之類的希臘秘密宗教儀式。婦女節是每年十月播種期舉行的節慶，為期三天，男人止步。秋季舉行的伊洛西斯秘密儀式據說為期八天以上，有成千上萬的男女慶祝者。許多記載指出，這些儀式以重生與繁殖力為主題，藉由展露女陰的儀式表演，重現狄米特和寶波相會的故事。據希羅多德所言，希臘婦女節舉行的儀式和他在埃及所見的儀式相仿。

　　根據記載，在這些榮耀狄米特的古代豐饒節慶中，處處可見各種掀裙子、舞蹈、粗俗話語、凸顯女陰的動作以及豐饒象徵──這是個十足歡樂、多采多姿的場合。此外也不乏露骨的黃色笑話，有些學者主張這些笑話與露女陰一樣，有驅邪助繁殖的雙重功效。豬是女性生殖力的象徵，母豬常被拿來獻祭，懷胎的母豬尤甚。考古學與文獻資料發現，描繪豬隻的小赤陶塑像和豬骨出現在狄米特、可兒和寶波所屬的神殿，顯示豬的象徵性用途。

　　敘拉古婦女節與伊洛西斯秘密儀式的慶祝者，也會製作摻有蜂蜜和芝麻、外型像陰戶的蛋糕，義大利和法國部分地區舉行的天主教節慶也吃這種蛋糕──飾以花邊和糖霜、中間有裂痕的橢圓形糕點。在法國的奧弗涅稱為miches或michettes的女陰形聖餅，現在

是用來榮耀另一個女人，這裡的主角不是穀物與豐饒女神狄米特，當地人吃這種女陰形糕點是為了慶祝聖母獻耶穌於聖殿，榮耀基督宗教中地位最崇高的女性──聖母馬利亞。

女陰的圖像也出現在其他古希臘儀式中。伊洛西斯秘密儀式的第三階段稱為「展現」──展示聖物──是此成年禮儀式中最玄奧的部分。文獻指出，所謂的聖物是指石榴、無花果樹的樹枝、一條蛇、陰戶圖像等等生育力的象徵物。很可惜，由於相關記載沒有詳細說明，我們並不清楚其中一些聖物是什麼。基督宗教作家亞歷山卓的克萊門（c.150-215 CE）就只說，聖物包括大地女神蓋婭「說不出口的象徵」。我們不禁納悶：什麼東西這麼讓人說不出口？

早期基督徒述及這些榮耀女神儀式的諸多著作提供了線索，這些作品也為教會對女性器官、女性與其他宗教的看法，提供獨特、有趣又深刻的理解。基督宗教的編年史家普遍評論那些涉及展露女陰、女性使用有性意涵的笑話、用語與物品的儀式淫穢不堪，很多作者的反應似乎很震驚，以恥辱而非驕傲的字眼談論這些儀式。早期基督宗教作家亞諾比斯是這麼談論掀衣裳儀式的：

> 她把女性用以分娩的身體那一部位，這也是女性之所以稱為「生育者」的原因……一邊以平常的方式安慰女神，一邊裸露自己，展露那個器官，把所有因羞恥心而掩蓋的部分全都顯露出來。女神的眼光落在陰部，盡情飽覽這種特殊的安慰方式。

之後，十一世紀的史家希拉斯又加上自己的詮釋。正是希拉斯之輩對重演寶波舉動儀式的評斷，讓今日敢露女陰的女人被稱為妓女或賤貨。在希拉斯筆下，神聖的儀式成了：「她撩起袍子，露出

大腿和外陰。然後她們給她一個羞辱她的名字，成年禮就在這種可恥的行為中結束。」

掀衣裳的藝術

女人露女陰展威力的觀念以神話、傳統與儀式舞蹈、口傳與文獻記載歷史等等流傳至今的方式如此豐富，古代各文化都有生動描繪掀衣裳之舉的藝術作品也就不稀奇了，古代雕塑、小雕像、小塑像、護身符、印章和珠寶上都能見到掀衣裳的藝術。有些出現在敘利亞圓章上的掀裙子圖像可追溯到西元前一四○○年，這些女子若非張腿露出性器，就是掀袍子展女陰——當時的人認為這是具有神聖意義的舉動。在德國薩爾邦的雷翰，發現一個金手鐲，一端刻著露女陰的貓頭鷹女神，時間約在西元前四○○年。這類手工藝品有許多出自埃及，時間可溯至托勒密王朝（323-30 BCE）或第二、三世紀。

這些女人顯然對自己的性器感到無比的驕傲與喜悅，只有尊嚴的展現，沒有羞恥作祟的餘地。有這麼一個討人喜歡的小赤陶像，蹲坐的女子右手放在陰戶上，一邊撫摸自己，一邊直視前方（見圖1.2），教人看了更起勁而目不轉睛，想見她一面的人請到哥本哈根博物館。大英博物館中有另一位蹲著的姊妹。還有兩個埃及亞歷山卓出土的赤陶人像（第二、三世紀），描繪昂然挺立、身著連身長裙、有花俏髮飾的女子。她們直視前方，優雅地撩起裙子，裸露的女陰一覽無遺。

這些小雕像的身分不明，她們是皇后、女神，還是當時舉足輕重的女人呢？有些研究者認為她們是寶波之類的人物，因為雕像多

圖1.2 蹲姿赤陶人像：(a) 這位直視觀者的女陰展示者撫摸著自己；(b) 大英博物館內豐滿的女陰展示者頭頂頭冠，手拿一個容器；(c) 這位來自義大利南部的女陰展示者騎著豬展露女陰。

出自埃及。有些人主張她們是哈托爾或「自然的陰性面」伊西斯女神，古埃及人尊其為農業的創造者，爾後的希臘、羅馬人也崇奉伊西斯。這些雕像顯然有許多與狄米特、哈托爾、伊西斯等生殖、創造女神相關的特質。有一尊托勒密王朝的人像不但高高拉起裙子，雙手放在張得老大的雙腿間逼真刻畫的陰戶上，還坐在倒扣的穀物籃上。人像上長長的項鍊、仔細梳理的頭髮和頭上的頭冠，顯示她的地位崇高。大英博物館的赤陶人像也頂著搶眼的頭飾，左手則高舉一個容器。

豬也出現在露女陰的藝術表現中，一尊著名的女雕像描繪一名露女陰的女子，神采飛揚地騎在一頭可能是懷孕母豬的大豬背上（見圖1.2）。這個十九世紀出土於義大利南部的赤陶寶波（如果真是寶波）大張著腿，右手將右腿又拉高了一點，好像要讓人看得更清楚；左手則拿著一個看似梯子的東西，但是看不出究竟是什麼。在這裡，豬是表示露女陰的女人和寶波、狄米特有關聯嗎？如同前述，豬是女性生育力的象徵，奉拜狄米特和寶波的神殿也找到以豬獻祭後剩下的骨頭和赤陶豬像，也許豬真的是露女陰女像神祕身分的重要線索。

寶波、豬和女陰還有其他關聯。以語言為例，「寶波」（Baubo）意指「洞穴」（希臘文是koilia，這個字也指女性性器），希臘文的khoiros（豬）也用來指稱女性性器，尤其是陰道。拉丁文的porcus（源自porca〔豬〕）是保母對女孩陰戶和小女孩的稱呼，這層關聯可能解釋了義大利文有個惡毒的詛咒是「豬神」（porco dio），或應該說「女陰神」。有意思的是，史上一直有提到寶波和豬有關的傳說與記載。十九世紀的德國作家歌德在《浮士德》中寫道：「此刻，可敬的寶波騎著仔豬來到。」在地球的另一端，委內瑞拉的愛

神瑪麗亞・雷翁薩據說騎著一隻貘（一種外形像豬的長鼻南美哺乳動物），展露著女陰，像美杜莎一樣把男人變成石頭。

寶波美人像

在這些令人驚奇的女陰展示人像中，其中一種與寶波、狄米特神話及崇拜有最直接的關聯。一八九六年，德國考古學家在土耳其普里內一處狄米特神殿舊址，挖掘出七個小赤陶女像，這些人像的高度從七點五至二十點三公分不等，都出自西元前五世紀，因其出土的神廟地點及其展示的東西而被命名為「寶波」。這些立姿女像極其特殊且引人注目，也是希臘藝術中的特異之作。

雕塑者將面孔、肚子和女陰結合在一起，她們的性器因而緊緊抓住了觀者的目光，是不折不扣的「女陰女」。她們可不是簡陋的人像，有些有繁複的髮式，有些綁著緞帶或梳著希臘化時代典型的「小火炬」式華麗頭髻。有一尊女像一手握著火炬，另一手拿著里拉琴；還有其他女像手拿裝著水果的籃子，一串葡萄還歷歷可見。她們是象徵豐饒、豐產和豐富的一群（見圖1.3），是擬人化的女陰——寶波美人，是生殖力的代表像。

這類掀衣裳的藝品大多來自埃及和現今屬於土耳其與希臘的地區，但是日本也有掀裙子的寶貝。神道的觀音像有時以掀裙子露女陰的姿態出現，館林市莞相寺中一尊觀音像就是一個例子。這尊十八世紀人像至今仍受信徒膜拜，信徒前來觸摸她神聖的女陰，在女陰處抹上紅赭，祈求保佑（中國也有觀音，又稱七億佛母〔Yoni of Yonis〕，yoni是梵文中指稱女陰的字）。日本還有另一位擁有眾多信徒的露女陰女神「弁財天」，她是掌管詩歌、音樂、藝術和性愛

圖1.3 寶波美人像：擬人化、帶著飾物的女陰（西元前五世紀）。

的神。鄰近鎌倉市的江之島有一尊製作於一二○○年左右的木雕弁財天像，她也是性工作者的守護神。

　　先前提到，描繪掀裙子的雕塑和雕像，大多與提升植物或人類生育力的期待有關，因為這些塑像發現的地點與展現的特質給人這樣的聯想。可是，有些掀衣裳的藝術品似乎是要表現女陰神話驅逐邪魔的層面——即女人掀裙子露女陰可驅除惡魔邪靈的力量。有兩個赤陶人像特別強調掀衣裳驅魔的威力，這兩個製作於一、二世紀希臘化時代的雕像，都刻畫著露女陰的女人與惡眼（據說只要眼光一掃，就足以造成傷害）。第一個赤陶像的女人頂著頭冠露女陰，騎在橢圓形惡眼上。第二個女人則蹲著，露出漆成黑色的陰阜，綠袍高掀至大腿，胸前掛著項鍊，頭上還戴著一頂飾有惡眼的華麗頭冠；手上提著一個紅桶子，這種銅製樂器通常用在崇奉伊西斯女神的儀式上。這種結合女陰與惡眼這兩種一貫以正橢圓中間有個洞或瞳孔表現的象徵，實在讓人嘆為觀止。因此，有些學者主張這兩種圖像有某種關聯，聽起來是牽強了些；不過，這就不在我們討論範圍內了。

　　在義大利科摩和米蘭發現的掀裙子女人像，比這些地中

圖1.4　中世紀托薩城門上昂然挺立的掀裙子女子，保衛著她的城市。

海地區的人像晚了一千年。這個十二世紀的米蘭女像原先立在托薩城門上，現在則收藏在博物館內。這具威嚴的雕像描繪一名身著連身裙的女子，高傲地瞪視前方（見圖1.4）；而在陰毛濃密的裸露性器上方，右手拿著一把匕首，左手則將裙子撩到陰阜的高度，頭上的拱門刻著 Porta（門）。她原本站立在此城的重要入口，因此研究者認為她的角色是抵擋惡靈、守護這座城市，不然為何如此高傲、美麗又強悍地站在那裡呢？這名女子也意外地為中世紀最令人費解的謎樣雕像「城堡之女」提供了解謎的門徑。

城堡之女

大概沒人猜得到中世紀歐洲擁有最豐富的女陰展示人像。這些刻在石塊上的女像，或是站立，驕傲地展示她們的女陰；或是蹲坐，臀部貼著地面。有些站著將雙腿成八字外張，還有不少往後下腰，雙手由身後從雙腿間鑽出，然後將手指插入陰道，或是將陰唇往外拉，讓觀者看個清楚。有些女像用手指著裸露的女陰，這些女陰都刻畫得特別大，有些還有鼓漲的陰唇邊緣。有些用一支手指觸碰自己的女陰，有些則有陰毛。有一具三十公分高的女像，她的女陰就將近占了高度的五分之一。另一尊女像有豐滿的胸部與碩大無比的性器，完全占滿了雙腿間的空間；這個枕頭狀的陰戶尺寸是所有女陰圖像的第一名，上頭還有清晰可見的陰蒂和橢圓形的陰道開口（見圖1.5）。

除了站姿、蹲坐姿、開腿姿，還有女像展現特技，把腳抬到耳邊，似乎要盡情展露杏仁形或圓形的玉戶。雙尾美人魚像展現的是另一種特技，她們將兩條魚尾像腿一般抬到耳邊，展露陰門。有些

(a)

(b)

(c)

圖 1.5 城堡之女:(a)法國波瓦提市聖哈德鞏德教堂上,乳房渾圓的城堡之女撥開陰唇;(b)英國威特郡奧克西教堂上的城堡之女擁有傲視群雌的大女陰;(c)地球另一端的厄瓜多爾一個石柱上成蹲坐姿的女陰展示者。

女像似乎是光頭，有些有繁複的髮型、戴著面紗，或是圍著頭巾，掀衣裳這個經典動作當然是少不了的。這些形式各異的女像共有的特徵是什麼呢？當然就是大剌剌裸露的女陰。

這些看似不知羞恥的暴露狂是城堡之女，肆無忌憚地展示清晰刻畫的性器，高踞在英格蘭、蘇格蘭、愛爾蘭、威爾斯、法國西部和西班牙北部等數百棟中世紀建築上俯看世人。值得注意的是，這些建築都是敬神與權力大握的處所，她們出現的年代是一○八○至一二五○年；換言之，這些是基督宗教的教堂與城堡。教堂與城堡上的城堡之女大多雕刻在挑簷（看似樑尾突出於外牆的石塊）的石塊上，有些則出現在石板或教堂入口拱門的拱心石上。

這麼多基督宗教建築的美麗女陰像留存至今，實在讓人訝異。英格蘭有許多女陰像在十七世紀遭到掩匿、破壞、埋藏或焚毀，不少女陰像的表面受到毀損，冒犯某些人看法的下體則被劈砍、打碎或粗暴地填上水泥。赫勒福郡吉派克村的聖瑪麗和聖大衛教堂有個英格蘭著名的城堡之女，很幸運地保存到二十一世紀的今天。十九世紀時，吉派克村有個牧師非常厭惡這類建築表現，下令破壞了不少令他反感的女陰像，知名的吉派克城堡之女和另一位展現特技的姊妹僥倖逃過一劫。

我們不清楚「城堡之女」（Sheela-na-Gig，有時寫成 Sheilagh-na-Gig 或 Sheelagh-na-Gig）一名背後的淵源，有些學者說這個名字的意思是「城堡之女」。在愛爾蘭文裡是 Sile na gCioch，根據《戴寧愛爾蘭文英文字典》，Sile 是用來祈求生殖力的石刻女像。愛爾蘭文有 Sile in-a giob 這麼一詞，意思是「蹲坐的席拉」，也許能做為解釋 na gCioch 的線索。其他研究顯示，gig 或 giggie 跟愛爾蘭吉格舞（jig）有關，此字源自法文 gigue，是基督宗教時代之前一種

宗教祭禮的舞蹈。一七八五年出版的《粗俗用語字典》在 goats gigg 這個條目下說明：「一隻動物有兩個背；交配。」詞源學家也指出，gig 一字在十七、十八世紀是「淫蕩」的同義詞，到了十九、二十世紀轉變成「屁眼」的意思（文字的意思經常會轉變），跟現在「去你的」（up your arse）有同樣的用法。

然而，到了二十世紀中葉，gig 已經成為女性性器的用詞，Sheela-na-Gig 也是在這時成為固定用語。依照這樣的詞源學解釋，Sheela-na-Gig 可能是指「女陰女人」；若同時參考 Sile 的意思，就可能是「女性生殖力圖像的女陰」。城堡之女其他的名號如「城堡的妖女」、「輕浮的茱麗亞」（愛爾蘭人用來指稱行為不檢點的女人）和「娼婦」，似乎反映了命名者的觀感，還有一些名稱如「凱塞琳·歐文」、「席拉·歐迪爾」則與地方傳說或特定女子有關。可是，有另一個理論指向 Sheela-na-Gig 更古老的淵源：在蘇美地區（伊拉克南部的古稱），史家曾記載厄瑞克城神廟裡的女人被稱為 nugig，意指純潔無瑕。

我們也不清楚古人雕塑城堡之女的原因，她們只出現在敬神與權力的要地，顯示其意義重大，否則中世紀的村鎮為何要花錢將她們刻在教堂上，或是有錢的地主為何要接受這樣的城堡設計呢？城堡之女的女陰必定傳達了某種重要訊息，但到底是什麼訊息呢？人們提供了各種解答。有些歷史學者考慮到地理位置、塞爾特宗教對這些國家的影響，主張她們是塞爾特宗教的重要女神；有些學者認為，這只是藉由描繪肉體、夏娃和女性的罪惡來警示教徒；還有一些研究者則強調城堡之女和寶波、狄米特神話的關聯，因為展露生殖器的母豬經常在教堂建築上陪伴城堡之女。

這類母豬雕像，例如西班牙溫卡斯提由村的豬像，似乎有人的

性器，而呼必雅、科盧納、瑟爾巴多斯、聖坦德的豬像就只展露生殖器，法國阿路、維恩、維耶伊—度桑、蘭德等地教堂的母豬像則有巨大的生殖器。不過，城堡之女旁邊有一頭豬，是否為了顯示與古代寶波掀衣裳神話的關聯，以及豬是不是生殖力的象徵，都還沒有定論。城堡之女身旁偶爾額外加上的物品，似乎讓她們更顯神秘。研究者解釋，腋下夾的圓盤代表麵包捲，字母T代表大地（terra），但是手裡握的匕首、鐮刀或彎月形物品，以及刻在旁邊的字母ELUI，就讓人不知從何解釋了。

驅逐邪魔，提高生育力

　　城堡之女另外兩種可能的意義解釋，則必須藉助地方習俗和人物的確切姿勢。一直到上個世紀（甚至到今天），人們認為城堡之女會幫助兒女到來，女人若是撫觸這些女像，受孕的機會將大為提高。幾世紀的信徒拜訪下來，許多石像的女陰都被摸滑、摸平了。信徒甚至只要目視就能達到效果，牛津市聖米迦勒教堂附近的習俗是，新娘子必須在婚禮前假道教堂看城堡之女一眼。不過，目視或觸摸這些石像可能不只是為了祈求子女，城堡之女可能也有驅邪——威嚇惡魔、趕跑邪靈以保護教堂聖所，或保護城堡的住民不受居心叵測者之害——的作用。愛爾蘭啟達郡的居民就認為，凱利克堡的「惡眼」石像——城堡之女——是用來趕走不速之客或抵擋厄運的。

　　大部分城堡之女的所在地似乎就意謂者她們有保平安的能力。教堂的城堡之女通常刻在拱門或大門中央的拱心石上，正是驅除邪魔的絕佳地點。這種做法和世界各地自古將守護神或避邪物放在入

口上、防堵惡靈進入建築或城市的習俗相呼應。城堡的城堡之女則在外牆上防守進入城堡的通路，愛爾蘭利麥立克郡的凱赫瑞立堡就是一個例子。愛爾蘭的城堡之女似乎尤其威武，中世紀古城常有城堡之女俯視入城的過道橋樑，藉此自我防衛。

藉助展露女陰的女像祈求好運，也出現在其他地方，前面所提十二世紀米蘭城門上的女像即是一例。這不是歐洲獨有的傳統，厄瓜多爾的哈崩夕由山有塊石柱刻有一尊展露女陰的蹲坐女子，形似城堡之女，立在三條路的交叉口（見圖1.5）。印尼建築的門上也找得到這種主題的雕刻，目的也是驅邪。似乎各地都有女陰保平安的概念，從城堡之女的例子可見，有些女像掀裙子，有些則根本沒有裙子，光溜溜的女陰就正大光明地擺在你面前，顯然有許多文化認為女陰有驅邪或帶來子女的力量。

維納斯的諸般形像

從前文可知，各文化的神話及其相關藝術作品、儀式與圖像，為女陰可驅邪或提高生育力提供了些許依據，但是這些古老的神話傳說並未完全解釋這種歷久長存的女陰觀。掀裙子神話出現之前的時代又是什麼情況？為什麼早期的人類文明要編織這些含有攸關生命訊息的傳說故事？我們又該轉往何處探究女陰威力概念的來源與重要性？

維納斯女神是下一站。在西方世界，維納斯是羅馬神話中著名的女神。維納斯受人喜愛，又是愛與美的女神，因此當考古學家於十九世紀下半葉挖掘出大量石器時代的裸女像時，便以維納斯為名。有些維納斯像如手掌般大小，攜帶方便；有些較大，刻在岩石

上。這些女性都有豐滿圓潤的乳房、臀部和肚子，配上女陰的曲線與裂縫。有個維納斯像陰戶的雕工非常精細，內陰唇彷彿因情慾翻騰而腫脹。有些呈現一直線的陰道開口，有些則宛若陰唇被撥開，清楚露出橢圓形或杏仁形的陰道前庭。

目前有兩百多個「維納斯小雕像」從世界各地出土，分布地域東起西伯利亞的大草原，西至法國的山洞，南抵義大利半島，這些史前女像橫跨所謂的舊石器時代晚期（30000-10000 BCE）兩萬年的時間。現今最古老的女像是「加根堡的跳舞維納斯」，這尊兩腿間有細緻陰道開口的綠蛇紋石像，是一九八八年於奧地利克連斯附近出土，歷史約有兩萬九千兩百年至三萬一千一百九十年之久。這些維納斯像大多製作於西元前兩萬七千年至兩萬年。有一點值得注意：在出土的遠古人像中，女像有數百尊，男像卻只有十幾尊，而且創作的時間也晚了許多，大概是西元前五千年。舊石器時代晚期有兩萬兩千年的時間，男人似乎不怎麼重要。

這種重女輕男的現象讓研究人員十分不解，也引發熱烈的辯論。討論的焦點有一大半在於女陰並不讓人意外，因為女陰經常是這類女像突出的重點。最有名的維納斯像，大概就屬一九〇八年自奧地利維倫多夫出土的「維倫多夫的維納斯」，年代大概是西元前兩萬六千年至兩萬年（屬於舊石器時代晚期的格拉維特文化）。這尊石灰岩人像只有十一公分，但是雕工非常精緻。一位考古學家說她擁有「全歐洲舊石器時代晚期最精細寫實的女陰」（見圖1.6），她的陰唇與陰道開口看得一清二楚，陰蒂也呼之欲出。

大女陰的第一名，則該頒給在法國南部多敦河畔孟培澤爾發現的一尊生動的褐鐵礦維納斯像，這尊西元前兩萬三千年至兩萬一千年的女像有美妙的橢圓形陰戶，中間有道裂口。她的陰戶腫脹如臨

產時的模樣，而且乳房豐碩、肚子渾圓、屁股肥大，因此有研究者認為她有孕在身。不論是否懷孕，創作者刻畫外生殖器的手法醒目又具象徵性，這種描繪女性外生殖器的方式既普遍且歷久不衰。正橢圓形女陰一再出現在史前時代的藝術中，甚至也出現在兩萬年後製作的陶器和圓章上，我們稍後將會討論到。

　　另一尊舊石器時代的維納斯像也有個栩栩如生、引人注目的女陰。這尊四十六公分高的維納斯像出自西元前兩萬四千年，刻在多敦河流域勞塞爾一處山洞內的石灰岩塊上，較一般維納斯像還大。這名曲線玲瓏的成年女子用左手指引觀者看她的女陰（見圖1.6），右手則拿著看似牛角的東西，也可能是代表新月或輸卵管的形狀。

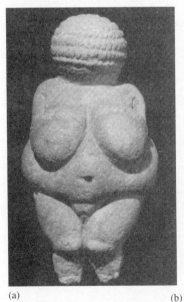

(a)　　　　　　　　　　　(b)

圖1.6　維納斯像：(a)維倫多夫的維納斯及其細緻刻畫的女陰；(b)勞塞爾的維納斯一手握著豐饒角，一手示意觀者看她的女陰。

牛角狀物品上的十三道溝紋意義不明，有人認為刻痕代表月亮每年有十三個週期，有人主張那是與月亮週期相呼應的女性月經週期，還有人認為刻痕意指月經週期第十三天的排卵日，亦即女性最可能受孕的時候。不論是大地繁衍或女性生育的週期，以女陰為焦點的「勞塞爾的維納斯」都是豐饒的鮮明象徵。同一地點還有另外兩個維納斯像的浮雕，因此，許多研究者稱該地為生殖力的聖地。

最早出土的「維伯黑的維納斯」[1]，則展現了舊石器時代晚期女陰與女性生殖力雕塑的兩種特殊手法。首先，這個象牙雕像沒有臉、手臂和腳，重點完全擺在女性性器上，因此別名「無恥的維納斯」。其次，勞塞爾、維倫多夫等地的維納斯姊妹出土時，身上都有赭石的紅顏色，但是維伯黑的維納斯卻只有性器部分有紅赭色。今人認為，舊石器時代人類使用紅赭色代表女性的月經週期，一九八〇年於俄羅斯烏拉山脈南部的伊格內特法山洞發現的一尊女像就顯得很清楚，她的雙腿之間有二十八個紅點。一些史前時代的山洞內也發現，岩塊的裂縫、縫隙與凹處塗有紅赭色，因此這些形似女陰的天然岩石看起來像是流著經血，構成的女陰圖像甚具震撼力。從這些著色的岩石構造看來，女人及其孕育生命、定期流血的女陰顯然備受崇敬。

陰戶，陰戶，陰戶

史前時代藝術家對女陰的著迷除了表現在維納斯像上，也表現

---

[1] 譯註：法國的維伯黑侯爵一八六四年於多敦河畔發現第一尊維納斯像，也是戲稱這種雕像為「維納斯」的人。

在眾多浮刻於岩塊表面的陰戶圖像，這類浮雕或繪製的陰戶圖像出現在法國、西班牙、俄羅斯等各個石器時代考古地點的山洞、石塊、動物骨頭和遮蔽處上。這些陰戶雕刻的年代一般都早於維納斯像，大多屬於舊石器時代晚期的奧瑞納文化（27000-30000 BCE），橫跨的時間與地域又長又廣，因此，大小、形狀及風格各異並不讓人意外。有些圖像對女性外生殖器的寫實程度令人驚嘆，有些是雙腿閉合看到的模樣，有些則是兩腿大張看到的全貌。

法國費拉西一處洞穴內發現的陰戶群像有三萬年之久，這些女陰圖像的形狀較橢圓（見圖 1.7），西班牙的提多・巴斯提由和卡斯第由岩洞壁上繪成的陰戶則狀似鈴鐺。有些如卡斯提由等地描繪的陰戶還伴以植物圖像，有些陰阜圖像則是一個正中間有條線的三角形。不久前於法國南部阿禾戴許河畔的綏維鎮發現的舊石器時代洞穴深處，就有這樣的陰戶圖像——一個顛倒的黑色大三角形。這個陰戶圖像可能也是年代最久遠的，大概屬於西元前三萬一千年。兩萬三千年後的古人，甚至是今日的藝術家，也繼續雕出極為相似的女陰圖像（見圖 1.7）。

舊石器時代藝術家多樣的女陰描繪方式，也使得考古學家遭人批評四處尋找女陰，說他們把所有 V 形、U 形、橢圓形和三角形的東西都當成女陰圖像，一如高塔、有尖頭的物體和直線全被當成陽具的象徵。儘管某些史前時代藝術作品有被胡亂指為女陰圖像而惹出笑話之嫌，但是許多舊石器時代陰戶圖像的真實性並無疑義，這些圖像可能因風格、特徵或形似實物而顯示其確實代表生殖器。

「貝德亞克的女陰」正是寫實描繪女陰的一個例子，這個刻在黏土地上的女性外生殖器非常逼真，還有一塊小鐘乳石正確出現在陰蒂的位置上。舊石器時代藝術作品的另一項特點，也提供了女陰

圖1.7 歷久長存的女陰圖樣：(a)這個有三萬年歷史的陰戶石雕出現在多敦河沿岸的費拉西；(b)塞爾維亞雷潘納集流地一處三角形聖所的女陰形祭壇上，有五十四個這類砂岩石雕；(c)薩伊東部基伏地區的巴緒人帶在身上的石雕女陰護身符。

圖像真實性的依據。有些女陰圖像並非單獨存在，旁邊還有其他女性身體特徵的圖像。法國馬格德林洞穴的入口兩旁就有這種例子，岩石上面半天然半人工創造的人像長達一公尺，這些仰臥的人將手臂枕在頭下，抓住人們目光的是描繪女陰的三角形部位，真是個達意暢快的女陰圖像。

　　法國維恩地區的昂格勒村洞穴牆上的雕刻作品，堪稱舊石器時代藝術作品極致動人的代表。一萬七千年至一萬四千年前的藝術家，在岩石表面的天然曲線上創作出不朽的作品——三個女陰像。若是站得遠些，就會發現女陰像是三個女像的一部分；不似女陰像線條那般深入岩面，這些是淺刻痕勾勒的人像。由於兩種技法、三人成組的特殊雕刻手法和異常大的尺寸，這三名宛若美惠三女神的女子引起研究者極大的興趣，第一個女像從胸部到腿部就長達一百二十公分。這三個成帶狀排列的女體精髓傳達了生命創造的氛圍（參見http://www.archaeometry.org/id02.htm）[2]。這幅作品構圖簡單，感染力卻驚人，女陰的主題地位也無可置疑。

　　我覺得這幅圖像顯示女陰不可侵犯、神聖、以聖像之姿受崇拜的地位，這是所有人類生命源起之處、新生命的泉源以及世界的源頭。研究者認為，這些史前時代的女陰圖像是人類最早使用象徵符號的例子，而這也是人類最早的女陰觀，相信女陰象徵了生殖力、創造力、未來希望，以及儘管疾病死亡侵擾不斷，女性卻永遠可以帶來新生命。我認為這些古代圖像，這些再生與生殖力的鮮明象徵，正是古代露女陰展威力之信念的起源。

　　這些神話要傳達什麼樣的重要訊息呢？我想，這個答案與史前

---

2 譯註：較完整的圖片可見於http://www.uf.uni-erlangen.de/chauvet/chauvetvenus.htm。

圖像的意義有異曲同工之妙。頭一個訊息是：「女性性器是所有新生命的泉源，是世界源頭的象徵。我們都來自女陰，女陰是人類的共同根源。」但是，性器神話也警告：「別忘了你是從哪兒出生的，別忘了那個重要的地方。侮辱、褻瀆、傷害女陰和女人，就是與生命作對，壞事會因而臨頭——大地的生機與豐沛物產會就此斷絕。」這就是掀裙子露女陰的神話傳說所要傳達的訊息或啟示。巧合卻也耐人尋味的是，我們將在後文看到，這個啟示也適用在女陰的科學層面上。

崇敬女陰

　　史前人類拿女陰做為生殖象徵並創造女陰圖像，可能讓許多人覺得不自在，但是，這項理論得到越來越多支持的很大一部分原因是，學術界現在傾向認為，舊石器時代女陰藝術源自這些遠古初民的生殖崇拜。埃及等古代社會崇拜生殖力的看法現在已經確立，許多學者主張，土地生產或人口繁衍的「繁盛」應該對遠古初民意義重大；事實上，我們也很難找到反對此論的有力論點。生殖力，或更確切地說，如何掌控生殖力，如何提升、壓抑生育力或偏好特定性別的寶寶，始終是人類社會的關注焦點。因此，在崇拜生殖力甚於一切的世界裡，所有新生命的可見源頭——雌性生殖器——就會理所當然地被視為對確保生命繁衍至關重要，並且在生殖崇拜儀式上具有重要角色。

　　史前時代早期的藝術作品不見男人或陰莖，原因是當時的人並不知道男人與生育有關。雖然現在我們知道受孕、懷胎、生產都不是男人的事，但是男人仍在生殖上扮演重要角色；然而，人類並不

是天生就曉得這些事，所以專家認為當時的人以為新生命的到來全部歸功於女性。在這種情形下，女性生殖器的地位格外重要，史前人類因此崇敬女陰和女性，並以女陰圖像為生殖力的象徵。

早期的懷孕理論顯示，人類對於男女在生殖作用上的角色經歷了不少概念改變。希臘詩人荷馬（c.800 BCE）的作品描述風會讓母馬受孕，這讓我們知道雄性此時還不是受孕過程的主角。之後，西方又有理論主張，空氣中充滿極小極輕的「微動物」，微動物經由風吹或空氣吸入，進入雌性動物體內，就會讓她們受孕。認為風雨之類的自然力會讓雌性受孕是古人共有的理論，今日一些宗教與文化仍可見之。眾所周知，基督宗教教會對聖母馬利亞受孕的解釋是聖靈「臨到」了她。巴布亞紐幾內亞的特洛布里安群島住民則說，傳奇英雄裘達發的母親波魯吐克娃（Bolutukwa），因為雨滴滑入陰道而受孕；她名字中的Bo意指女性，litukwa則是滴下的水。

許多文化的神話也揭示出女性獨力將新生命帶到世上的初民信仰。蘇美地區擁有最古老的創世神話記載，有一塊泥版刻著蘇美眾神祇之名，納穆女神的名字以「海」這個表意文字代表，並描述她是「天與地的母親」。蘇美神話還記載這位大母神如何以泥塑人，創造出人類。而早期的埃及神話也說：「太初有伊西斯，古者之最，她是萬物源出的女神。」愛琴海地區的古民族佩拉斯吉人的創世神話說，在宇宙初起、一片渾沌時，萬物女神尤瑞娜米裸身出現，起舞創造萬物。希臘秘傳宗教奧菲斯教的教徒則描述，有著黑翼的夜晚女神受到風的求愛，產下一顆銀蛋，即愛神厄洛斯。東非的神話則述說，處女伊蔻由天上落入凡間，生下第一個小孩。

哥倫比亞的印地安人卡加巴族有這麼一首歌，表明了該族以女人為萬物之源的信仰：

眾歌之母，萬物源出之種子的母親，在宇宙開始時生下我們。她是所有民族、所有部族的母親。她是雷聲、河流、樹木與萬物的母親。她是歌曲舞蹈之母，她是前輩岩石之母，她是穀物與萬物之母。她是小兄弟法國人與陌生人的母親。她是所有舞蹈用具與神廟的母親，她是我們唯一的母親。她是動物的母親，我們唯一的母親，她是銀河的母親。

然而，儘管古人不清楚男人在生殖上的角色，儘管女陰似乎普遍被視為生殖力的原始象徵，但是古代女陰藝術的真義何在卻沒有定論。女陰圖像橫跨的時間千秋、地域廣袤，代表的意義顯然可能有所差異。三萬年後的現在只能臆測，而這樣的推論又必定受到文化背景與掌握證據的影響。

比方說，二十世紀中期就有男性學者主張，女陰藝術與維納斯像是史前時代的色情作品，這就是那個時代（當時認為裸露的女陰代表色情，而不是影響力）和以為舊石器時代女性留在家裡、男性出外找肉這種錯誤觀念的產物。我們現在知道，狩獵採集的社會結構相當平等，學者也傾向主張女性在這類石器時代社會的地位較高。既然多數學者贊同這種古代文化新觀點，史前女陰藝術是色情的看法就不再有立足之地。色情說遭到駁斥的另一個原因，則是有一些研究者思想非常開明，能了解女陰展示與女體描繪可以是為了色情以外的目的。

「石」有明文

女陰是古代生殖象徵的說法能否經得起時間考驗，仍是未定之

數。這種看法和所有概念一樣，都是事實與文化想像的產物，每一個都相當主觀；然而，相較於色情說，這些以提升生殖力為重的女陰理論，以遠古社會生活及男女角色了解為基礎的成分較高，而這種理論也有其他證據支持。值得注意的是，以女陰象徵生殖力的石刻畫不只出現在史前時代，近代社會也如此崇奉女陰圖像。

玻利維亞科地耶拉山脈東側有個山隘，是南美印地安人奇曼族的聖地，這處偏遠之地有著顯現女性性器與生殖力關聯的石刻畫。一九五〇年代，這裡發現一群有深刻紋的女陰圖像石塊，最大的有三十七乘四十公分大，刻痕深達十公分。奇曼族奉此為聖地，而這裡也是岩鹽的產地。奇曼人認為鹽與生殖、種族繁衍息息相關，因此這兒也是舉行宗教儀式的場所。研究者還判定不出玻利維亞女陰畫石塊群的所屬年代，但是在外形與技巧上，它們和歐洲各地發現的舊石器時代女陰岩刻畫如出一轍。

墨西哥的女陰石刻畫也顯示出，雌性生殖器與植物或人類繁衍有關。在下加利福尼亞半島上，有岩石刻著被橢圓形女陰圍繞的植物，人類學家的研究發現了相關的生殖儀式與「大自然之母」概念的證據。往北一點到美國加州，當地的原住民崇拜天然形成女陰圖像的岩石構造。聖地牙哥郡的哈姆爾鎮有五塊天然女陰石，竹叢溪鎮也找到一些女陰石。有些女陰石跟史前時代的發現一樣，擁有上了紅赭代表經血的陰唇。根據考古學與人類學的研究，加州的女陰石是庫梅亞伊族和北蒂耶蓋諾族舉行崇拜儀式的地點，這些美洲原住民將他們的村子建在女陰石——大自然之母象徵——附近。歐洲具三萬年歷史的女陰石的真正作用已無從得知，至於這些加州的女陰石，根據一名庫梅亞伊族巫醫在一九〇〇年所言，該族在生殖儀式中用到這些石頭，祈求生育的年輕女子也會拜奉女陰石。

1 世界的源頭

現代世界的其他角落也有人崇拜天然女陰石。日本的父母讓孩子在這類女陰石旁遊玩，相信女陰石會為住在附近的人帶來健康和好運，九州島就有很多這樣的地方。泰國蘇梅島的懸崖上有兩處天然女陰石，一直都是人們祈禱朝聖的地點，當地人每天清晨都會奉上鮮花，最著名的女陰石被稱為「祖母石」。在我看來，日本、美國、墨西哥、玻利維亞和史前時代歐洲各地的女陰石，為先人尊女性器官為原始生殖聖像的理論提供了極有力的證據。

這些由來已久的概念大概就是女陰可以保護人、改變事情——「女陰魔力」信仰——的背景。世界各地都能看見刻著女陰圖像（兩個同心的橢圓形是典型圖案，有些加上陰道裂口、陰蒂突起或陰阜三角形的浮雕圖案）祈求保護和生育力的護身物，衣索匹亞、荷蘭和薩伊就有一些象牙、銅製和銀製的現代女陰護身物（見圖1.7）。有些民族也會將女陰護身物當成飾物配戴在身上。在夏威夷神話中，有保護魔力的是舞蹈女神卡波的「漫遊女陰」。卡波指派自己的女陰去轉移豬神卡瑪普的注意力，讓他不再攻擊卡波的妹妹火山女神皮麗。此舉讓卡波贏得「有漫遊女陰的卡波」這個稱號，這是個活躍的獨立女陰。

神聖的女陰

先人視女陰為生殖象徵的看法還有第三個層面：可驅邪並提高生殖力。這種觀點大概爭議最大，因為涉入了許多人視為不可褻瀆的領域。此不可褻瀆之地就是宗教，引起爭議的觀點就是尊女陰為神聖。在某些人眼裡，人類崇拜女陰、尊其為神聖的概念非常荒謬，甚至是褻瀆，可是女陰為世界源頭、生命泉源象徵的信念卻出

現在古今數個宗教信仰中。人們有這種觀點並不奇怪，畢竟女性性器展現了神的特質。女陰有創造生命的能力，是生命進入人世的通道，把女陰當成世上生命力的象徵有何不可呢？

源自印度的印度教、佛教和密宗，以及源自中國的道教等信仰體系，至今仍有崇敬女陰的概念。印度教三大支派之一的性力派，就是以女陰乃宇宙創造力之體現的信念為信仰中心。性力派的主神——沙克蒂女神——象徵宇宙與萬物創生的能量，而沙克蒂女神也象徵女陰，是眾神與眾生的能量來源。密宗也有類似的主張，他們的經典這麼說：「包覆男根的女陰，象徵自然及宇宙的廣大能量，女陰代表創造宇宙的能量與萬物誕生的子宮。」佛教經書如《妙言集》也說：「佛存女陰中。」（日本有一尊美麗的赤陶像，描繪佛陀在一個有他身體兩倍大的女陰前冥想。）

道家的《道德經》也有如下段落表達女陰是宇宙萬物的源頭：

> 谷神不死，是謂玄牝。
>
> 玄牝之門，是謂天地根。
>
> 綿綿若存，用之不勤。

女陰是宇宙源頭的象徵也表現在語言上。梵文稱女性性器為yoni，這個字同時有「子宮」、「源頭」和「來源」之意。若是查閱英語字典，就會發現yoni有好幾層意思。第一條解釋是：「女性生殖器，被視為性歡愉、繁衍基礎與沙克蒂外像的神聖象徵。」但是第二條解釋說明：「做為崇拜物的女性生殖器圖像。」印度著名性愛書如《愛經》提到，女陰為「神聖之地、歡愉之墊、值得崇敬的部位以及宇宙秘密的象徵」；而一部印度教早期經書也說，只要崇

拜女陰「這座愛的祭壇」，願望就會實現。

　　如此敬慕女陰的宗教式觀點，自然造就了許多神話與宗教儀式。印度鄰近阿薩姆省高哈提的女陰殿與石窟群，每天都有人來此「宇宙中心」朝聖。這個宇宙中心是一座女陰壇，山洞裡的天然女陰石一年「行經」一次，冒出紅色的水，其他時間則有地下泉水讓女陰石常保濕潤。在印度教神話中，女陰壇是沙克蒂女神解體的屍塊墜落大地之處，印度人因而在此築廟崇奉她的女陰。

　　信徒將每年一度的「行經」解釋成大自然贊同人類崇敬女陰之舉，以及大地是女神的明證。事實上，聖石流血是因地下泉水在雨季期間湧出，水成紅色則是因含有氧化鐵。印度其他地方也崇拜形似女陰的天然岩石構造與石窟，因為印度人視女性性器為女神的神聖象徵。印度教最重要的兩位女神「難近母」和「時母」，則因代表女陰擁有的生與死、創造與破壞力量而受到崇拜，甚至印度神話中的天堂閻浮洲也是呈女陰形。

　　今日，女陰崇拜仍在印度公眾意識中占有一席之地，顯示印度人還是視描繪女陰展示的圖像（類似中世紀歐洲城堡之女雕像）為神聖。為眾多印度寺廟增光的露女陰蹲坐女像被奉為女神，她們的女陰因信徒長期觸摸祈福而磨得光亮。印度的「端莊女神」（shameless goddess）享有女陰皇后的地位，值得一提的是，shameless[3]在此是指「符合體統」。這位女神自豪地展示女陰，絲毫沒有羞愧和扭捏之情，這跟西方的城堡之女往往被扣上傷風敗俗的帽子真是截然不同，東西方觀念差得可真遠！

---

3 譯註：這個字通常意指無恥、傷風敗俗。

創造生命的三角

　　有個存在於各文化的女陰符號，突顯出女性性器神聖又具生命創造力的概念。這個符號就是倒三角形，亦即陰毛構成的形狀；如果你看得出來，這也是女體內子宮結構的形狀。從史前和其他時代的藝術可證，這個倒三角形一向與女性性器有關。自新石器時代以降，全球各地文化都能見到展露「生殖器三角」的女神像（見圖1.8）。埃及古夫金字塔皇后室的入口以倒三角形標示，古代楔形文字中代表女人的字是個中央有條直線的倒三角形，而吉普賽人最早用以代表女人的象形符號也是個三角形。希臘文的第四個字母Delta[4] 既是delphys（子宮）的字根，也用來指稱女性陰毛的形狀。這個字母大寫時是個三角形，《蘇達》百科全書[5] 記載用來指稱陰戶的字母是delta。河口的三角洲當然就是指河流的出口，從空中看就是個倒三角形，傳說伊甸園就在底格里斯河與幼發拉底河三角洲的古爾奈鎮。

　　然而，很多人認為這種三角形女陰符號有更重要的涵義。希臘數學家畢達哥拉斯及其門徒視宇宙為數學關係的展現，認為三角形很神聖；這不但是因三角形的形狀完美，也是因畢達哥拉斯視此三邊形為宇宙生殖力、世界生命繁衍力量、能量與所有生命源頭的象徵。耐人尋味的是，現代邏輯學用語中仍可見到這些概念，V 這個

---

4 譯註：大寫 Δ，小寫 δ，這個字在英文中也意指三角形。

5 譯註：十世紀成於拜占庭的希臘文字典兼百科全書，收錄了無數古代地中海地區作家的文字與生平略傳。

(a)

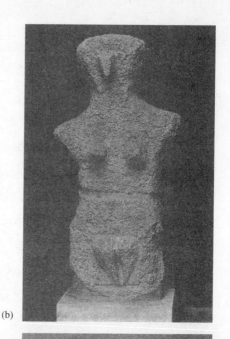

(b)

(c)

圖 1.8　神聖三角：(a) 這個巴比倫的赤陶女神像看起來像龍女提亞瑪特（吾珥城，4000-3500 BCE）；(b) 這位希臘女神有深裂口的三角形陰部極為誇張（愛琴海群島，c.2500BCE）；(c) 簡單優雅，這尊基克拉迪文化女神像來自希臘的納克索斯島（c.3000-2000 BCE）。

符號代表整個宇宙、所有存在之物[6]。在今日的印度，倒三角形若是漆上紅色，就成了女性和生命繁衍的冥想圖案（真言的視覺表現），因此印度教神廟的祭壇上常有紅色三角形圖案。在印度家庭計畫宣導每個家庭「兩個孩子恰恰好」的布告欄上，就以兩個紅色倒三角形代表孩子。

在密宗信徒看來，倒三角形是代表沙克蒂女神、女性、女性能量與女性創造生命之性力的符號，也是大母神和生命的原始象徵。一個空間至少要有三條直線才能定出範圍，因此三角形被視為原始象徵——「第一個自宇宙成形前之大渾沌中出現的象徵形狀」。佛教稱此原始象徵為「一切佛心印」（trikona，字面意思是三角形或女陰），是「佛法〔dharma，印度教謂之宇宙的根本法則〕之源」，也是「眾生出世之門」。有許多冥想圖案是連扣或交疊的三角形，我覺得大母神的冥想圖就非常美（見彩色圖片頁）。

三角形和女陰在更古老的古文明中似乎也有神聖的意涵，巨石群和巨石墓地就經常有這種形狀特徵。比方說，在法國卡內克鎮附近的克呂居諾村，新石器時代的巨石群以非常巧妙的排列方式，營造三角形／女陰形；一到秋分，陽光會在中央的石塊上投射出倒三角形的影子，令人驚嘆。許多巨石墓地的入口或中央擺著三角形大石塊，上頭還刻有女陰岩刻畫。某些古代墓穴或洞窟中也找到三角形石頭、黏土或骨頭護身符，以及端正安置的女神小像，精細刻著三角形陰戶。為什麼這些民族要將死者安葬在女性性器的象徵旁邊呢？女陰是再生、轉世和生命創造力的象徵嗎？這樣的安排是為了讓死者有較好的機會重生為人嗎？

---

6 譯註：邏輯學上的 V 代表「非排斥性的或者」。

從女陰復活

再生是許多宗教的核心概念，在某些信仰中，復生的概念似乎也和女性性器密切相關，因為人們視女陰為不同物質與精神世界之間的通道。這是有些道理的：既然我們從陰道出生，為何不想辦法從那裡再度出世呢？這個概念可見於玻里尼西亞人有關英雄莫伊的一則神話。莫伊爬入大地第一個女人海紐提波的陰道，想一路爬回她的子宮，獲得永生。密宗也主張，既然人類都由女陰出世，女性性器就應被尊為生命之門。密宗的女陰崇拜式中有個階段的修練方式，就是冥想女陰為生命之門的重要性，而他們也認為女陰是通往過去的入口。

許多新石器時代墓地的內部設計如子宮或陰道，兼有陰戶狀的開口，大概是源於重生與誕生同樣都來自女人子宮的概念。這些墓地隆起於地面，宛如懷孕女子的肚腹，tomb（墓）這個字的字根是拉丁文的tumulus，意指隆起或懷孕，兩塊直立石塊上橫跨一片石板的石桌墳（dolmen），常和女陰、生殖與重生聯想在一起。在愛爾蘭，以前的人們在這些新石器時代的「熱石」[7]下舉行婚禮，懷孕婦女會將衣物投過巨石陣的開口，祈求順產。印度的朝聖客伏地爬過石棚的「陰道開口」，模仿神聖的重生。而在美拉尼西亞群島中的馬勒庫拉島，dolmen這個字意指「由此出，由此誕生」。

日本神道有個神聖之物——鳥居門，即神社的入口牌坊——象

---

[7] 譯註：有一種熱石療法藉由礦石的能量讓身體回復健康自然的平衡狀態，作者以此借喻。

徵女性性器、大母神和這個世界與其他世界的通道。太陽女神、穀物女神等神祇神社的牌坊立在林地裡，有些神的牌坊則立在海中。日本人會在親友的祭日，駕著裝滿食物和給亡者信息的小船穿過鳥居門。在中國神話中，所有生命必經的生死之門——海神媽祖的「天國之門」[8]——也具有重要的角色。

女陰與再生的關聯也出現在別處。日本人常拿貝殼——尤其是寶螺[9]殼——當做女陰的象徵，例如日本有些地方用來指稱女陰的字kai，就是貝殼的意思；不過，重要的是，這個女陰象徵也與誕生及重生有關。日本有個傳統，婦人分娩時手握寶螺殼會比較順利，因而得名「子安貝」，意即「順產貝殼」。日本的古代信仰也認為身體擦上貝殼粉能獲得重生，今日的日本人仍以貝殼為愛情幸運符和護身物。著迷復生的古埃及人也用寶螺殼裝飾石棺，為什麼呢？這也是因貝殼是女陰象徵而與復生概念有關嗎？這也是石器時代的墓地遺址經常發現寶螺殼的原因嗎？

而且，為什麼貝殼會跟女陰聯想在一起呢？有些研究者主張，寶螺殼內捲、合攏皺褶的樣子及其外形輪廓，正好像女性外生殖器的皺褶與曲線。看看日本新石器時代繩文文化的一尊獨特小人像，她有個大寶螺殼代表陰戶，兩物的關聯格外明顯。許多文化都有貝殼與女陰的聯想。古希臘人一般用kteis指稱女陰，但也用kogchey（鳥尾蛤）指稱女性性器。kteis在十五世紀之前一直用來指稱陰戶，在波提且利舉世聞名的畫作《維納斯的誕生》中，由海中現身

---

8 pearly gate，譯註：原本是基督宗教的用語，指「天國之門」，也有人用此詞稱陰戶，這裡是指陰戶。

9 cowrie，譯註：又稱寶貝。

的愛之女神站在一個海扇蛤上，據說就是根據這個概念。英文的shell（貝殼）可追溯經由德文的scalp、上溯至古斯堪地維亞文的skalpr，意指「劍鞘」（拉丁文指稱劍鞘的字是vagina）。

根據老普林尼的記載，拉丁文稱寶螺為concha venerea（即「維納斯的貝殼」）或porcellana，這個帶「豬」（porcine）的字據說是因貝殼外形一面看似豬背，一面有如母豬陰戶。豬、貝殼和陰戶之間的關聯也是porcelain（瓷器）這個字的來源，有些人認為這種半透明的細緻陶器有著貝殼般的外貌，有些人則說瓷器像陰唇。或許，這就是十六世紀的印度房中書《性典》將某種女性外生殖器的形狀稱為「螺女」、而海螺湯在很多國家都是強力春藥的原因。

從神聖到猥褻

讓我們回到崇敬女陰的討論。源自印度、中國、日本等地的東方信仰含有女陰的宗教理論，還有其他信仰有女陰崇拜的成分嗎？出人意料也充滿爭議的是，伊斯蘭教也有女陰崇拜，就在麥加的方形石殿——天房——伊斯蘭教最神聖的神殿與穆斯林膜拜的方向。嵌在天房一角的黑石（據說是隕石）是伊斯蘭教的中心與至聖所，根據九世紀的阿拉伯哲學家金迪的說法，天房原本是用來膜拜月亮女神拉特（Al'Lat是阿拉〔Allah〕的陰性詞）的三個面向（新月代表少女，滿月代表母親，下弦月代表睿智老婦），而這塊因圍著銀框[10]而看似女陰的黑石，則是拉特女陰的象徵。離題一下，拉特不是唯一以黑石之姿受崇敬的女神，希臘女神阿特密絲、小亞細亞中

---

10 譯註：黑石有碎裂，因此用銀框鑲住。

西部古國弗里吉亞的女神西布莉也是如此。西布莉——意即「萬物創造者」——據說是從天上落下的一塊隕石。

　　女陰崇拜在西方信仰中又是什麼景況呢？還有女陰象徵遺留至今嗎？乍看之下似乎不見蹤跡。西方的主要宗教——基督宗教——以否定性愛和歧視女性著稱，好幾個世紀以來，基督教會的男人極力鼓吹性交是為了繁衍後代，不是為了愉悅；在他們看來，為歡愉而交合違反自然法則，因此是有罪的。這種思考方式造就了嚴苛約束性事的法律：在十二、十三世紀的英格蘭，教會規定在星期三、五、日以及復活節和聖誕節前的四十天內行房就犯了法。

　　基督宗教不但反覆灌輸性事是有罪的概念，也主張神只能是男性的形象，因此女性在這個信仰中一向是二等公民；不僅如此，早期的神學家甚至認為，女人及其不道德的挑逗行為造成人類的原罪。特土良就是這樣一位神學家，他說起夏娃可是毫不留情：「妳是惡魔的大門……妳的甜言蜜語讓惡魔無法用暴力屈服的男人軟弱。」爾後，中世紀的教會又稱女性性器為「地獄張大的口」。聽起來，女陰可是「備受崇敬」。

　　因此，基督宗教出現後的西方世界主張女性性器該隱藏遮掩，而非展露榮耀，就不讓人意外了。女性要在基督宗教社會出頭，就必須揚棄女陰——且立誓獨身。基督宗教若非絕口不提女陰，即是刻意讓女人以自己的性器為恥；在畫上必須用無花果樹的樹葉遮住陰戶，完全不以兩腿間那兒而傲。聖經的作者為了一己之私，將女性由來已久的掀裙子露女陰之舉做相反的詮釋。聖經裡的掀裙子不是用來羞辱他人，反而變成讓女人覺得羞愧，以自己的性器和性慾為恥。在舊約聖經（《耶利米書》第十三章第二十六至二十七節）中，雅威朝耶路撒冷城大喊，若是不為其罪行懺悔：

我要掀起你的衣裙，蓋住你的臉，

羞辱你。

啊，你的那些淫亂者，因淫亂之樂而發尖聲。

你那些可恥的淫蕩居民。

而在《那鴻書》第三章第五節，先知那鴻以尖刻、惡毒之語劈頭痛斥尼尼微人：

萬軍的雅威說：「看，我必打敗你。」

「我要把你的裙子掀起蓋住你的臉，讓眾邦看盡你的赤裸，

讓各國目睹你的恥辱。」

早期基督教會舉足輕重的神學家奧古斯丁（354-430 CE）以著名的一句話——我們都從「屎尿之間」出生——道盡他對女陰的觀點。語言中也有同樣的概念：德文指女陰的字damm，字面意思就明指糞便和尿液之間的屏障（dam），是不潔之處。還有其他語言以間接的方式將恥辱加在女性性器上：古希臘人用aidoion指稱男女的性器（但是較常用來指女性），這個字有恥辱和恐懼的意涵；然而，另一種說法是，aidoion也有尊敬、敬畏的涵義，剛開始用來指性器時，並沒有差辱的弦外之意。這個字的雙重涵義也反映在其衍生字aideomai上，aideomai有被羞辱的意思，但也有敬畏、害怕和崇敬的意思，也許喚起了古老的露女陰之舉所引發的情緒。值得注意的是，還有另一個衍生字aidoios，這個形容詞常用在值得尊敬的女人，或神聖權威之物觸發的敬畏之情。看來，各時代的權威人士選用指稱女陰的字，就是要讓女陰從深具影響力的複雜之

物，轉為只有羞辱可言。

藝術與建築中的女陰

　　儘管女陰與女陰圖像在西方基督宗教世界備受敵視，但某些宗教象徵還是留存了下來。歐洲藝術與建築物上常見的一個女陰意象是「杏仁」。杏仁和女陰的首要關聯就在於外形相似，但是有古代神話言及，杏仁是從自然與萬物之母西布莉的女陰迸出來的，西布莉從西元前六千年至西元四世紀一直受世人崇拜。這兩種關聯大概是羅馬帝國時代人們視杏仁為多子多孫的幸運物、朝新婚夫婦身上撒杏仁的原因。

　　在基督宗教藝術中，聖母與聖子常有杏仁形光環圍繞，尤其見於中世紀的繪畫與雕塑。一件有女陰形光環的近代作品，是英國科芬特里主教座堂祭壇上一條三十公尺長的著名掛毯，毯面上「榮耀中的基督」被巨大的杏仁形光環圍繞。女陰形光環也出現在其他重要聖像上。十五世紀初期的畫作《維納斯的勝利》，描繪維納斯女神裸露站在杏仁形背景中，光線從陰唇般的邊緣射出，照亮身旁一群男子（顯然是史上著名的癡情男子），最強烈的光束由她的女陰射出。早期的佛陀石像和密宗的女神圖像也被杏仁形光環圍繞。

　　杏仁形還有其他神聖意涵。早期的基督信徒崇拜這種象徵，稱之為魚鰾形光輪，代表聖母馬利亞的女陰，這種女陰象徵至今仍用在一些巫術儀式中。耐人尋味的是，魚鰾形光輪也顯示出女陰崇拜存在於出人意料之處，甚至是英國一棟重要建築的根基。研究顯示，溫莎城堡部分的建構是取自女陰的外形，堡內聖喬治禮拜堂的中央有兩個相交的魚鰾形，成為這棟美麗的中世紀建築的重心。可

是，為什麼要採用魚鰾形，為什麼要用在這裡呢？

答案就在英國的最高勳位──英王愛德華三世在十四世紀創立的嘉德勳位[11]。這個嘉德勳位團有句訓言：「若此物讓你做淫邪想，你就很可恥。」「此物」是指什麼？正是女陰。中世紀的義大利學者貝爾瓦勒第，在一篇談嘉德勳位團俠義精神的文章中明言：「其創立之緣由為女性。」嘉德勳位團的精神中心，即在溫莎城堡的聖喬治禮拜堂，此堂舉目可見女性性器的象徵。看來，女陰為「聖洞」的概念，對西方的影響遠超出我們原本的預期。

有些學者也指出，大多數基督宗教教堂傳統的十字形設計是根據女性性器的構造而來。儘管其他研究者不接受這種有異教色彩的觀點，但是兩者的確有些相似，而這個理論也有些可信度。訪客從教堂的拱門進入門廳，正像女人的陰道前庭在陰唇之下。教堂的中殿通往祭壇，也像陰道通往子宮；祭壇是麵餅葡萄酒轉化為耶穌聖體、聖血之處，子宮則是卵子與精子轉化為新生命之處，而祭壇（子宮）兩旁的通道（輸卵管）通往法衣聖器的儲藏室（卵巢）。許多新石器時代的墓葬和史前時代的聖地，如馬爾他和戈佐島的石聖殿（4500-2500 BCE），其結構看似女神的身體與女陰，也能用來支持宗教聖所以女性性器為建築模型的說法。

最後，許多研究者指出，西方世界最普遍的心形符號是女陰圖像；女性性興奮時，外陰唇腫脹外翻的樣子就像心形（見彩色圖片頁）。人體還找得到較此更像心形的部位嗎？心臟絕對不是心形。

---

11 Order of the Garter，譯註：garter有吊襪帶的意思。嘉德勳位的創立緣由有幾種說法，其中一種說法是，在一場宮廷舞會中，有位伯爵夫人的吊襪帶意外脫落，愛德華三世從地上撿起吊襪帶，以這句名言訓斥了在旁訕笑的旁觀者。

或許，西方世界著迷於象徵愛的心形圖案，其實是過去女陰崇拜的遺緒。或是看看人們喜愛的幸運物「馬蹄鐵」，這是源自史前時代女像上 U 形或鈴鐺形部位嗎？就像史前石雕「維倫多夫的維納斯」的女陰，是世代傳抄下來的嗎？誰曉得？答案沒有絕對的，但這是個有趣的可能。

女陰覺醒

　　儘管西方的確存在著女陰圖像的蹤跡，但是西方文化中普遍對性的負面態度，意謂著那種明目張膽、炫耀、招搖的描繪女陰展示藝術較有可能被查禁和掩蓋，而不是受人推崇。當裸體女子出現在繪畫上時，以往的道德觀要求人物的手或衣襬必須遮住「有害風俗的女陰」，以示端莊，而且畫中女子絕對不能有陰毛。法國寫實主義畫家庫爾貝一八六六年的驚人作品，要到將近一百年後才能公開展出（見彩色圖片頁）。問題可能就出在庫爾貝無視於社會同儕的觀感，直截了當地將他對女陰的恭敬描繪命名為「世界的源頭」。安格爾於一八五六年的畫作《泉》也帶有同樣的意味。

　　西方世界不願正面看待女性性器的態度，安妮・法蘭克舉世聞名的日記作品《安妮的日記》就是個很好的例子。《安妮的日記》於一九四七年出版時，刪掉了許多段落，有些是談安妮的性慾與性器。這本書原先出版時，出版者認為這些過於開放的內容不適合青少年閱讀，直到安妮的父親去世後才得以在二十世紀末完整出版。以下安妮於十五歲時所寫的內容就是原本遭到刪節的段落，以安妮的年齡和所處的社會，她的直率坦承與豐富見識實在不同凡響。

一九四四年三月二十四日星期五

親愛的小咪：

……我想問彼得知不知道女生下面是什麼模樣。我想，男生那裡不像女生那麼複雜，從裸體男性的照片或圖畫就知道男生那裡長什麼樣子。女生就不同了，女人的性器官，還是叫什麼的，藏在兩腿之間。彼得大概從沒仔細看過女生那裡，跟妳老實說，我也沒有。男生的較容易看。我該怎麼描述女生那兒？從彼得的話聽來，他並不清楚構造。他提到「子宮頸」，但那是在裡面看不見的。我們女人那裡可是井然有序，我到十一、二歲時才曉得裡面還有一副陰唇，因為妳根本看不到。更好笑的是，我以前以為小便是從陰蒂出來的。有一次，我問媽媽那個小突起是什麼，她說她不曉得。有時她真會裝傻！

言歸正傳。在完全沒有範本的情形下，我到底該怎麼解釋呢？我該放手一試嗎？好吧，以下就是我的解釋：

當妳站立時，從前面只看得到毛。兩腿之間有兩片長了毛的軟墊，站立時，軟墊靠在一起，所以看不見裡面有什麼東西。妳若坐下，這兩片深紅色軟墊會分開，裡面多肉。外陰唇中間的上方有個皮膚有皺褶的地方，看起來有點像水泡，那是陰蒂。往內是內陰唇，也擠靠在一起。內陰唇打開時，妳可以看見一個小肉突，沒比我的拇指頂端大多少。靠上面的部分有個洞，那是小便出來的地方。下面的部分看起來好像只有皮膚，可是陰道就在那裡，要找到並不容易，因為都被皮膚皺褶蓋住了。那個洞那麼小，實在難以想像男人怎麼進得去，更不用說寶寶怎麼出得來，光是要把食指伸進去就很難。女生那兒全部

就只有這樣，可是卻扮演如此重要的角色！

　　　　　　　　　　　　　永遠是妳的安妮・法蘭克

　　人們該為安妮年少純真的「掀衣裳」之舉鼓鼓掌，我們需要更多這類的壯舉。在我們生活的二十一世紀中，色情業廣告幾乎成了女性性器最常見的影像——而且是個帶來恥辱的負面圖像。這種由男人主導、以男人為對象的女陰圖像，與女陰各種美麗的自然風貌完全扯不上關係。這些動過手腳的圖片通常都去掉陰毛、縮內陰唇、消毒女陰、去性、開刀，色情業製造的是女性性器的仿冒品，而許多男女也把這種拙劣的諧仿當成女陰的正常模樣。

　　對於女性這個生殖與享樂的美妙器官而言，這樣的展現可悲、刻板又有限；然而，除非世人不再以女人兩腿間那兒為恥辱與恐懼之源，否則這個世界源頭從神聖到猥褻的地位滑落似乎將成定局。要改變這種以女陰為恥的態度，就要從藝術、歷史和科學、跨文化、跨語言等等角度，一探古今各種女陰觀，試著了解並欣賞女性性器的真正意涵。

2
玉戶

「他先在我腿上玩起水來，又把水滴在我的……玉戶上，我把陰唇拉開，好讓他瞧清楚裡頭Y形私處及水滴奔跳其上的模樣。」這是尼可森‧貝克的情色小說《聲音》中女主角讚頌電話性愛的字眼。為了話語中情慾順暢流動與不著痕跡製造文字高潮而創造的詞彙，「玉戶」（femalia）只是一個例子（還有「彈撥」〔strum〕指自慰，「後庭」〔tock〕指肛門等等），瓊妮‧布連克漂亮的女陰彩色照片書也是以Femalia為書名。覺得女性性器用語太少的人，不單是貝克和布連克，很多人都不滿意傳統的性器詞彙。人們抱怨vulva聽起來解剖學味太重，vagina被動的意味太濃，pussy和其他俗稱又充滿刻板印象，cunt發音太硬、聽不清楚又很粗俗。而且，女性性器名稱的意思經常重疊又有多重意義。vulva通常指女性外生殖器，有時又別有他指；vagina則概稱女性生殖器不包括子宮的部分，或是專指陰道。

　　為什麼西方的性器詞彙這麼少、這麼不精確呢？說起來，不論是幫小孩取名字還是為身體部位命名，都不是易事。重點要放在哪裡才好？要考慮的事實在太多了。名稱可以表達清楚的意思，也能傳達重要的訊息；適當的名稱可能有絕佳的效果，選錯名稱可能會冒犯他人。名稱也應該經得起時間考驗，但是時尚善變，追求潮流的結果可能是很快就過時，取個拗口的名稱恐怕又無法流行。有趣的是，正因為命名要考慮的因素這麼多，便意謂著語言可以是社會風尚的風向球。如果做點研究，性器詞彙甚至可以透露一個社會如何看待女陰、是褒是貶；假使研究得更深入些，性器語彙史能一解英文性器詞彙真正的意涵。

　　名稱往往反映一個時代的信仰與觀念，性器解剖學也不例外。比方說，renal現在用來指稱「腎臟的」（英文kidneys，拉丁文

renes）。拉丁文會使用這個字，是因為當時的人認為精液是從腎臟流出的，這反映了古代理論：精液（男女皆有，女性的精液稱為sperma muliebris）從頭部產生後，在腰部的脊椎和腎臟區域成熟。從古希臘到十七世紀，nymphae（本意是水澤女神）是內陰唇的通用名稱，這個字被納入醫學名稱是因為陰唇有凹槽，而且圍繞著陰道和尿道開口，引導精液與尿液離開女性性器。這個名稱也呼應古希臘人尚未受到基督宗教影響前、將水澤女神像放在公共噴泉旁的做法。誠如助產士珍‧夏普在《產婆手冊》（1671）中的清楚解釋：「這些肉翼稱為nymphs，因為尿液通道和子宮頸在此匯集……尿液和體液由此流洩，如同泉水噴出，而且這裡也是享受情慾歡愉喜樂之處。」

有些名稱企圖說明器官功用，或是想描述器官外型，往往大膽卻效果不彰，例如陰道的兩個古代名稱：「女陰內部」和「御用大道」。女人今日所稱的「會陰」，以前稱為inter-foramineum，字面意思是「兩個洞中間的地方」，兩個洞是指陰道開口和肛門。陰唇有時被稱為「自然器官的邊緣」，有些解剖學家的稱法更麻煩：「女性生殖器的周圍部分」。男性精子從附睪到尿道的「輸精管」（vas deferens）是由兩個拉丁文單字組成的：vas是輸送液體的道或管，deferens是deferre（帶走）這個字的過去分詞。這個詞簡單明瞭，儘管後代迻譯有時失真，卻沿用至今。輸精管更早的希臘文名稱是「旁邊腫脹如管子的部分」，對器官功用的描述更不清楚，因而經不起時間的考驗。發明這個名稱的是亞歷山卓的解剖學家希羅菲勒斯，他也將男性的精囊稱為「旁邊如腺體的部分」。也許他實在是文思枯竭。

名稱也能用來彰顯政治主張或特定概念。英文指稱生殖器的字

—— genitals 和 genitalia —— 用意就是為了描述這些是「生殖的器官」(parts of generation)。我們可以說這種稱法別有目的,因為這個詞特別強調這些器官的特定功用,極力灌輸有性生殖的概念;然而,有性生殖是不是這些器官的首要功用,卻大有商榷的餘地。生小孩絕不是陰道和陰莖最普遍的用途,這個專有名詞略而不提這些器官也能體驗歡愉狂喜,能產生後代也能製造性慾高潮。

名稱往往有教育功能,在某些例子中,甚至還指定什麼是對身體特定部分應有的情緒反應。中世紀時,塞維亞的伊西多爾在其縱論古代科學知識的《語源學》中,用 inhonesta 指稱女性性器,亦即「無法光榮說出的器官」(turpia〔墮落〕和 obscena〔猥褻〕是另外兩個對女陰懷有負面意涵的拉丁文稱法)。伊西多爾還解釋:「古人稱女性性器為 spurium〔假的〕。」又詳細說明這就是為何私生子女、沒有「承繼父之名」者被稱為 spurius,因為他們「只出自」母親。因此,今日的 spurious 經常用來指稱假的或偽造的東西。有個用來指稱性器、尤其是指女性性器的字是 pudendum,這個字源自於拉丁文動詞 pudere(感到羞恥),將性器和恥辱連結在一起,沿用至今。性器帶恥辱的言外之意仍可見於其他歐洲語言,尤以德語為甚:女性性器的用詞有 Schamscheide(字面意思是「恥辱的護套」)、Scham(生殖器)、Schamhaar(陰毛)和 Schamlippen(陰唇)[1]。

語言有趣的一點就是善變,也就是說,字詞的意思會隨著時間改變,反映那個時代的觀念。從這一點來看,值得注意的是,若是研究基督宗教主宰西方前的古代性器用語,就會發現西方世界並非

---

1 譯註:德文 scham 是「羞恥」之意。

一直以負面觀點看待女陰，希臘文的性器詞彙就帶有正面意味。在古希臘，希波克拉底、亞里斯多德和荷馬用aidoion指稱女性性器，這個字並沒有批判性事的意涵，而且如前所述，這個字源自於使人敬畏、恐懼與尊敬的字。老普林尼經常拿來等同aidoion使用的希臘文verenda也是一樣，字面意思是「引發畏怯或敬意的部位」。

另一個指稱女陰的拉丁文natura，既不粗俗也不會太專業，是一般受過教育者會使用的字，據說源自於nascor（誕生之處，亦即女陰）。natura衍生出naturale，塞爾蘇斯（c.30 CE）使用此字指稱陰道。語源學家也指出，即使是pudendum這個字也並非總是有恥辱的意味，羅馬哲學家塞內加帶頭使用這個字時，就沒有這樣的涵義，只是指男女的性器。西方世界會將人類性器——尤其是女陰——與恥辱聯想在一起，都是拜奧古斯丁等早期基督信徒之賜。有人似乎是為了弘揚特定的宗教信仰，而將原本意指「非常端莊」的shameless扭曲成以此為恥之物。

為了贏得注目，各種怪異名稱便紛紛出籠，這些奇異名稱有很多是包含描述相像之物的字，以求方便清楚。新生寶寶長得像Bob叔叔，何不就取名為Bobbina？取Roberta[2]更好。這種直喻法也經常用在解剖學的器官命名上。希波克拉底用希臘文「懸崖」指稱女性渾厚柔軟的外陰唇，外陰唇後來又得名monticuli，意指「小山丘」；反之，較薄的內陰唇在希臘文和拉丁文都有翅膀的聯想。陰莖的古代名稱mentula源自於「綠薄荷的莖」，另一個陰莖名稱caulis也是源自於「捲心菜莖」。

奇怪的是，用penis這個字指稱陰莖，是因為陰莖像動物身體

---

2 譯註：Bob是Robert的暱稱。

某個部位；說得明白點，penis是動物尾巴的古代用字，今日卻成了男人那話兒的標準名稱。為什麼呢？據說一部分原因是那話兒能垂下，也能變硬挺立，就跟動物尾巴一樣（關於penis的詞源學討論，讓人對「要某人夾著尾巴逃走」一語有更深刻的體會）。而且，penis這個名稱剛造出來指稱陰莖時，是個不尋常的晦澀用字，古拉丁文指稱尾巴的字cauda也被拿來指稱陰莖。不管是什麼原因，penis這個稱法沿用至今，而mentula、caulis和cauda則淘汰出局。

說到劍鞘與護套

　　vagina（陰道）這個字的出現也和解剖學家愛用相似物命名有關。在拉丁文中，vagina原本是指保護劍的劍鞘或護套。十六世紀時，這個字的意義有了改變，開始用來指稱女性性器的特定部位，義大利解剖學家科隆博可能是第一個使用vagina的人。一五五九年，科隆博在《解剖學》的手稿上，將女性體內有勃起組織的性器官描述為「有如插入劍鞘、陰莖插入的部位」。根據這位文藝復興時代的男子所見，女性性器的這一部位包覆陰莖正如劍鞘包住劍，因此在他眼裡就是個vagina。

　　可是，要到一百年後，vagina才成為標準的解剖學術語。義大利的維斯林是第一個如此使用的人，一六四一年首次出現在他的《人體結構》上，之後vagina很快就成了醫學名稱。一六八二年，vagina首度出現在英文文獻；到了十九、二十世紀之交，vagina與類似的用詞如vagin和Schiede也進入了歐洲語言。自十八世紀以降，vagina成了接生術手冊的專門用詞，法國的戴歐尼斯於一七一九年出版的《助產術概論》就是一例。戴歐尼斯描述陰道「接受男

性之劍，為其護套，因此名為vagina，亦即劍鞘」。vagina就此站上檯面，這個名稱從創造到普遍被公眾接受大概花了一百五十年。真要感謝這些直喻的名稱和早期的解剖學家，人類用劍鞘和尾巴行雲雨之歡；這還算高明的，至少不是御用大道配捲心菜莖。

然而，有些性器名稱的來源不詳，vulva（陰戶）就是一個例子。一個冒稱大亞伯特[3]的人在中世紀所做的手稿《女人的秘密》述及：「vulva源自於valve〔摺門〕，因為它是子宮的門。」十七世紀的解剖學家德格拉夫同意這個詞源學解釋，但補充說明有人認為vulva是源自於velle（需求），因為「這個器官對性交有著永不滿足的強烈需求」。這讓人想到聖經《箴言》第三十章：「有三樣東西不知足⋯⋯地獄、陰戶之口和焦渴的土地。」

塞維亞的伊西多爾用valvae（門）指稱陰唇，《巴比倫塔木德經》（四世紀）則用「摺葉」指稱陰唇。還有人主張vulva意指「包裹用的東西或罩子」，這種說法可能是因古羅馬人用此字指稱包覆胎兒的羊膜或子宮。可以確定的是，vulva是古代用來指稱動物子宮的字。在薩丁尼亞島上薩沙里的古老方言中，vulva是指豬子宮的烹飪用詞，古羅馬人認為這是一道可口的菜餚。uterus（子宮）則源自於拉丁文的venter（肚腹），男女都適用。子宮、肚腹兩義的合併用法仍可見於一般講女人懷孕的說法 —— has a baby in her tummy（字面意思是「肚子裡有小孩」）。

為vagina下定義

---

3 譯註：大亞伯特是十三世紀著名的日耳曼哲學家和神學家。

有時，我們實在說不清人們沿用或淘汰特定名稱的原因。我想，科隆博「劍鞘」之稱的成功在於符合時代需求，為當時提供了一個女性性器特定部位的明確名稱。在科隆博之前，十六世紀的女性性器詞彙似乎是為了模糊焦點，而不是要具體說明；如 sinus pudoris（端莊的凹地）之類名稱的意思並不清楚，其他指稱陰道、子宮和陰戶的用字意思也經常重疊。以中世紀之前的古代末期為例，拉丁文的 vulva 有好幾個意思：有時是指陰道腔和陰道前庭，有時是指女性外生殖器，有時是指子宮，有時則是同時指子宮、陰道和陰道前庭。

　　然而，從亞里斯多德以來，定義最歧異的就是 uterus。這個字通常指整個女性內外生殖器，但有時則跟現在的用法一樣，專指胎兒成長的子宮。可是，uterus 也可以指稱陰道，有一部解剖學巨著就描述處女的處女膜「防止陰莖插入 uterus」。uterus 不但用來指稱整個女性性器或單一部分，也可以在提到女性生殖器某一部分後用來指稱其餘的部分。因此，以前的解剖學書籍讀起來連篇 uterus，卻不知何所指；可能是子宮的開口、子宮頸、子宮底、子宮角、子宮的入口、子宮壁、子宮的陰道，也可能是子宮側邊。有時看起來，連解剖學家也摸不著這個名稱的頭緒，不知道自己到底討論的是女體的哪一部位。我想，西方世界對女人、性和女陰的反感造成了女性性器相關詞彙的嚴重缺乏。

　　在這種 uterus 氾濫的背景下，維斯林首次將 vagina 當成醫學名稱使用並不令人意外，他認為 uterus 可分成三部分：子宮底、子宮頸和子宮的陰道。然而，並不是所有人都同意他的用法，許多解剖學家仍將陰道腔視為 uterus 的一部分；至於陰道是 uterus 的頸、內口還是外口，各家仍意見紛歧。不過，vagina 這個名稱的創造與普

遍使用，終究釐清了這種混亂局面，vagina是子宮頸、內口和外口的說法逐漸被淘汰。女性性器名稱的意義得以澄清，除了要感謝科隆博之外，還有另一位功臣。

這位是十七世紀的荷蘭解剖學家德格拉夫（格拉夫濾泡就是以他為名），其一六七二年的巨著《女性生殖器研究》，是文藝復興時代女性生殖器解剖學的傑作。德格拉夫以十五章的篇幅，詳細闡釋女性性器的結構、名稱與功能，第一章〈內容大要〉指出「讀者將會發現……uterus這個名稱有許多不同的用法」之後，以圖片說明女性性器的細部。第七章〈子宮的陰道〉，則討論歷來的女性性器詞彙及其意思模糊或重疊造成的問題。值得注意的是，在細述陰道的結構、位置與比例之前，他說明：「因此，為了明確起見，我們將在以下的討論稱此通道為『子宮的陰道』（vagina of the uterus）。這是恰當的名稱，因為這個部分容納並包覆男性陰莖，宛如刀劍的套子容納刀或劍。」

子宮的角是怎麼來的？

德格拉夫、科隆博及其同儕創造並提倡的精確性器詞彙，改善了女性性器用語長久以來的缺失。而且，若是研究這些人形容女性性器的方式，就會發現語言多變的另一關鍵層面。時代潮流、廣受支持而後遭揚棄的理論，以及社會的道德觀，都是左右一個字能否沿用的影響力，人為錯誤則是另一個術語會隨著時間改變的主要原因。有些錯誤看得出是如何造成的：這麼多個世紀下來，當文獻由希臘文譯成拉丁文，更常見的情形是由希臘文譯成阿拉伯文再迻譯為拉丁文時，錯誤就發生了。其他字義的改變則難以解釋，有些字

義的變更不大，有些則變成完全不同的意思。

cervix（子宮頸）這個現代女性性器用詞，就是人為錯誤造成的例子，讓原本的意思完全不見了。做為現代醫學名稱，cervix是指連貫陰道與子宮的狹窄通道，是個有平滑肌的短粗管狀物（子宮頸管）。子宮頸略微伸入陰道腔的下端稱為「外口」，上端則稱為「內口」。子宮頸與子宮的密切可由其全名窺知——「子宮的頸部」（cervix uteri）——許多醫務人員仍使用這個全名（雖然子宮與子宮頸的肌肉類型並不同）。在醫學上，cervical一般是指頸部，例如cervical vertebrae（頸椎）是指脊椎靠近頭部的前七個脊椎骨。

有趣的是，cervix原本並不是指稱頸部。拉丁文指稱頸部的字是collum，德格拉夫談子宮頸時就是使用這個字。他如此解釋：「子宮以適切稱為collum（頸子）的部位，與陰道、直腸和膀胱相連。」在其他段落中，他補充說明：「子宮真正的頸部就在那個小洞所在的部位……精子穿越頸部到達子宮底。」用collum指稱子宮頸的不是只有德格拉夫，更早的解剖學家如二世紀的索蘭納斯，在其影響深遠的《婦科學》中也使用這個字，這本書是其後十五個世紀談論女性性器資訊的權威根據。

如果子宮頸以前稱為collum，cervix又是從哪裡冒出來的？離奇得很，cervix原本是指哺乳動物彎月形的角；有趣的是，這個角的意思雖然在人體解剖學詞彙丟失了，卻留存在動物生理學上。cervid是指鹿科反芻動物，此科哺乳動物頭上有角或多叉角（拉丁文的cervus是鹿）。現在還是有科學家用「子宮角」（uterine horns）一詞，尤其是在討論動物解剖學時，但也見於人體解剖學；然而，我們並不清楚collum是怎麼被cervix取代的。

可以確定的是，女人和其他雌性哺乳動物（包括牛、綿羊、山

羊和兔）的子宮有角這個觀念由來已久。亞里斯多德提到女人子宮的兩個角，《醫術大全》[4]等中世紀解剖學書籍也描述：「子宮的形狀與膀胱相似，兩者都位於體內深處，但是子宮有兩個像角的突出部分。」子宮有角的概念也被用來解釋胚胎的性別如何決定。根據古代的理論，子宮的左角製造女孩，右角則製造男孩。因此，他們建議想生女兒的女人，性交時和結束後身體要朝左側臥。

女人子宮有角的概念為世人接受已久，由十七世紀描述今日我們所謂「子宮外孕」的文獻即可窺見一斑。法國解剖學家里奧朗在其《人體地圖》中寫道：

> 巴黎一名外科醫師在其他醫師在場的情況下，解剖一名死亡的女性，發現子宮的右角有一個極小但已成形的胎兒，這已經是距我現在下筆十年前的事了……晚近，我們在洗皇后被單的洗衣婦身上也發現這樣的例子。幾年前，我們在她的子宮角上發現一個長度大小與拇指相仿的胎兒。這名婦人經歷了四個月的劇痛之後，終於在懷孕七個月時棄世。

子宮角的現代名稱就是「輸卵管」（Fallopian tubes），甚至以其為名的義大利解剖學家法洛皮歐（Gabriel Fallopius），也在他的《解剖學觀察》中描述這個部分的形狀像角。他說：「細而窄的精子通道有神經且色白，子宮角延伸出去的部分愈來愈寬，近尾端時捲曲如藤蔓捲鬚。」

---

4 譯註：十世紀波斯名醫瑪祖西著作的拉丁文譯本，這本書是中世紀非常重要的醫學文獻。

帶角的牛頭

輸卵管被當成子宮角的概念很容易理解，只消看一眼現在女人子宮的圖片或實物就曉得原因了。輸卵管的確有牛角般的優雅曲線，而且和子宮有如此的相對位置，人們拿牛或鹿的角或多叉角來形容並不離譜（見圖2.1）。子宮的外形也貌似牛頭，上寬下窄，讓子宮角之說更有所據。輪廓相似再加上自古以來子宮有角的概念，大概就是文藝復興時期的解剖學家把女人的子宮畫成兩角器官的原因了。

纖細、彎曲如角狀的輸卵管，也出現在比利時解剖學家維薩里充滿創見的《人體結構七卷》（1541）上，義大利解剖學家達卡皮著作中插圖裡的子宮角則較粗而短。達卡皮書上另一幅插圖描繪的

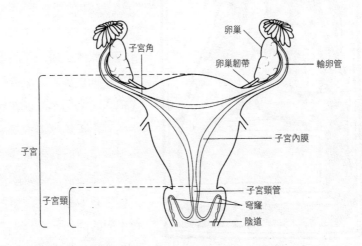

圖2.1 女人的子宮與輸卵管。子宮的外形與牛頭不可思議地相像，輸卵管的位置與牛角相對應。

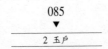

子宮，幾乎跟帶角牛頭沒什麼兩樣（見圖2.2）。確實如此，十六、十七世紀期間，當解剖學書籍紛紛配上插圖之際，幾乎每一本都可見女人子宮帶角的圖片，這種藝術描繪的方式也進而強化了科學界對子宮有角的概念。達卡皮的著作稱子宮韌帶為Ligamentum cornulae（拉丁文cornu是角，希臘文korone是指彎曲的東西），稱輸卵管為vas spermaticum（輸送精子的管子），反映了當時認為那些管子輸送女性精子的觀點（後文會有更詳細的討論）。

女性性器有角的概念歷史悠久，如同前面所見最古老的石雕女像，史前時代的「勞塞爾的維納斯」（c.24000 BCE）描繪一個女子一手握著一支有十三道溝紋的角，另一手指著女陰；時間快轉一萬八千年之後，仍可見女人、角、生殖力與女性性器的關聯，而且更緊密。土耳其孔亞高原的查塔堆新石器時代早期住民，大概從西元前六五〇〇年起就在此生活了一千年。考古學家在這個重要的石器時代遺址發現，這個文化有兩種主要宗教聖像：女神和帶角牛頭的圖像。女神和帶角牛頭相伴的圖像裝飾著神廟、聖所和一般住屋，

圖2.2　像帶角牛頭的子宮（取自達卡皮的《解剖學入門簡編》，一五二二年）

此地一座美麗的神廟有這麼一個女體圖像，帶角牛頭取代了子宮和輸卵管部位，讓兩者的關聯不容置疑。有些圖像看來像是藝術家要以牛角上的玫瑰花表現輸卵管尾端的花形。查塔堆文化顯然已經有生殖繁衍的概念，而且表現在一塊灰石板上：一面描繪兩個愛人交纏的軀體，另一面則是一名抱著嬰孩的女子。

希臘邁諾安文明（2900-1200 BCE）晚期也有兩個重要的象徵：女神與牛角的圖像裝飾著祭壇、聖所、印章石和建築物的牆。邁諾安的牛角（名為「神聖之角」）被視為聖所的標誌，而女神高舉的雙斧在邁諾安宗教中則是權力的象徵。在一些圖像中，邁諾安女神戴著一頂牛角製成的王冠。雖然邁諾安文明的圖像也描繪男神，但是男女神像同時出現時，女神像總是較大。

牛角、生殖與子宮的長久關聯，也反映在古今的文字與動作手勢中。代表子宮的埃及象形文字是有兩角的牛子宮，cornucopia（豐饒角）[5] 這個字則同時有豐盛和羊角狀盛器的意思。豐饒角也是生殖象徵，在西藏則象徵白犛女神。義大利男人若是讓人比了個牛角手勢（手握拳，豎起食指和小指），那可是奇恥大辱，這個手勢是指他的妻子不忠、被戴綠帽了（妻子的子宮角裡可能有其他男人的精子）。而且，義大利文的動詞cornificare意指不忠，cornuto則是妻子有外遇的意思。

南歐語言普遍可見男人戴綠帽與牛角的關聯。在葡萄牙文cornudo或 cabrão、西班牙文cornudo、加泰隆尼亞文cornut或cubron、法文cocu、希臘文keratas中，被戴綠帽的字彙字面意思都是「有角者」、「頭上戴角的人」。在英格蘭，cornute（有角的）

---

5 譯註：希臘神話中哺育宙斯神的羊角。

是在諾曼征服[6]後才引入英文，一直沿用到十六世紀才被cuckolded（妻子偷情）取代，這個字源自於cuckoo（杜鵑），這種鳥經常把蛋下在別的鳥巢裡。有意思的是，「戴綠帽」只適用於男人，因為女人不可能被戴綠帽，這是男人獨有的恐懼，擔心小孩不是自己的。其他的牛角、生殖與子宮的關聯也留存至今，英文的horny是指「性趣高昂」。科學研究指出，女性的性慾通常在卵巢排卵至輪卵管時達到高峰，而cornification（角質化）這個醫學名詞，則是指陰道上皮細胞外層在發情和排卵期發生的改變。

陰道是陰莖嗎？

　　解剖學文獻的插圖和科學理論過度渲染的概念，女人的有角子宮只是其一。文藝復興時期的醫學也主張「陰道是體內的陰莖」，醫學圖示描繪的「陰莖」陰道還出奇地鉅細靡遺。讓人驚奇的是，這些插圖所示的男女性器結構相似，差別只在位置不同。在維薩里開創現代解剖學的傑作《人體結構七卷》中，所繪的陰莖陰道最是教人嘆為觀止（見圖2.3），甚至他的三部解剖學專著中都有陰莖陰道的插圖。由於其他解剖學家普遍抄襲這些手稿，陰道為體內陰莖成了文藝復興時期解剖學文獻的標準內容。維薩里比較男女性器解剖的插圖（見圖2.4），出現在給一般民眾閱讀的廉價書上，因此陰道為體內陰莖的概念深入一般人心中。

　　可是，為何文藝復興時期的男人認為陰道是體內陰莖呢？陰莖中心論的歷史悠久，這種看法早在古代就出現在亞里斯多德和之後

---

6 譯註：一○六六年諾曼第公爵威廉用武力征服英格蘭。

VIGESIMA·SEPTIMA QVINTI
LIBRI FIGVRA.

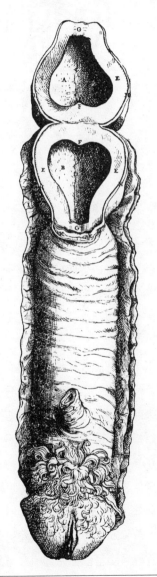

PRAESENS figura uterum à corpore exectum ea magnitudine refert, qua postremò Patauij dissectæ mulieris uterus nobis occurrit . atᵹ ut uteri circunscriptionem hìc expressimus, ita etiam ipsius fundum per mediũ dissecuimus, ut illius sinus in conspectum ueniret , unà cum ambarum uteri tunicarũ in non prægnantibus substantiæ crassitie.

A, A. B, B *Vteri fundi sinus.*

C, D *Linea quodámodo instar suturæ, qua scortum donatur, in uteri fundi sinum le uiter protuberans.*

E, E *Interioris ac propriæ fundi uteri tuni cæ crassities.*

F, F *Interioris fundi uteri portio, ex elatio ri uteri sede deorsum in fundi sinũ protuberans.*

G, G *Fundi uteri orificium.*

H, H *Secundum exteriusᵹ fundi uteri inuo lucrum, à peritonæo pronatum.*

I, I *etc. Membranarum à peritonæo pro natarum, & uterum continentium por tionem utrinᵹ hìc asseruauimus.*

K *Vteri ceruicis substantia hìc quoque conspicitur, quod sectio qua uteri fun dum diuisimus, inibi incipiebatur.*

L *Vesicæ ceruicis pars, uteri cĕruici in serta, ac urinam in illam proijciens. Vteri colles, & si quid hìc spectădũ sit reliqui, etiam nullis appositis chara cteribus, nulli non patent.*

§ VIGE.

圖2.3　像陰莖的陰道：維薩里的女陰觀（1541）。

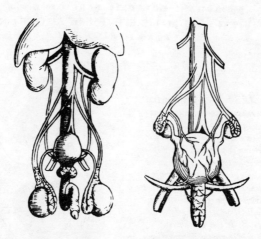

圖2.4 男女性器比較圖──男左女右（取自維薩里的《性器圖》，一五三八年）

的醫生蓋倫（c.129-200 CE）的理論中。亞里斯多德及其門徒主張，熱──說得更明確點，是一個人擁有的熱多寡──是決定性別的要素。他們認為男性擁有的珍貴的熱比女性多，物體也因熱或火的多寡而有男女之分。根據這個理論，又熱又乾的太陽是男性，又濕又冷的月亮則是女性。熱或火只是古代科學家所謂自然界四大構成元素中的一個，其他元素是氣（濕而熱）、土（乾而冷）、水（濕而冷）。這四個元素的地位並不相等，乾而熱的火地位最高，乾而熱的東西比濕而冷的東西更高等。因此，火最高等，水最低等。在此必須指出，這是完全武斷的看法。

在《人體各部位的作用》一書中，蓋倫就男女擁有的熱不同如何影響性器發展做說明：「女性的生殖器不像男性那麼完美。女性的生殖器在胎兒時期就已成形，卻因為熱不足而無法伸展於體外。」蓋倫的意思是，女人陰莖因為熱不足而無法外展，其濕而冷的體質導致陰莖留在體內。在這些古代男人眼中，女陰和陰莖一個

樣兒；男女性器的差別不在於結構，而在於所在位置。蓋倫如此寫道：「若是把女性性器推至體外，或是把男性性器推入體內再對摺兩次，就會發現兩者一模一樣。」有些性器名稱如spermatic vessel（精液管）和veretrum（女陰或陰莖）之所以適用男女性器，根據的就是這個陰莖與陰道相似論。

熱理論造成的影響，不只是世人將男性性器當尺來測量女性性器，完全武斷的元素高低論也為以前的當權者（都是男人）造就了男人地位高於女人的制度。男人成了女人和其他所有事物的尺度，女人擁有的熱少於男人，因此被視為較低等。亞里斯多德獨斷地將火置於水之上的元素高低判別，讓他說出：「女性是殘缺的男性。」如此主觀的優劣判定也造成各種厭惡女人之論。

許多男人援引亞里斯多德性別區分的熱理論，來佐證自己對女人荒謬扭曲的看法。蓋倫如此解釋如何以熱來分出人類和動物的優劣：「正如人類是動物中最優秀者，在人類中，男人也比女人完美。男人之所以完美，在於其大量的熱，而熱是自然首要的元素。」中世紀《女人的秘密》一書中，作者如此論及生女兒：「生女兒是因為有些因素出了差錯而造成的結果，所以有人主張女人不是人，本質上是個怪物。」就憑這個武斷的優劣論，女人被貶為殘缺的男人和怪物。

當女孩變成男孩

熱決定性別的理論造成的結果，不只讓後人認定陰道是次等的體內陰莖，女人進化的程度不及男人，還認為女人可以變成男人。一至十七世紀的醫學文獻記載了許多看似性別轉換的案例，瑪麗・

加尼爾就是一個例子。瑪麗是法王查理九世的侍者，根據御醫帕雷的記載，瑪麗十五歲時還「沒有男性性徵」，但是青春期期間有一天，瑪麗把豬群趕過麥田，就在張腿躍過水溝那一刻，陰莖突然迸了出來。帕雷如此描述：「就在那一剎那，撕裂了原本包覆男性生殖器和陰莖的韌帶，讓這些器官露了出來。」瑪麗回家後，母親帶她去見一位主教，主教宣布瑪麗是個男人，而瑪麗的名字也改成傑曼，或稱瑪麗傑曼。

教會認為，瑪麗傑曼的罪與性別轉換的原因是行為不端莊，以這麼快又粗魯的方式（就是不像淑女的意思）行進，才會把體內的生殖器甩了出來。依照熱理論的說法，這是因為「熱的增加將睪丸推出體外」。另外一處有關瑪麗的記載還提到，在法國那個地區，「女孩們傳唱一首歌，歌詞警告女孩別把腿張得太開，才不會像瑪麗傑曼一樣變成男孩。」男性就沒這種困擾，步子愛跨多大就跨多大，因為性別轉換只會發生在女性身上。瑞士的解剖學家鮑辛（1560-1624 CE）如此解釋：「因此，我們沒見過男人變成女人的實例，因為自然永遠朝向完美發展，不會反向進行，讓完美變成不完美。」女人又被擺在低於男人的地位，兩腿還要乖乖合攏。

現代科學會將女孩在青春期變成男孩的情形，解釋為遺傳性激素失調，這種 5α-還原酶缺陷症[7]（缺乏 5α-還原酶這種酵素）造成睪固酮無法轉化為 5α-二氫睪固酮。雖然這樣的孩子在基因判定上屬於男性，即同時有 X 和 Y 的性染色體，但是生來具有貌似女陰的外生殖器，因為他們的睪丸留在體內沒有下降，而陰囊看似外陰唇；陰莖粗而短，看似一個大陰蒂，但他們從這個「陰蒂」小便。

---

7 譯註：又稱睪丸女性化症。

這些孩子在青春期「變成」男孩，是因為荷爾蒙急遽改變，男性性器成長，「陰唇」增大下垂，睾丸下降，陰莖也變長了。青春期過後，他們的性器看來跟其他男人沒有兩樣，許多人也有生育力。這種情況在多明尼加部分地區非常普遍，當地人甚至對罹患此症的孩子有個俗稱：「十二歲出睾丸。」有意思的是，當地並不歧視這種第三性別，可能是案例太多了。當地的醫生也非常善於辨識哪些女孩會變成男孩，因此，罹患此症的孩子在性別轉換發生前會有心理準備。

女人也有睾丸？

古人將陰道當成陰莖的另一個影響是解剖學上的男女性器一致論。在這個奇異的單一性別理論中，陰道是體內陰莖，子宮是陰囊，內陰唇是包皮，而卵巢是睾丸。蓋倫如此說明：「所有的男性性器在女性身上都找得到……但是每個器官到了女性身上都換了位置。」為了闡述這個觀點，蓋倫還詳加敘述兩性器何以相對應：

> 試想男性〔外生殖器〕位於體內直腸和膀胱之間的位置。在這種情況下，陰囊就在子宮的位置，而睾丸懸垂在緊靠子宮外面的兩側。男性的陰莖成了中空的通道，而陰莖頂端現在稱為「包皮」的部分，就成了女性的外生殖器。

他接續對女性性器的置換想像：

> 再試想……若是子宮突出於體外，卵巢不就在子宮裡了嗎？

就像睪丸在陰囊裡？而先前藏在會陰裡的子宮之頸〔子宮頸和陰道〕現在不就則成了懸垂在外的陰莖？

男女性器相對應且以男性為女性量尺的看法，在科學界盛行了至少有兩千年——從西元前三世紀至西元十七、十八世紀（有些人會說這種看法現在仍然存在）——然而，值得注意的是，蓋倫充滿自信的女性性器結構論並非以實際的解剖經驗為依據。他的確檢驗過格鬥士的屍體，但是他對雌性動物的解剖經驗只限於豬、羊、猴，他根據的是西元前三世紀亞歷山卓解剖學家希羅菲勒斯的研究成果。希羅菲勒斯確實看過一名女子的體內性器構造，發現女人子宮的正是他。但是，亞里斯多德以男人為萬物尺度、女人只是男性完美人類模型的次等表現這種理論，在希羅菲勒斯心中根深柢固，他選擇將女人的卵巢等同於男人的睪丸。在沒有實際反證且其實是沒有任何實際證據的情況下，蓋倫就全盤沿用希羅菲勒斯的假說，納入自己的觀點，繼續倡言「女人因為熱不足，因而是有瑕疵的男人」之論。

我們可以理解蓋倫在缺乏反證的情況下主張女人為倒轉的男人，但是，文藝復興時期的解剖學家繼續高唱這種武斷之論就實在讓人困擾。十四世紀之後，取得女性屍體解剖就不是問題，十六世紀的先驅解剖學家維薩里的《人體結構七卷》，據說就參考了至少九具女性屍體。他在書中誇稱：「這套書在論述中配置了所有人體器官圖片，因此，在此解剖開的人體可說是完全呈現在研究自然的人面前。」可是，讀者看到的其實是維薩里固有的觀念，而不是正確觀察的結果。

維薩里及其同儕顯然不講求「眼見為憑」。這些解剖學家也許

是「文藝復興之士」，但這只是因他們生在當時，而不是因為他們有創新精神，盲從舊理論、受當時科學與宗教思潮擺布者占了多數。解剖學深受其害，不論是在文字或繪圖上，都沒有獨立於主流權威之外的見解。亞里斯多德的傳人一律認為，「熱」不足以讓女人較男人次等；爾後的基督教會則稱，夏娃於伊甸園之舉造成人類生理性別之分，女人不得神的眷寵，因而性器發育不良。文藝復興時代的解剖學家紛紛為這兩種荒謬之論宣揚並背書，女人是有缺憾的男人之論因而繼續當道。

子宮還是陰囊？卵巢還是睪丸？

女人是倒轉男人的概念，對西方性器解剖學名稱遺禍既深且難以改變；女性性器不但是發育不良的男性性器，各部分使用的名稱還一樣。希羅菲勒斯用didymi指稱卵巢，這個希臘文是「成對」的意思，因為卵巢有兩個。但是didymi也是當時用於男人睪丸的名稱，這個「成對」之字仍可見於現代男性性器解剖學；意指「睪丸後外方貯藏精子的彎曲管子」的epididymis（副睪）這個字，則源自於epi（附近）和didymi（成對的）。

另一個兩性通用的希臘文睪丸用字orcheis，不但見於希波克拉底和蓋倫的著作，現在也用在醫學名稱上，例如orchitis是睪丸炎，orchidectomy是睪丸切除術。orchids（蘭花）屬於蘭科，據說是因能刺激「性慾」、「外觀像睪丸」、「聞起來也像精液」且有助生育而得名。古人還認為蘭花的氣味有助於製造精子。

到了古羅馬時代，就不用didymid指稱卵巢，而改用testis（拉丁文「證人」的意思）及其暱稱testiculus。testis和從testiculus衍

生而出的testicle是現在的睪丸用字。古羅馬人用testis同時指稱女性卵巢和男性睪丸，他們認為至少要有兩個人，證詞才能成立；今日與公證結婚、立遺囑有關的法律程序，仍可見要兩個以上的證人、證詞才有效的概念。stones是另一個同時用於兩性性器的用字。即使是現在，卵巢和睪丸也共用一個醫學名稱gonads（性腺），這個字源自於希臘文gonos，意指「種子」。

研究者認為女性與男性對等的性器器官一樣都不少，但是，有瑕疵男人的概念對性器功能的理論也有絕大的影響。蓋倫和希羅菲勒斯都認為卵巢和睪丸相似，但是蓋倫將這個類比推得更遠，不但構造相似，還主張男性睪丸與女性「睪丸」的功能相同，都是製造精液的器官。可是，由於女性本質較冷，精液當然不如男人又熱又稠。「因此，女性的睪丸一定較小又有瑕疵，製造的精液當然也較冷、較少與較稀（這是熱不足的必然結果）。」蓋倫如此解釋。

以男性中心觀解讀女性性器的理論，也對子宮的理論造成衝擊。雖然有肥厚肌肉壁的子宮與薄皮的陰囊構造大異其趣，而且還是孕育胎兒的唯一處所，研究者卻一直認為子宮是簡單的scrotum（源自希臘文「皮革袋子」）。十六世紀一個法國人寫道：「女人的子宮只是留在體內的男性陰囊與陰莖。」和陰道等同陰莖的理論一樣，研究者也用文字和繪圖廣為宣揚這種子宮等同陰囊的類比。

中世紀時，女人子宮與男人陰囊都用指稱袋子、錢包的bursa稱之。中世紀讀者無數的房中書之一《女人的秘密》描述，男人射精後，女人的子宮會「像袋子一樣把口收攏」。在文藝復興時代的英格蘭，purse（字面意思是「錢包」、「囊狀物」）是子宮和陰囊的普遍用字。一本作者不明的德國書上描述：「子宮是個密封的容器，有如小錢包。」可是，法文bourse同時有交易所和錢包、袋子

的意思，說子宮是「有價值之物的製造之處」似乎頗有道理。法文 matrice 和英文 matrix 也有這層意思，這個指稱子宮的字源自於 mater（母親）。matrix 是母體、基礎、有價值之物的製造處；不同於其他的子宮、陰囊名稱，matrix 和 fundament（字面意思是基礎）只適用在女性身上。

女陰的文藝復興時期？

十七世紀是女性性器的美好時代，不但 vagina 這個字成了意思明確的解剖學術語，也是在這個世紀首度聽到反對「女人為倒轉男人」性器論的聲音。幾位大膽的科學家勇於陳述所見之事實，而不是重彈老調。英格蘭解剖學家克魯克在一六一五年指出：「倒轉的子宮底與男人的陰囊沒有任何相似之處。」克魯克認為「子宮底的表皮是厚而緊的膜，裡面有肥厚的肌肉」，而「陰囊的表皮薄而多皺」，這兩者不應相提並論。另一位持異議者是十七世紀的丹麥解剖學家蓋斯伯·巴多林，他言語鋒利地說：「我們不該與蓋倫……等人一樣，認為女性性器與男性的差別只在於位置。」巴多林指出，如此就落入「主張女人是有缺陷的男人之士謀畫」的窠臼。荷蘭解剖學家德格拉夫也寫道：「有些人認為陰道與男性陰莖一樣，差別只是陰道位於體內，這是無稽之論。陰道跟陰莖完全沒有相似處可言。」

德格拉夫還認為，女性卵巢看起來跟男性睪丸也不像，更重要的是，他說明：「女性卵巢的位置、形狀、大小、組織、表皮與功能跟男性睪丸都不相像，它們不是像男性睪丸位於腹部外面，而是在腹腔裡，每一個都跟子宮底有兩指寬的距離。」有了同輩研究者

法摩丹[8]的研究結果佐證，德格拉夫繼續駁斥女性卵巢功能與構造的傳統之見，他認為卵巢不是製造精液，而是製造卵子。「女性卵巢的共有功能是產生卵子，並使其發育、成熟，它們在女性身上執行跟鳥類卵巢同樣的任務。因此，它們應該稱為女人的卵巢而非睪丸，不論在外形或內部都跟男性睪丸沒有相似之處。」

於是，女人的生殖腺有了自己的名字和專有的功能描述——男人的性器可沒有這些功能。德格拉夫的卵巢理論到了十八世紀成為定論，女性睪丸的說法被拋到一旁。vagina（陰道）這個字出現之後，對這個肌肉構成的器官也有了新見解，主張陰道是不同的器官，而非有缺陷的陰莖。再者，子宮的名稱也不再使用與陰囊相關的字眼。看起來，女陰文藝復興似乎就此展開，但是女人為發育不良男人的傳統觀點仍有其影響力。陰道為次等陰莖之說沈寂了，但是另一種男女性器等同的說法——陰蒂是小尺寸、發育不良的陰莖——卻抬頭了；悲哀的是，這個理論至今仍有其地位。

這種陰蒂為陰莖說起源不詳。有些研究者認為是語文上的問題，可能是解剖學書籍迻譯有誤；有些人則指出，可能是兩個器官都有勃起組織，性興奮時都會硬挺。英國最著名的房事手冊《亞里斯多德的傑作》（十七至十九世紀以許多不同版本印行）寫道：「女人陰蒂的用處及作用方式與男人陰莖非常相像，亦即兩者都會勃起。」拉丁文 virga 意指棒和桿，可用來指稱陰蒂或陰莖。有些解剖學家認為，陰蒂根本就是「女莖」。舊習慣很難破除，有些人大概覺得，相較於將陰蒂當成不同的生殖器官，將陰蒂當成陰莖更為容易。男人能繼續當女人的尺度，懶惰或許也是一個原因。

---

8 譯註：十七荷蘭博物學家，是顯微解剖研究的先驅。

女人有兩個陰莖的時代

以男人陰莖為女性性器模型的做法，造成一些奇怪的性器理論。有些手稿似乎主張女人有兩個陰莖——一個陰道陰莖，一個陰蒂陰莖——湯瑪斯‧巴多林一六六八年的《解剖學》就是這麼一個例子，儘管他主張女性性器不同於男性。他認為，陰道「依女人的情慾程度可變長變短、變寬變窄，脹大成各種樣子」；陰道「有結實的肌肉和神經，也有點彈性，跟帆桁一樣」。然而，巴多林也認為陰蒂有如「女性的陰莖」，因為「其位置、組織、構造與充血勃起的樣子有如男性的陰莖」（見圖2.5）。十七世紀，英國的珍‧夏普所著的《產婆手冊》裡有一頁提到，陰道是「陰莖的通道，有如體內的陰莖」，但是另一個段落則說明陰蒂像陰莖，因為陰蒂「跟陰莖一樣會硬挺與垂軟，讓女人色慾高漲，享受交合之樂」。我們將在後文看到，陰蒂完全不是這麼一回事。

不過，讓我們從頭談起，為什麼陰蒂叫clitoris？這個用字如此獨特明確，今日看來卻似乎沒有指出這個器官的本質何在。這個字是什麼意思？研究者引用了各種資料。許多詞源學家主張，這個字與希臘文kleitys（山丘或山坡）有關，這讓人想到mons Veneris（陰阜），這是女人的情人必須攀登的維納斯之山。有些語言專家指出，clitoris與希臘文kleitos（知名、燦爛、傑出）有關。還有人認為，clitoris與希臘文的動詞kleiein（關上）或kleis（鑰匙）有關；照這麼思考，陰蒂就有打開歡愉之門的鑰匙、門扣、掛鉤之意（也讓「關鍵之鑰」這個詞有了新意）。荷蘭文keest（果核、中心）則是另一個可能的關聯。

圖2.5　像陰莖的陰蒂（取自巴多林的《解剖學》，一六六八年）

　　可以確定的是，做為解剖學名稱，clitoris 最早出現在一世紀以弗所的魯弗斯的著作中，魯弗斯也解釋了 clitoris 衍生出 clitorising 這個動詞，意指「愛撫陰蒂」。德文意指「呵癢」的動詞 kitzlen 與陰蒂的俗稱 der Kitzler（讓人覺得癢的東西）據說也是源自此字。從這一點看來，clitoris 在西方女性性器詞彙中獨樹一格，這個字及其暱稱有性愛之歡的意涵，其他女性性器名稱則沒有這種涵義。比方說，以往對陰蒂的用語有「愛的甜蜜」、「愛之座」、「維納斯的

牛虻」、「激情器官」和「狂喜」，還有「愛之狂暴」、「兩腿間的耳朵」，以及「愛神木的漿果」，這種稱呼是因為愛神木（桃金孃）是希臘愛神愛芙羅黛蒂與羅馬愛神維納斯的聖樹。在現代，法文的陰蒂用詞最能傳達甜蜜歡愉的感覺，「糖果」、「糖衣杏仁」、「覆盆子」、「咖啡豆」和「粽形水果硬糖」就是例子。我最喜歡的甜蜜蜜陰蒂法文是「狂喜的糖衣杏仁」，讓人想到極度興奮的陰蒂，高潮即將爆發。

親密的用語

　　整體說來，西方的女性性器詞彙在數量和明確度上都顯得不足，東方文化卻沒有這些問題。從中國、印度和日本古代的房中書可知，當一個文化的想像力蓬勃發展、不受壓抑性觀念的約束時，女性性器名稱就會非常豐富。這些文化的女性性器用詞常帶有美與快樂的意味，反映出女陰視覺、感官與嗅覺上帶來的歡愉。中文及道家稱女性生殖器的用詞有「眾妙之門」、「佛母蓮」、「愛穴」、「牡丹花」、「寶屋」、「中極」和「天門」等等。yoni 這個用來指稱女陰的字有子宮、源頭和來源之意（如同前文討論過的），而且梵文指稱子宮或女陰的字 bhaga 也有財富、幸運和快樂的意思。值得注意的是，其字根 bhag 也是其他女性性器、喜樂和力量用字的字根。bhagshishnaka（陰蒂）、bhagpith（陰阜）、bhagananda（狂喜）、bhagwan（神）、bhagavat-cetana（母親或神聖存在）、bhagavatisakti（神力）和 bhagat（信徒）就是一些例子。據說，bhaga 也用來指稱可享情慾或非情慾事物的「神聖之樂享受者」（bhagavat）。
　　不知情的人看遍西方畫裡的裸女後，會以為女人沒有陰毛。陰

毛在西方是個問題——可能是因為有獸慾的暗示，違反了社會對女性性慾的道德觀。成鮮明對比的是，中國人認為茂盛的陰毛是女人熱情與喜愛情慾享受的象徵，也覺得陰毛成等邊三角形的形狀及其朝上長的毛很美。中文稱女人陰阜上的毛為「陰毛」，沒有陰毛的女子則稱為「白虎」。中國人大概對陰毛頗有好感，用詞特別具有詩意，「香草」、「黑牡丹」、「聖毛」、「苔蘚」之類的名稱，讓人腦海中浮現柔軟、有彈性與香氣飄散的畫面。陰毛覆蓋的區域的確有氣味腺，中文稱這些遍布女性陰部皮膚上、造成陰毛氣味的腺體為「陽台」、「昆石」和「嬰女」。印度人用意指「滿月」的梵文 purnacandra 指稱陰部的腺體，他們認為這些腺體充滿「愛液」。其他帶有香氣的中文女陰詞彙還有「麝香枕」、「百合」和「愛之銀蓮花」，「紫芝峰」一詞倒是不曉得怎麼來的。

中國人將有肥厚組織覆蓋恥骨的陰阜（mons Venus，字面意思是維納斯之丘）稱為「莎草丘」，與西方用語有異曲同工之妙，因為都給人山丘的聯想。可是，莎草丘還有其他意涵。莎草通常長在濕地上，而且莎草有三角形莖桿，用來指稱陰阜實在再適合也不過了。陰蒂上方看似頭罩的皮膚皺褶在名稱上也有植物聯想，這些皮膚可能部分或完全蓋住陰蒂，手指可輕易撥動，中文稱其為「玄圃」、「神田」和「谷實」，英文則沒有特別的稱法。中文稱陰蒂下方、內陰唇匯集處為「琴絃」（英文稱為 frenulum「繫帶」，這個字的本意是「兩唇交會的嘴角」）。中國人稱內陰唇兩唇相合之處為「玉理」，內陰唇則稱「赤珠」或「麥齒」。

東方人跟西方人一樣，為性器命名時也考慮到功能，但是他們的想法不見得跟西方人一樣。例如中國人稱卵巢為「卵院」，認為卵巢儲有女人的陰氣，而陰氣和造成女性性興奮大有關係，男人的

陽氣則在睪丸。可是，中國人還認為女人的會陰也是陰氣聚集處，會陰又稱為「生死之門」（讓人聯想到遠古初民視女性性器為不同世界的神聖通道）。西方世界往往認為，會陰是女性性器中不重要的部分；其實會陰極為敏感，而且常在分娩時被不必要地切開。印度人也認為會陰是女性性力的中心，在梵文中稱為yonisthana（女陰地）。

朱砂與金玉

　　如同我們所見，名稱可傳達許多訊息。道教稱子宮為「寶鼎」，這又傳達了什麼訊息呢？因為這是帶來生命的獨特、神奇之處嗎？我覺得，這個詞跟西方主張子宮是體內陰囊和陰莖的概念差了十萬八千里，東方的性器名稱明白顯示出與西方對性及女性性器不同的態度。如前所述，道教視性為神聖，基督宗教則視之為罪惡（現在也許還是如此）。值得重視的是，中文與道教對子宮的稱法還顯示這是個特別、有價值的部位，例如「子堂」、「陰宮」、「朱室」、「珠房」、「牡丹蕊」、「中極」和「丹穴」。中文的「花心」和「極內」是指子宮頸，更確切地說，是「子宮頸口」。

　　東方的性器名稱有些共有特質，珠寶、貴金屬、礦物和寶石常被用來形容女性性器，例如日本人稱陰戶為「珠門」。日本的傳統信仰認為，陰道裡有三顆寶石，在雲雨之時會滾動。據說，日本女人在十九世紀以前都會將一顆珍珠放在陰道裡，她們相信若是取出這顆珍珠，會有喪失性命之虞。朱砂則是最常用來形容性器的礦物，我們已經看到子宮是「丹穴」，女陰也被稱為「丹口」、「丹窟」、「丹門」和「丹縫」。

　　中國人會用朱砂形容女性性器有兩個原因。首先，朱砂鮮紅或

紅褐的顏色讓人想到女性性器和血；不過，更重要的是朱砂在煉丹術中的重要地位。在道教的煉丹術裡，朱砂是修練轉化的重要象徵，用來形容將基礎物質轉化為新生命的女性性器尤其恰當。

在貴金屬和寶石中，中國人最喜歡金和玉。黃金一直是世上大多數文化公認的美麗珍貴之物，用黃金指稱女陰便是認可女性性器的珍貴。看看這些形容女陰的詞：「金溝」、「金道」、「金戶」、「金蓮」和「金轍」。可是，中國人常以黃金做為女陰名稱還有另一個原因，我們將看到這與第三種常見的女陰詞「玉」也有關聯。這種半寶石的綠色礦石是由鈣和鎂組成的矽酸鹽，做為女陰名稱有「玉門」、「玉戶」、「玉穴」、「玉道」、「玉理」、「璿台」、「玉階之珠」（陰蒂）和「玉房」等等。「玉房」做為女陰名稱的歷史久遠，中國最早的兩本房中書就以此詞為書名：隋唐時期的《玉房指要》（四世紀左右，但是早於五八一年）和《玉房秘訣》。不但有「玉」性器，中國人也認為女人製造「玉液」，而男人能以「玉莖」（男人又有「莖」字稱呼陰莖）收取此液將有助長壽。

中國人愛用金和玉形容女陰，與想要追求長生不老有關。古代中國人認為，金和玉可防止身體老化或死後不會腐化，也就是能延年益壽。值得重視的是，教導女陰是養生仙丹之源、而性交是長生之道的古代道教思想也含有這種概念。玉有神奇功效的看法也同時見於中國文化的許多層面，道家的《易經》就明言：「玉鉉在上。」中國人認為玉是長生仙丹，所以將玉磨成粉吃下肚或喝下肚。據說，含玉粉的方劑可製成春藥，為人妾者遂以此為秘密武器。

玉與女陰的關聯還不止於此。有趣的是，中文「玉」這個字的字源與中國醫學的性器構造理論有關，中醫認為腎臟屬於性器官。玉有兩種，軟玉又名「腎石」，因為中國人認為玉能治療腎疾和房

事失調。一名十六世紀西班牙醫師發明了jade（玉）這個字，是由piedras hijades（腹痛石，字面意思是「腰石」）這個詞衍生來的，據說，當時的人認為玉可以治癒腎痛等所有的腎疾。中醫認為腎和腎上腺都屬於性器官，因為腎臟是性能量（精）的主要貯藏所，因此在撩動性慾上扮演重要的角色。

玉與腎臟、性能量的關聯也許有助於解釋to be jaded為何是「疲倦不堪」的意思，還讓人想到古代西方醫學也認為腎臟與性能量、精子有關（耐人尋味的是，西方醫學現在確認，腎臟與生殖作用有荷爾蒙和結構上的關聯。比方說，胚胎的卵巢或睪丸跟腎臟一起成形，甚至部分腎臟組織後來成為性器官的一部分）。

最後，在探討東方文化的女陰名稱時，我發現東西方有個很好的共通點。東西方為陰蒂命名時都以性歡愉為重點，都強調這是個重要的性器官。中文的陰蒂名稱有「歡座」、「愈闕」、「金舌」、「金台」、「珠台」和「瓊台」，而中文稱「陰蒂」據說是因為陰蒂看起來就像茄子的蒂頭。陰蒂在日文中稱為「雛尖」，此詞在佛教也指「法（宇宙的根本法則）之寶石」。在西方的性器解剖學中，陰道前庭（vestibule）是指包含陰道開口與尿道開口的橢圓形區域，撥開內陰唇就能看到。在建築上，vestibule是指建築或通道入口的門廳或門廊，中文對女陰這個部分的稱法也有這層意思，例如「天庭」、「幽谷」和「試院」[9]。

---

9 譯註：據劉達臨編著之《中國歷代房內考》（北京：中醫古籍出版社，1998），「陽台」指子宮頸，「昆石」指陰道內後穹窿，「嬰女」指陰道內後穹窿，「神田」指陰道前庭，「谷實」指陰道深五寸處（參見本書第五章談陰道深淺處），「玉理」指陰道口下部，「赤珠」指子宮頸，「麥齒」指處女膜，「瓊台」指內陰唇，「天庭」指男性龜頭正面。此供讀者參考。

第一印象

要是少了cunt，這趟藉由性器名稱歷史談論女陰之旅就談不上完整，雖然這個字直截了當，卻因國度不同而有多重意思。在西班牙若是想要表達美好經驗的感覺，可以說como comerle el coño a bocaos（像是吃了滿嘴的蜜穴）；若是在英國，這麼說可就不妙了，cunt是非常古老的英文女性器官名稱，也是個大禁忌。西班牙人不但沒有這種忌諱，coño還是個常用字（雖然都用在感嘆語中），就跟英國人稱法國人為les fuckoffs（愛上床的傢伙）、智利和墨西哥人稱西班牙人為los coño（浪穴）一樣。西班牙人似乎拿coño玩文字遊戲玩得很開心。他們用Otra pena pa mi coño（我陰部的另一個痛）形容必須額外處理的麻煩事。若是受夠了某人或某事，就會說estoy hasta el coño（去你的）。如果想說某個地方太偏僻了，就會說en el quinto coño（第五個陰戶）；至於偏僻的地方為何要稱為「第五個陰戶」，沒有人知道。

我們在歐洲其他地方也可以看到對cunt的兩極看法。在義大利，figa（cunt）不是侮辱或讓人厭惡的字眼，而是常用的感嘆詞（僅次於cazzo〔陰莖〕）。figa是口語，寫法則是fica。Che figa是隨時都用得上的感嘆詞，可用在人身上，例如Che figa（好美的女人）；用在東西上，Che festa figa（好棒的派對）；用在情況上，Che figa可以是「運氣真好」的意思。雖然義大利男人有時會以性別歧視的意味使用figa，就像英國男人說chick（小妞）或pussy（娘兒們），但是義大利女人卻為這個字賦予新意，將它變成陽性詞figo，反用在男人身上。所以，假使妳對哪個義大利男人有意思，

可以上前用讚賞的語氣說 Che figo（你好帥）。很棒的事則是figata。然而，德國人跟英國人一樣，認為 Foltze（cunt）是絕對忌諱的字，但是 Foltze 也是指稱「嘴巴」的古字，有 Halt dei' Foltze（閉嘴）這樣的用法。

法文的 le con（cunt）跟義大利文和西班牙文一樣，不是禁忌用字，多用在憐惜的責罵上，比如 vieux con（老傻瓜）、fais pas le con（別當傻瓜），用起來跟說人是「傻瓜」、「蠢蛋」的意思一樣。Le roi des cons（陰部之后）意指大白癡一個，Quelle connerie 則是「真是胡說八道」。丹麥文的 kusse（cunt）不帶情緒性的暗示，單純指「女性性器」。芬蘭文的 vittu 是強烈的感嘆詞，但是用法多樣又有彈性。要用芬蘭文叫人滾蛋，可以說 Vedä vittu päähäs（把陰部戴在你頭上）；也可以當成形容詞，寫成 vittumainen（cunt-like），像英文 bloody（非常、該死的）的用法；還有過去分詞 vituttaa，意指「被惹火了」。

自十五世紀以來，口語和寫作上使用 cunt 這個字在英格蘭都是個禁忌，但是在更早以前，英語方言會使用 cunt，甚至用在馬路的名字上。一二三○年左右，倫敦有條街叫「摸尻巷」（Gropecuntelane），牛津、約克和北安普敦等城市在十三、十四世紀也有「摸尻巷」，巴黎以前也有「搔尻街」。這些過於淫穢的街名，現在都被改短成發音或拼法近似的字，牛津市的「樹叢街」（Grove street）和約克的「葡萄巷」（Grape Lane）就是例子。

一七○○至一九五九年間，英國當局認為 cunt 極其傷風敗俗，出版品若是完整拼出此字就犯法。葛倫斯的《粗話辭典》（1785）第一版以四星符號 **** 代表 cunt；三年後，第二版將 c*** 列入詞條，將其定義為「淫穢之事的齷齪稱呼」，這項驚人之舉冒犯了不

少人。崇高的《牛津英語大辭典》要到一九七六年才收入cunt，定義是：「一、女性生殖器、陰戶。二、討厭鬼、笨蛋。」時至二十一世紀，媒體或政治「當局」仍然禁止人們任意使用cunt，英語當中最侮辱人的禁忌字眼仍是非cunt莫屬。

探究cunt來源的人一定會注意到這個字的特殊音調，不論是c、k還是q的拼法，這個發硬音的字令人印象深刻。若是一探歐洲語言的歷史，各種k音組成的大合唱教人驚嘆。除了前文提到的各種語言中的cunt，還有中古英語的cunte或counte、尼德蘭語的kut、古斯堪地那維亞語的kunta、中古英語的queynthe、十六世紀英格蘭用語的qwim、拉丁文的cunnus、葡萄牙語的cona、威爾斯語的cont、十九世紀英格蘭用語的cunnicle或cunnikin、中古低地德語的kunte，十九世紀英格蘭用語的cut和愛爾蘭文的chuint。歐洲以外的地區也聽得到這個指稱女陰的字。梵文有kunthi，印度方言有cunti或kunda，阿拉伯文和希伯來文有kus。kus據說與「杯子和口袋」有關，因而也是一種容器。容器、貯藏器與cunt的關聯也見於古英語指稱子宮的字cwithe。

其他詞源學家則主張cunt、cwithe和皇后（queen）、親屬（kin）、國家（country）、狡猾（cunning）等字都來自cwe（cu）這個字根，cu據說意指「典型的女性身體特質」。指稱女人的kuna出現在各種語言和語系中，遍布的範圍之廣實在驚人。比方說，亞非語系中庫西特語的奧羅莫語有指稱小姐的qena，印歐語系的英語有指稱皇后的queen，印地安語系的瓜拉尼語有指稱女性的kuña，印度太平洋語系的塔斯馬尼亞語有指稱妻子／女人的quani。

cunt是源自世界共通指稱女人的字kuna嗎？有些學者如此主張，指出《卜塔霍特普格言錄》之類的古埃及文獻使用與cunt相關

的字指稱女人，絕無侮辱之意，而是個帶有敬意的字。古埃及語指稱母親的字k-at，字面意思是「她的身體」，也有女性性器、陰戶的意思。一位古印度女神的名字，也顯示與cunt相關的字和女人的關聯：梵文的kunthi是「女陰」的意思，也是一位至高女神的名字。傳說中的自然女神孔悌（Kunti）跟大地一樣，可與無數男人交合而面不改色，印度的梵文史詩《摩訶婆羅多》當中就有提到孔悌。古安納托利亞女神庫巴巴（Kubaba，字面意思是「萬物之源」）的名字也有cu這個字根。

雖然各家對cunt的來源莫衷一是，這個字源自指稱「女人」的字還是最多人同意的解釋，十七世紀荷蘭解剖學家德格拉夫在《女性生殖器研究》中也是如此解釋。要了解德格拉夫怎麼看cunt這個字（在拉丁文中是cunnus），必須先了解一個問題：什麼是cunt？在現代二十一世紀字典的解釋中，cunt是女性生殖器的總稱或非常惹人厭的人；然而，德格拉夫寫作此書時，cunt有不同的意思。我覺得從德格拉夫使用的涵義可以找到真正的出處，這個意思也解答了為何cunt並非一向都是粗話，而是女性性器特定部分的名稱。德格拉夫用cunnus指「大V形凹陷」，什麼又是「大V形凹陷」呢？

大裂口是指，在內、外陰唇閉合的情況下，觀者可見的女陰外貌。從正面看來，女陰是中央有一道往下線條的陰阜三角。cunnus描述的只是女性性器的外觀，這就是德格拉夫「大V形凹陷」的意思。他在第二章〈論女性外生殖器〉中說：「大V形凹陷稱為……cunnus，因為看似一個楔子的壓印。」我想，指稱楔子壓印的拉丁文cuneus是cunt真正的出處，這個詞源理論還有古代蘇美人圖像式的楔形文字（c.3500 BCE）佐證。在楔形文字中，指稱女人和雌性的符號正像cunt這個女陰外貌，是個中間有條線的倒三角。看來，

要把cunt和女人分開可不容易。女人陰戶有裂口，子宮有角，真是邪惡透了[10]。這樣的cunt淪為淫穢字眼有什麼好奇怪的？

外面的在裡面，還是裡面的在外面？

以下詩句出自十八世紀英國著名的房中書《亞里斯多德的傑作》。這位佚名作者寫道：

> 於是我考察了女人的秘密
> 讓她們曉得自己的身體何等驚奇
> 儘管她們性別不同
> 但大體上與我們同出一轍
> 最嚴謹的研究者看來
> 女人不過是外裡翻轉的男人
> 可是男人若是四處探查
> 可能發現他們是裡外翻轉的女人

「四處探查」是了解的關鍵。不論「男人是女人的尺度」、「熱是最重要的元素」、「女人體內有發育不良的男性性器」或「有角的子宮」，固守這些社會接受的安全觀點太容易了。我們不能輕忽，「卵巢是睪丸、子宮是陰囊、陰道是陰莖」的理論花了兩千年的時間才被推翻。儘管反證確鑿，解剖學家仍繼續「目睹」舊時的宗教

---

10 譯註：在西方人想像中，惡魔的典型模樣就是頭上長角、腳有裂足，這是作者在此所做的聯想。

與科學權威要他們看見的東西。他們沒有四處探查，眼中只有先入為主的傳統見解，謹守不費功夫的安全法門。波蘭裔的德國醫生兼哲學家弗雷克（1896-1961 CE）用女性性器解剖學的例子，闡釋科學知識所受的文化制約。他為這種情形所下的眉批是：「在科學上，正如在藝術與生活中，合乎文化者才合乎自然。」這種態度對女性性器解剖學和名稱的影響，就是迄今這門學科仍充斥著過時錯誤的觀念、誤導的文字圖像，或是缺乏相關資訊。

我們樂見二十一世紀的人類不再如此迷戀古代的教條理論。不幸的是，情況並非如此，很多人還是認為cunt是個下流字眼，不自覺地陷入舊有的情緒與意識型態。可嘆的是，論及四處探查的功夫，科學也好不到哪裡去，研究者多埋首於自己的狹窄專業。整體而言，科學仍是拿男人當女人的尺度，大多數人還是理所當然認為陰蒂和陰莖一個樣就是個例子；然而，若是四處探查，就會發現別有洞天，本書將在後文說分明。

3
天鵝絨革命

要幫斑點鬣狗辨別雌雄可不是一件容易的事，一般分辨動物雌雄的依據如生殖器、體型大小和社會地位，在斑點鬣狗身上不怎麼管用。斑點鬣狗是非常強悍的掠食動物，雌雄兩性都有帶斑點的橙黃色皮毛，都以新鮮獵物為生。牠們牙齒鋒利，強勁的下頜足以咬碎骨頭，是唯一可連皮帶骨將獵物吃得精光的肉食動物。斑點鬣狗又名笑鬣狗，生活在不是你死就是我活的殘酷艱困環境中，領導群體的卻是雌性。雌斑點鬣狗比雄性更大、更重、更凶猛，雄性順從雌性的支配，地位最低的雌斑點鬣狗還是比地位最高的雄鬣狗地位高。斑點鬣狗的雌雄角色對換還不止於此，兇暴的雌鬣狗也是「帶把子的」。

　　由於這種特殊的生殖器構造，斑點鬣狗一直備受誤解與誣蔑。這些草原肉食動物的社會組織以及雌雄莫辨的生殖器，讓古代博物學家非常困惑，因而編造故事解釋牠們奇異的生殖器。他們說，斑點鬣狗是雌雄同體，同時具有兩性的生殖器，這種雌雄不分的動物不但邪惡，還會掘墳挖屍吃死屍。斑點鬣狗的神話還說牠們有魔力，其他動物若是讓斑點鬣狗在身旁繞三圈，就會動彈不得；觸及斑點鬣狗影子的獵犬就無法吠叫。斑點鬣狗還會模仿人類的聲音，將牧羊犬引誘過來殺死。人們也認為，斑點鬣狗惡名昭彰的咯咯嘲弄笑聲，是轉換性別時發出的淘氣歡笑。沒有人能夠合理解釋如此奇特的生殖器，因此雙性與可怕魔力的傳說謠傳了許多世紀。

　　我們現在曉得斑點鬣狗並非雌雄同體，但是雌鬣狗後腿間的「那話兒」，還是讓生物和動物學家感到不解。這是意料中事，雌斑點鬣狗的陰蒂確實令人詫異，牠們體外這個略成弧形的光滑器官，從底至頂平均長度足足有十七公分以上（見圖3.1）。這個巨大的陰蒂就像陰莖一樣可以完全勃起，會在鬣狗的會面禮、地位宣示、粗

(a)

(b)

圖3.1 (a)雌斑點鬣狗的陰蒂與(b)雄斑點鬣狗的陰莖難以區分。

暴的翻滾嬉戲和趕走同類時挺起。斑點鬃狗的陰蒂頭跟陰莖頭一樣有小刺，摸起來像砂紙。雌鬃狗有尿道全程穿越陰蒂，因此跟雄鬃狗一樣，都用「把子」尿尿。

雌斑點鬃狗這個有如陰莖的突出器官的周圍構造，同樣讓人摸不著頭緒。其他雌性哺乳動物都有陰唇圍繞陰道開口形成的陰戶，雌斑點鬃狗卻沒有，牠們的陰唇從會陰到陰蒂之間完全連在一起，這些肥厚相連的皺褶陰唇袋看起來就像雄性的陰囊。雌斑點鬃狗的體型、社會地位都高於雄性，又「帶把子」，人類一直搞不清楚斑點鬃狗的性別也就沒什麼好奇怪了。

若是很近地觀察，斑點鬃狗的性別差異就會顯現出來。雌鬃狗的「把子」較粗較短。整體說來，雌性生殖器有較多皮膚皺褶和多餘鬆垂的皮膚，陰蒂沒有勃起時也較萎軟。勃起時，陰蒂頭和陰莖頭也有差異：陰蒂頭較平圓，陰莖頭則較尖。但是這些差別在一段距離外看不出來，所以雌雄同體的傳說才會歷久不衰。

擁有特大號陰蒂並非沒有缺點。由於陰戶開口包合成陰唇袋，斑點鬃狗必須由陰蒂分娩，因而忍受動物界最痛苦、最離奇的分娩過程，新手產婦和頭一胎常有喪命之虞。有將近五分之一的雌斑點鬃狗死於生產時劇痛的撕裂傷口，第一胎小斑點鬃狗的命運更是悲慘，超過百分之六十生下來就是夭折。牠們的死因就在於雌斑點鬃狗怪異而致命的生殖器。

雖然不易觀察到，雌斑點鬃狗的內生殖器跟外生殖器還是一樣複雜費解，鬃狗胎兒這團毛絨球出世時要通過的特殊迴轉產道，可是高難度的障礙賽跑道。一般大小與斑點鬃狗相等的哺乳動物從子宮到體外的距離大約是三十公分，鬃狗的產道卻有兩倍長。由於殘酷、特異的演化轉折，這條細長的產道半路還來個一百八十度急轉

117
▼

彎；即使小鬃狗有辦法通過迂迴的產道，還必須面臨窒息的威脅。鬃狗的臍帶只有十二至十八公分長，不及產道長度的三分之一，要把小鬃狗從子宮送到體外絕對不夠長，因此小鬃狗若是得以出世，臍帶不是半途斷裂，就是把胎盤拖了出來。不論是哪一種情況，小鬃狗在產道的最後一道難關都會陷入缺氧的困境，許多小鬃狗因而在母親的生殖器裡窒息而死。

要將一點五公斤重的小鬃狗頭朝前從纖細的陰蒂生下來可不簡單。陰蒂的長度很驚人，寬度卻完全不適合生產（開口只有兩公分寬），小鬃狗常常會卡在陰蒂裡喪命，這種景象讓人不禁想到「細如針孔」這個詞。可是，陰蒂中央的泄殖道是幼獸出世的唯一途徑。在可長達四十八小時的分娩過程中，母鬃狗一邊舐陰蒂，一邊嗥叫，平時皺皺的陰蒂皮膚會膨充、繃緊而有光澤。陰蒂內的通道直徑必須膨脹到平常的兩倍大，陰蒂頭則充血脹到平常的三倍大。擴張到這樣還不夠，在分娩前兩分鐘，陰蒂會突然迸裂，小鬃狗才出得來。如果母鬃狗能撐過痛徹心腑的撕裂過程存活下來，身上會留下永久的疤痕。分娩造成的傷口會復原，但是不會密合，因此母鬃狗陰蒂底面都會有一道鮮豔的粉紅色疤痕組織。這會兒，斑點鬃狗的性別就容易分辨了。

生殖器之謎

雌斑點鬃狗古怪的生殖器構造，是動物界體內受精為了求取成功的極端例子；雌鬃狗的生殖構造既給予生命，也奪取生命。儘管由陰蒂生產付出的代價極高，第一胎存活率非常低，但是斑點鬃狗不但存活下來，也成為成功的物種。斑點鬃狗的內外生殖器為何如

此構造，生殖和演化生物學家至今仍提不出令人滿意的解釋，雌斑點鬣狗難解的生殖器之謎尚有待解答。

　　我們不了解其雌性生殖器的動物，斑點鬣狗只是其一；對於行體內受精的物種的生殖器構造，科學界的認識非常有限。儘管雌性生殖器對於生殖繁衍和性歡愉非常重要，但是確實構造和功能的相關知識實在少得可憐。陰道也許容易插入，但我們還是缺乏「深入」的了解；雌性生殖器不但神秘難解，在許多文化裡也是不見廬山真面目。

　　陰莖的魅力可能是造成陰道欠缺了解的原因之一。陰莖位居體外，顯而易見，易於研究，自然引人好奇，結果就是生殖和演化生物學家從研究動物生殖器構造之始，就一直以陰莖的構造及其所能展現的驚人技藝為重點。隨便翻一翻教科書、查一查網路就曉得，探討動物生殖器的書籍文章，長篇大論各種動物的陰莖形狀大小，卻用幾行文字就打發了雌性生殖器的皮片凸緣，常常簡短（而且錯誤）一句「雌性生殖器不如雄性複雜」就交代了事。陰莖列在索引上，陰戶就鮮有這種待遇；電子「動物學資料庫」（一九七八至一九九七年間的資料）列了五百三十九篇討論陰莖的期刊文章，討論陰蒂的只有七篇。一般讀者得到的結論，若非雌性生殖器從未演化、所有的雌性生殖器都一樣，就是科學界對各種動物的雌性生殖器演化一無所知。第一個結論當然不是事實，第二個結論直到最近才證明不是事實。

　　只要稍微研究，就會發現各種動物雌性生殖器的多樣何其驚人。有些雌性動物的生殖器很寬大，有些沒有開口，很多則有螺紋。比方說，母豬的螺旋形子宮頸就像空心的螺絲，齒鯨類、海豹、儒艮等大型水生哺乳動物有曲折的長陰道，還有相當完整的處

119
▼

女膜，雌性海龍及絨杜父魚的生殖器可伸展而夾取雄性的精子。有些動物的陰道不只一個，有些則沒有陰道。鴨嘴獸跟斑點鬣狗一樣，基本上沒有陰道，而且只有左卵巢才有功用。論及陰道的數量，要叫沙袋鼠第一名：雌沙袋鼠有三條陰道，其中一條沒有開口，但是分娩時會打開；其他兩條有分支，還有兩個獨立的子宮。沙袋鼠等有袋動物有兩個子宮，因此稱為雙子宮動物。有些靈長類也有兩個子宮，節尾狐猴就是例子，但是大多數靈長類動物如猴類、猿類和人類只有一個子宮。

雌性生殖器的入口也非常多樣。母象的陰戶非常低，位置大概在肛門和鬆垂的肚腹底部之間。有些如豚鼠和嬰猴的陰道只在發情期交配時才打開，其他時間則有一層薄膜封住。雞有複合的器官，泄殖腔，陰道、尿道和肛門全成了一個開口，其泄殖腔可以如耍特技般排掉不想要的精子。大部分雌性生殖器都安藏在體內，但有些雌性動物卻能炫耀外露的生殖器。我們某些靈長類姊妹的外生殖器實在教人目瞪口呆。巴諾布猿有鮮亮粉紅的大陰蒂和陰唇，狒狒有非常突出的鮮紅會陰，紅岩鶇等鳥類也展示著突出的朱紅外生殖器。變化莫測的女陰充滿了美麗、奇異、令人不解與血紅色，根本沒有一體萬用的女陰這回事，雌性生殖器的演化精巧又多樣。

雌性性器構造的奇異多變

最關鍵的問題就是：為什麼？為什麼雌性物種的生殖器會演化到這麼複雜？傳統上對體內受精物種的雌性生殖器功能的看法，對這個問題的解答毫無幫助。這種看法從很久以前成形後就沒有多大更改，它主張雌性生殖器是精子與子代通過的導管，雌性只是為精

子進入與子代出生提供一副體內外的生理構造。在十八世紀發現卵子在受精作用上的角色之前，世人一直認為雌性對子代的構成毫無貢獻，雌性生殖器只是被動的懷胎器官。

在二十一世紀初的現在，愈來愈明顯的是，「雌性生殖器是沒有參與生殖過程的被動容器」這種概念，根本不能解釋雌性生殖器為何如此複雜、為何各物種有如此多樣的雌性生殖器構造。「女陰」遠比「劍鞘」之名複雜多了，要了解女陰的構造和作用，就要徹底審視行體內受精動物的雌性生殖器角色。只有拋棄女陰的舊有觀念、重新思考雌性生殖器的作用何在，才可能了解女陰在有性生殖和性歡愉上扮演的角色。

要了解擁有體內受精生殖器的意義何在，一個方法就是研究以海洋為子宮等實行另一種受精方式的動物。許多水生生物行體外受精：將配子（卵子和精子）釋放到水中後就祈求好運，魚類、海星、海膽和海葵就是把精卵散播全天下的例子。然而，從生殖策略的角度來看，這種行之已久的生殖方式有很多問題。在茫茫大海的繁殖場域中，要找到交合的對象必須靠運氣；釋放精卵的時間不對，很快就會隨波漂走。海洋如此深廣，動物的卵子要能全部受精極為罕見。

為了提高生殖機率，許多產精卵的動物順月亮週期或海洋高低潮的信號行事。南太平洋有一種水生蟲磯沙蠶，一年只產精卵一次，但是非常成功。每年十一月的滿月一週後，在一個多小時的時間內，磯沙蠶排出的配子將薩摩亞群島附近的海域化為漂著細麵條的白稠湯頭。性在這裡無關適合的配偶，對於行體外受精的動物而言，重點是找到配子，哪一個則無所謂。

然而，體外受精有其限制，這類物種要繁盛就要生產大量的卵

121

子和精子。比方說，雌牡蠣一個繁殖季就能產下一億一千五百萬個卵子，數目驚人；為了提高子代數，雌牡蠣一年必須有五、六次這樣的大手筆之作，一年產下七億個卵子是一筆大投資。為了生存，許多海洋生物根本和長了鰭的生殖腺沒有兩樣；這並不讓人意外，海星的生殖腺就超過全身重量的三分之一。

相較之下，將所有的卵放在一個籃子裡 —— 放入體內的子宮 —— 就俐落地免去了釋放精卵至體外的地點與產量問題。體內受精的雌性動物生殖器不同，不需大量製造卵子，牠們的卵子不會隨波逐流，也不需將卵子朝附近所有的來者扔去。陰道或類似的構造確保雄性不會直接觸及雌性的卵子，體內受精因而讓雌性動物擁有決定哪些精子可以讓卵子受精的控制權。體內受精的生殖器讓雌性動物有生殖選擇，雌性可以做選擇。

雌性生殖器不是眼見為憑

體內受精動物生殖器的共有特徵，蘊含了雌性生殖器真正功能的線索。體內受精動物中，雄性的精子幾乎都不是直接下在雌性的卵子上，雌性通常有各自獨立的精子貯藏所（人類的子宮頸、豬的子宮、昆蟲的交配囊）和受精的處所，因此雌性生殖器能簡單有效地將交配與受精這兩件事分開；光是置入精子，並不保證精子能到達目的地，達成生殖成就。儲精與受精器官分隔的結果，還使得綿長的生殖道 —— 聯絡陰道口與子宮或卵巢與子宮間的管道 —— 成了雌性生殖器的特色，這些外人不得見的體內管道、生殖配管系統，構築了精子要到達卵細胞必須一路行進的隱密路線。

體內受精雌性動物生殖道的形狀樣式也傳達另一項重要訊息。

如果雌性生殖器只是被動的容器，只是幫助精子順利到達卵子，則雌性生殖管的構造實在有悖常理，這樣的設計完全稱不上從甲地到乙地最便捷直接的路線。圖3.2顯示兩隻苔水龜曲折得驚人的生殖管，這些棲息於溪邊的甲蟲，其迂迴、迴旋、纏繞的纖細生殖管較像是用來阻礙而非幫助精子行進。同樣精緻的螺旋、盤圈（真是渾然天成的盤捲藝術傑作）也能見於許多種蜘蛛和昆蟲。

這些生殖管不但又細又曲折，還讓雌性的卵子遙不可及。母象的陰門到卵巢的距離長達三點五公尺以上，但是要論距離，最長的莫過於甲蟲。有一種學名為 *Charidotella propinqua* 的金花蟲，雌蟲的生殖管千迴百轉，若是拉直開來，有體長的二十倍以上。從輸送效率的觀點來看，這樣的生殖管並不符合雌性生殖器是精子與子代便捷進出通道的理論。

更讓人不解的是，為什麼體內受精動物大都有納精囊（見圖3.2）？納精囊這個特殊器官，讓雌性動物能在卵細胞受精之前貯藏精子一段時間。雖然我們現在知道包括大部分昆蟲、爬蟲類與鳥類在內的許多物種有納精囊，但這個事實是一九四六年才在家雞身上發現的。納精囊往往與精子注入及精卵結合這兩個地點分開，而以雌性生殖器典型的細長彎曲管子連結其餘的生殖器部分。

納精囊與雌性的生殖管似乎也同樣無助於精子盡速到達卵子，反而給了雌性另一種管理、控制精子在其體內行進的方式。它有如安置暫時不用之火車的鐵軌岔線或放零錢的錢袋，儲精器官讓雌性無需立即使用精子，可以留待日後使用。

有納精囊的動物可以儲藏精子達數小時、數天、數週、數年不等（見表3.1），實在驚人。所有的鳥類都能儲藏精子，但是保久賽的冠軍得主要屬火雞。雌火雞一般可以儲藏精子四十五天，但也有

▼

(a) 苔水龜

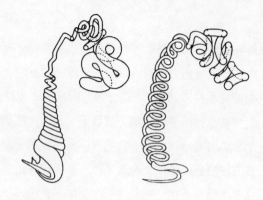

(b) 一種學名為 *Helvibus longistylum* 的姬蛛

納精囊

授精管

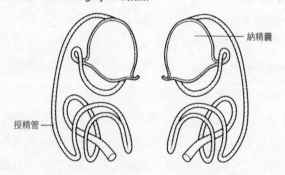

(c) 一種學名為 *Labulla thoracica* 的錢蛛

授精管

納精囊

受精管

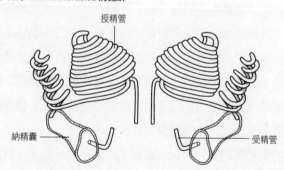

圖3.2 (a)兩隻苔水龜的生殖管曲折得驚人；(b)和(c)的蜘蛛也有迂迴曲折的複雜內生殖器。注意(c)生殖管中授精管（精子入口）的部分比受精管（精子出口）長了許多，顯示演化能使雌性生殖器在這裡充分控制住精子。

表3.1 雌性動物生殖器的儲精時間

分類	時間	分類	時間
昆蟲		鳥類	
果蠅	14天	芬雀	8-16天
水黽	30天	雞	21-30天
竹節蟲	77天	金絲雀	68天
蚱猛	26-113天	火雞	56-117天
爬蟲類		哺乳動物	
鱷魚	7天	小鼠	6小時
蜥蜴	30-365天（1年）	有袋動物	0.5-16小時
龜	90-1460天（4年）	人類	5-8天
蛇	90-2555天（7年）	蝙蝠	16天-6個月
		魚類	
		鯊魚	長達數年

Adapted from Neubaum, Deborah M., and Wolfner, Mariana F., 'Wise, winsome or weird? Mechanisms of sperm storage in female animals', *Current Topics in Developmental Biology*, 41 (1999), 67-97; and Birkhead, T. R., and Møller, A. P. (eds.), *Sperm Competition and Sexual Selection*, London: Academic Press, 1998.

高達一百一十七天的記錄；相較之下，鴿類一般只能儲藏六天。蜘蛛類一般都能儲藏數月，有些昆蟲則能將單次交配所得的精子保存數年。四紋豆象節省到家，單次交配所得的精子就能用一輩子。爬蟲類儲藏精子的時間才真是長，這些冷血動物儲藏精子的能力驚人。幾乎所有的雌爬蟲類都能至少儲精數週，水龜和眼睛咕嚕轉的變色龍一般都能儲藏到隔年。

可是，爬蟲類儲精保久賽的冠軍要頒給蛇類，有些蛇可以儲精兩、三年，爪哇疣鱗蛇可以儲精七年才讓卵子受精。哺乳動物大多沒有專門的儲精器官，食蟲蝙蝠是個例外，而且可貯精過冬，等來

125
▼

年春天排卵時再用來受精。雌性哺乳動物雖然沒有納精囊，卻也可以儲藏精子一小段時間，女人的最高記錄是八天。

　　儲精器官從簡單的囊、袋到複雜的構造一應俱全，哺乳動物則是用子宮頸和子宮貯精。雖然我們還不曉得有些雌性動物為何能儲精長達數月，但是儲精器官的部分構造顯示可能有提供養分、保護與固定的功能。許多昆蟲和蜘蛛的納精囊內部表面有細緻的陷線、突起、溝槽、鱗片或鉤狀的構造，一種學名為*Drosophila wassermani*的果蠅雌性的納精囊裡，常見精子纏繞在入口彎鉤狀處。某些動物如蝙蝠，精子會從附著納精囊的內壁上皮取得養分。在鳥類中，納精囊內部的小管分泌液體流過精子，這些液體可能含有養分。子宮頸黏液或其他生殖器分泌物也可能提供養分。

　　動物儲存精子的方式五花八門。鳥類將精子分散，藏在分布廣大的儲精小管，有如守財奴將現金藏在房裡各處。這些小管的數目驚人，依鳥類的體型大小不同，可能在三百至兩萬之間不等。鳥類的儲精小管大多是細長的盲管，形似香腸的單管，但是有些有分支。母林岩鷚這種黃褐色小鳥一天常交配個二十次，儲藏的精量極為龐大，其一千四百條儲精小管每條最多可儲五百個精子，總數可達七十萬以上。家雞的子宮與陰道間的輸卵管頸部旁叢聚許多儲精管，看起來就像輸卵管帶著輪狀皺領。

　　鳥類的近親蜥蜴一樣採用狡兔有三窟的儲藏策略，恐龍可能也是如此。蜘蛛也有多重納精囊，有些蜘蛛小巧的軀體內藏有上百個納精囊。昆蟲則是採取「金庫」策略，將巨量的精子全部堆在一個地方。關鍵就在於某些昆蟲的納精囊壁能屈能伸，例如雌黃斑黑蟋蟀的納精囊非常有彈性，足以容納三十多次射精的精量。蠅類和蚊類一般都有兩、三個納精的囊袋構造，蜻蜓和近親豆娘則將精子儲

藏在交配囊和一個T形的納精囊裡。甲殼動物、馬陸類、蟎類和甲蟲類至少都有兩個納精囊,有時更多。

床蝨的新生殖器

床蝨會長出新生殖器,讓「雌性生殖器不只是便利精子到達卵子的構造」之論更有依據。不論雌雄,床蝨與其他床蝨科動物都很古怪。首先,牠們的授精方式與眾不同,公床蝨以皮下授精的方式讓精子接近卵。許多論文一再強調,公床蝨的生殖器能直接穿透母床蝨的體壁,將精子注射入母床蝨的體腔,然後精子由母床蝨的體腔進入卵巢。床蝨的精子不但能在細胞間活動,還能穿過細胞。

可是,雖然大部分床蝨生殖器的文章都只談皮下授精,床蝨的故事卻不僅止於此。為了反制公蝨精子的伎倆,母床蝨會在公蝨的生殖器刺入時長出一副新生殖器(副生殖器)。新生殖器稱為「海綿狀納精囊」,是非常複雜精巧的構造;納精囊外部是用來接受公蝨的穿刺,納精囊內部則是用來接納注入的精子並處理精子。

納精囊內部還有另一個角色:精子終結者。母床蝨第二副生殖系統的納精囊與小管,發展自原本用來對抗入侵病原體和外來物質的細胞與組織,它們的作用是殺死精子。倖存的精子貯藏起來,然後慢慢輸送到輸卵管,精子必經的「導管」還會吞噬掉一部分精子。只有一部分精子能從導管安然脫身,但是在到達卵巢旁的受精處之前,還必須通過另一個會摧毀精子的合胞體,大多數精子都半路喪命。

床蝨科動物會長出新生殖器,顯示母蝨偏好以雌性生物機制主宰精子,不受雄性隨興所致。床蝨的新生殖器不但不會護送精子到

127
▼

達受精處，反而將滔滔精流化為涓涓細滴。證據顯示床蝨的副生殖器是要發展成殺精器官，這與視雌性生殖器為精子與後代進出的簡單通道這種傳統觀點大相逕庭，這是怎麼一回事呢？

雌性性器是被動容器之說其實是科學一大謬論，隨著雌性生殖器構造及功能的研究增多，雌性生殖器遠超出表面所見的事實也越見明朗。發現雌性動物及其生殖器積極參與控制交配、授精與產下子代的過程，讓今日的演化生物學家大為振奮。科學正在經歷雌性動物性器與交配習性的觀念大革命，這是二十一世紀的性革命，是一場女陰革命，也是天鵝絨革命[1]。

擺脫了傳統觀念的箝制，雌性生殖器的真實功能終於得以披露；看來，它是設計用來讓雌性握有大權，決定哪些精子得以與其卵細胞結合。雌性生殖器不是精子大道，而是構造精巧的器官，以複雜審慎的方式決定後代的父系親緣。的確，我們現在曉得，決定父系親緣的驅力，讓雌性動物演化出驚奇、美麗、令人驚嘆的體內受精生殖器；令人驚訝的是，雌性在交配之前、之中或之後都能選擇父系親緣。

我們現在漸漸明瞭，體內受精的雌性動物其實是極為成功的性交與生殖策略家，完全不是以往那種被動生物的觀點。各個物種的雌性以無數種微妙又驚人的方式，控制哪些精子才能與卵子結合，交配、授精和受精全發生在雌性身體內，在雌性的地盤上。因此，有性生殖要成功，訂定遊戲規則的是雌性的生殖生理與性行為。這場生存遊戲，打的是雌性孕育生命的大軀體與小精子兵團的對抗賽，雄性精子必須穿越雌性障礙重重的漫長輸卵管，才得以見到

---

1 譯註：原本是指捷克的和平民主化運動，現在則泛稱非暴力革命活動。

卵。因此，雌性生殖器才是生殖控制的主角，雌性以其敏感、複雜、肌肉強健的生殖器選擇子代的父系親緣。

雌性控制

鳥類行雌性控制，蜂類亦行雌性控制；若是仔細探究，就會發現這兩種雌性動物以其訂定的遊戲規則行雌性控制。我們現在知道雌性動物控制交配是否發生、與誰發生，完全不同於一般看法和以往對性行為的假設。雌性有啟動、准許或拒絕交配的選擇權，大部分雌性動物要拒絕交配也易如反掌；除了人類之外，強暴在動物界極為罕見。大多數昆蟲的生殖器繁雜，交配很費功夫，若是雌性無意配合，根本成不了好事。蝴蝶說「不」的方式就是將腹部上翹，讓雄性搆不著。雌蜜蜂與食花的玫瑰金龜體內有各種陰道瓣膜，這些門不開，交配就不成了。其他雌性昆蟲關上腹部尾端的生殖口，雄性就沒輒了。雌性掉頭走開，意思通常就很明白了。

雌性動物拒絕的方式各有千秋。蘇格蘭的索伊島綿羊將尾巴一直下垂，不受青睞的公羊就會知趣走開。母疣豬和黃頸貒豬也有類似的拒絕方式，用尾巴蓋住陰戶，同時將腿部的肌肉上提。鳥類的「泄殖腔之吻」交配，意思就是以生殖器「泄殖腔」相觸交配，如果母鳥無意相好，或是對求愛者不感興趣，就不會把泄殖腔外翻；母鳥沒行動，交配就無望。即使如馬達加斯加鸚鵡等種類的公鳥具有類似陰莖的構造，也需要母鳥全力配合：母馬達加斯加鸚鵡必須將泄殖腔伸長並外翻，包覆住公鳥的「陰莖」，才能完成交配和精子傳送。

我們的朋友斑點鬣狗最能闡釋交配需雌性全力配合的必要。母

斑點鬣狗身為優勢性別，完全掌控交配，如果不想被哪隻公鬣狗跨騎上身，就逕自走開，牠們特殊的外生殖器能有效防堵看不對眼的公鬣狗近身。母斑點鬣狗不但由細長的陰蒂排尿和分娩，也以此交配。牠們交配的方式很特別：母鬣狗必須製造一條臨時陰道接納陰莖，牠們會收縮生殖器的牽縮肌，就像捲衣袖一樣，將陰蒂往上收進腹部。然而，陰蒂垂吊的角度讓泄殖道的開口向前，與騎在背上的公鬣狗陰莖不相交，公鬣狗辦起事來如履薄冰，只要稍有不合意之舉，母鬣狗就立刻走人。在斑點鬣狗的社會中，要不要交配、能不能成功都由地位高於雄性的雌性決定。

在體內受精動物界，雌性生殖器的構造設計讓想進入雌性、接近卵子的雄性都必須乖乖配合。以雄性昆蟲而言，可能就必須在雌性生殖口或附近一再輕拍、摩擦、震動，或是摩擦自己的身體部位發聲。其他雄性動物要做的事可能更多，雌性動物的複雜生殖器讓雄性非得使出渾身解數不可。兔子交配時，雌性必須採凹背姿勢（許多哺乳動物都是如此），雄性才有辦法進入。這是因為凹背姿勢讓母兔的骨盆上仰，使平常與地面垂直的陰道轉成朝向雄性，陰莖才進得去。

然而，雄兔若是無法取悅母兔，母兔可不願做出凹背姿勢；這可不是輕鬆差事，因為母兔需要不斷重複的節奏。公兔的陰莖必須在母兔的陰戶中，快速且幅度一致地來回摩擦七十下，母兔才會凹背翹臀，速度太慢或缺乏節奏就不及格，連發情期高峰的母兔都不會為這樣的雄兔凹背翹臀。母兔知道自己要什麼。

蜱、蟎類也行雌性控制。要讓這些小小的雌性寄生生物願意交配，雄性必須提供口交服務。蜱、蟎交配的方式與許多昆蟲一樣，不是雄性陰莖將精液注入雌性體內，而是雄性製造裝精子的精包，

然後必須讓雌性願意從生殖口接納這些精包。打包精子和雌性鬆開陰戶，都需要雄性把口器插入雌性的陰道。

有些公蟎會一再插送口器，有些則在陰道口來回推送口器，彷彿餵食般，有時要磨蹭數小時。在口交攻勢下，雌性的生殖器充血腫脹，這時候雄性才在自己的生殖口製造出精包；有了這麼多刺激之後，雌性的陰道才會準備讓雄性塞入精包。對蜱、蟎而言，口交不是期待會發生的前戲，而是確保交配成功的必要步驟。

光是插入還不夠

值得重視的是，光是進入還不保證能將精子置入雌性體內。有交配不見得就有精子傳送，雌性動物往往在雄性射精前就終止性交。以斑點鬣狗為例，雌斑點鬣狗往前翹的生殖器能讓牠們輕易離開令人不滿意的性交。蜂類、甲蟲、鳥類和女人等雌性動物則是還有另一項法寶：陰道肌肉。

陰道肌肉有許多用法，可以防止交配發生或中途結束交配，因為精子傳送在交配開始後數分鐘或數小時才會發生，而雌性的陰道肌肉也能阻止授精。研究者認為，雌蜜蜂的陰道肌肉還能引發雄蜂射精；而在鳥類中，雌性陰道肌肉則控制著精子傳送。針對阿德利企鵝和鴿類的研究顯示，雌性泄殖腔肌肉有節奏地前後反覆收縮，將射在外翻泄殖腔外的精液吸入生殖管內。

食葉的雌性牙買加赤楊葉蚤，會用肌肉阻礙不中意的雄性授精，即使雄性已經將陰莖插入雌性交配囊，還是能發揮效用。這種小甲蟲會強力收縮交配囊肌肉，防堵授精，看起來就像有個塞子。緊縮關上的交配囊用兩種方式讓授精不成：第一，通往交配囊深處

納精部位的通道堵住了；第二，陰道肌肉收縮會使得雄性生殖囊無法脹大，無法在雌性交配囊內形成精包。在這種情況下，雄性通常還會繼續插送陰莖一分鐘，但是在陰道「銅牆鐵壁」的阻擋下，最後只好放棄，連授精都沒發生。采采蠅跟甲蟲、蜂類一樣，陰道收縮就足以逼走雄性。女人也有這種本事。

即使雌性准許雄性將精子置入體內，授精仍有可能失敗，因為雄性置放精子的地方不對。雄性真苦命，雌性儲藏精子的部位通常深入體內，不易到達，雄性必須提供特定的性器刺激，雌性才會允許雄性插入到深處。以食番石榴的加勒比海果蠅為例，雄果蠅若要授精成功，就必須將陰莖深度插入，但是雌果蠅的生殖管迂迴曲折。陰道入口在能屈能伸的長腹部尾端，腹部若不伸長，不但不見隱藏體內的陰道開口，長長的陰道也曲折成 S 狀。S 形陰道的尾端是雌果蠅的交配囊，雄果蠅必須將精子放在這裡；如果雄果蠅插入不夠深，就無法順利傳送精子。由於這些複雜的內外生殖器，雌性動物得以控制交配的發生與對象。

奇特的是，「歌聲」[2] 是雄果蠅順利深入雌果蠅彎曲深邃陰道的關鍵。雄性加勒比海果蠅宛若希臘神話豎琴名手奧菲士，以音樂和歌曲吸引雌果蠅。跨騎在雌果蠅背上的雄果蠅必須一唱再唱，才能說服雌果蠅伸長腹部，露出生殖口，幸運兒可將易彎曲的長陰莖如穿針般鑽進這個小洞口。雄性在這段過程中仍高歌不斷，因此研究者認為，雄性以歌聲哄雌性將彎曲的陰道伸長，好讓陰莖順利到達交配囊深處。

雌果蠅非常挑剔歌聲，雄果蠅若是沒有美妙的「歌喉」，就等

---

2 譯註：果蠅振翅發出的聲音。

著雌果蠅粗暴地將牠從背上甩開。相較於成功者，遭到拒絕的雄果蠅歌聲往往力道不夠、聲壓低，也缺乏活力，歌聲激昂的雄果蠅才有機會進入雌性複雜的體內幽境。雄性加勒比海果蠅拍動翅膀產生的交合之歌，通常持續至陰莖到達目的地；然而，一旦雌果蠅顯得不耐煩，雄果蠅就必須趕緊接著唱下去，否則會遭到暴力驅逐。

玩弄雄性的雌性

甚至，在正確的地點授精後，雌性還是有各種排除精子與卵子受精的方式。如同前述，雌性的生殖構造讓雄性無法直接在卵子上置放精子，正如交配不保證精子傳送，授精也不保證受精。事實上，對於雌性體內受精動物生殖器的研究強烈顯示，交配鮮少必然直接導致受精，諸多極力想懷孕卻不能如願的配偶可證明這一點。交配與受精是兩回事，雌性動物可以也充分利用這一點。

交配後，雌性若要操控子代的父系親緣選擇，一個簡易的方法就是也跟其他雄性交配。多偶制──一個雌性與多個雄性交配──不單是混淆父系親緣的一種簡單方法，也是雌性動物普遍採用的交配策略。令人難以置信的是，直到一九七○年代，科學家才逐漸明白雌性動物大多行多偶制，而非單偶制。這三十多年積聚的大量證據都指出，雌性動物性開放、子代有不同父系親緣很正常。現在定論已出：多偶制是雌性動物的常態，單偶雌性這個概念根本是錯的。

單偶雌性的迷思其實是時代的產物，是錯置的維多利亞時代道德觀。這可以當成一種警訊、一個例子，有時科學家只看到自己想看的東西；而這又是另一個科學概念受意識型態主導、而不是以證據為基礎的例子。有一百多年的時間，成員多半為男性的科學家

▼

3 天鵝絨革命

說，在他們研究的物種中，所有的雌性都行單偶制。可嘆的是，一直到女性進入這個科學領域，才發現雌性偏好與多個雄性交配。現在研究者主張，只有百分之三的雌性動物行單偶制；看來，科學仍可能與其他學科一樣主觀並帶有性別歧視。

發現雌性普遍行多偶制的一個啟示是，多雄授精為雌性帶來的益處一定遠超過我們以前的想像；一雌多雄的交配法必定有很大的演化優勢，才會讓大多數雌性動物力行不輟。雌性交配的雄性數目不但令人費解，雌性交配的頻率也讓人不解。母綿羊的性生活極為活躍，常被拿來當成黃色笑話的主題。有份資料記載，蘇格蘭的索伊島綿羊在五小時內就跟七隻公羊交配了一百六十三次，大部分公羊都無法配合性慾如狼似虎的母羊，往往交配期還沒結束，精子就用光了。

有人主張，雌性是為了大量儲藏精子才會如此頻繁地交配，但是就鳥類而論，雌性控制著交配頻率及成功與否，而且數次授精就足以讓整窩卵受精。母鳥的交配頻率還更驚人，遷移性的鳴鳥——黃腹鐵爪鵐、不起眼的林岩鷚及其體色深灰的嬌小近親岩鷚——每回交配期交配數百次，但其實只要幾次授精就足以讓整窩卵受精。在靈長類的世界裡，母恆河猴可以連續交配到「精液過剩」，精液滿到從陰道溢出來。

授精不必然導致受精

有人認為，雌性與多雄多次交配是因授精不必然導致受精。我們已知有些一雌多雄交配的例子，大多會造成子代有多重父系親緣，但情況不盡是如此。母哥倫比亞地松鼠一年只有短短四小時的

發情期，牠們會把握這個時候與多隻公地松鼠交配；每隻母地松鼠平均與四點四隻公地松鼠交配，但不是所有母地松鼠的受精卵都有不同的父系親緣。相較之下，母側斑猶他蜥的子代有多重父親的比率就很高（百分之八十一）。

母雙色樹燕則展現出與多雄交配、授精不必然導致受精的另一面。牠們與多數鳥類一樣，有複雜的社會與性生活。母鳥在一個巢與一隻公鳥交配，共同養育後代，但也會離開自己的領域與其他公鳥交配，到外頭找樂子。耐人尋味的是，雙色樹燕後代的父親大多是其他公鳥。一項對這種藍綠色小型鳥交配習性的研究顯示，有一隻母鳥雖然與同窩配偶每小時交配一點六次，後代的父親卻都是外頭的公鳥。另一隻母鳥與同窩配偶每小時交配一點二次，但是子代的父親大半是其他公鳥（超過百分之六十）。還有雙色樹燕族群數量的研究顯示，每個巢裡有百分之五十至九十的子代的父親不是母鳥的固定伴侶。

黑猩猩則是另一個雄性交配頻率與其使雌性受精的比率不成正比的鮮明例子。研究者估計，母黑猩猩平均要交配一百三十五次才能受孕一次——顯然光是交配並不保證雄性就會有生殖成就。針對黑猩猩性生活的研究顯示，交配模式可能影響生殖成就。針對黑猩猩的交配習性非常有彈性，成年的黑猩猩可能採取三種不同的交配模式：隨機式、占有式與配對式。

採隨機式交配的母黑猩猩，會與同一群所有的公黑猩猩多次交配，可能一天高達五十次。採占有式交配者，與一隻公黑猩猩在一小時至五天不等的時間內為性伴侶，但是母黑猩猩仍可能與其他雄性交配，而且通常不會跟階層較低的雄性交配。配對式交配則是一隻母黑猩猩與一隻公黑猩猩決定離群，單獨相處三小時至四個月不

等的時間；在這段期間，牠們只跟對方交配。

一項對長毛黑猩猩的研究計算了黑猩猩交配的次數，每隻母黑猩猩都是以生殖器充血腫脹最屬害的發情期顛峰進行交配計算。計算的結果顯示，在一千一百三十七次交配中，百分之七十三採隨機式，百分之二十五採占有式，只有百分之二採配對式。儘管配對式的比率最低，受孕率卻最高，這百分之二的交配造成百分之五十的受孕率；而且，配對的時間越長，受孕率越高。

這項研究結果顯示，母黑猩猩與千挑萬選的一隻公黑猩猩交配，受孕的機會較高。問題是，一天交配五、六次的配對式模式，怎麼會比一天可能交配三十次的多雄交配模式造成受孕率還高呢？從針對黑猩猩和雙色樹燕的觀察，發現雌性體內選擇父系親緣的機制及其偏好，與特定雄性交配的行為有明顯的相關性。雌性能以其性行為和生殖器直接影響哪一次授精可以受精嗎？雌性在體內和體外都能主導有性生殖是否成功嗎？

關卡重重的輸卵管

雌性能否、是否在交配中和交配後選擇特定雄性成為後代的父親，答案就在雌性的內生殖器。想想看雌性個體與精子這個非對稱的關係，這是一場碩大、複雜、主動的雌性個體和嬌弱微小精子群的對抗賽。體內受精意謂著雌性永遠是主場隊，這並不是說雄性和精子任憑雌性宰割，而是雌性對接下來發生的事較有主控權。雌性藉由生殖器的型態和生理構造、生殖道的預設功能，成了精子可怕的對手。雄性射精含有數億精子，但絕大多數都無緣與雌性卵子一見，能到達卵子附近的往往只有二至二十個精子；對精子而言，雌

性生殖道是非常恐怖的化學與物理險境。

格林童話中有個關於生殖的寓言故事。在一則故事中，一位美麗的公主有眾多追求者，為了選出一位好夫婿，她給每個候選人一連串的任務，唯有達成所有任務的王子才有幸與她共結連理。雌性與雄性的精子也是如此。雌性性器為了剔除不合適的受精候選人，設下了輸卵管的障礙賽場地，能夠克服所有障礙的才有機會與卵子結合。這可不是等閒之事。

雄性射精後，雌性立即開始降低精子的數量。在昆蟲、鳥類和哺乳動物中，精子首先落入的陰道就一點都不安全。陰道是非常不友善的酸性地域，可以輕易殺死剛到的精子，要有選擇性就必須如此。如果酸性不能摧毀精子，還有殺手細胞會吃掉入侵者，昆蟲、線蟲類、魚類和哺乳動物都有殺精的吞噬細胞。許多蝸牛和蛞蝓不但有儲精囊，也有專門消化精子的囊；其他軟體動物的交配囊裡則有食配子腺，可以處理掉過多的精子。有些雌性動物生殖道的殺精功能會隨生殖週期而有強弱改變。

從陰道化學戰存活下來的精子，必須面臨各種長途旅程——這是生物版的希臘羅馬神話冥界之旅。精子的目標是與來自子宮角的卵子相見，但是精子必須通過雌性的體內迷宮才到得了那裡。有些精子的旅途較其他精子還長：蟒蛇的精子與卵子之間的距離有八公尺，壁虎則只有二十公釐，人類從陰道口到卵子有十五至二十公分的距離。不過，為數眾多的精子一落地就沒進展了，立即遭到驅逐出境的命運。

神乎其技

「噴排精子」是雌性解決精子一種戲劇意味濃厚的強烈方式，這項神乎其技之舉和雌性生殖器其他特質一樣，直到晚近才漸有深入的科學研究。多年前可能就有科學家注意到雌性噴排精子的行為，但是完全沒有受到重視。一份一八八六年的研究指出，有一種學名為 *Podisma pedestris* 的山蚱蜢，雌性在交配前會排出「特殊的排泄物」，但此後就沒有進一步研究；然而，相關的研究漸漸顯示，雌性噴排或棄泄精子是很普遍的行為。

研究發現，蜘蛛、蛇類、昆蟲、鸚鵡、家禽、豬、蟎、綿羊、牛、兔和人類等的雌性，都有排出多餘精子的行為。排泄精子似乎是雌性哺乳動物常見的行為，這種方法便捷快速又有效，母兔、母豬、母牛和母綿羊以這種方式排出百分之八十的精子。有些動物棄泄的精子大如洪流，斑馬中體型最大、斑紋最密的細紋斑馬可排出三分之一公升的精子（見圖3.3）。棄泄精子的時機依物種而異，可能發生在交配中（丟棄之前貯藏的精子）、交配後立刻排出，或是像一種食葉甲蟲，在交配隔天排掉。

研究者認為，可造成陰道壓力改變的強勁生殖器肌肉，是諸多雌性動物用來排除精子

圖3.3 母細紋斑馬可排出高達三分之一公升的多餘精子。

的機制。一項針對一種學名為*Coenorhabditis elegans*的線蟲的研究，提出一個以肌肉收縮而幾近暴力式地噴排精子的鮮明例子。在顯微鏡下，首次交配的母線蟲在一百零二次交配中，有百分之四十二排出部分或全部先前貯藏在子宮的精子。研究者評論：「陰戶打開，整團精液似乎是受壓力而噴出，雄性的交尾刺〔陰莖〕往往也會一起被噴出。」

排除精子的方式也因精子的濃稠度而有所不同。收到精包或精子固結成塞子狀的雌性動物，竅門就是俯身將精包、精塞從陰道咬出或拉出。母松鼠用牙齒拉出精塞，母鼠則咬碎部分精塞，並藉由陰道內壁剝落排出剩餘的部分。有些雌性昆蟲乾脆吃掉精包。美洲變色鬣蜥則在交配後立即在地面拖曳泄殖腔以除去精子。

我們還不清楚雌性排除精子的確切意義，這並不令人意外，因為科學家對於這種現象還在初步認識的階段。有些研究者認為，雌性排除精子，是為了讓雌性在接納雄性為交配對象並接受精子後，有機會剔除該雄性為子代的父親。愈來愈多的研究證據顯示，雌性似乎是選擇性地排出精子，藉此選擇父系親緣。雄性的社會階層似乎是母雞考慮排除精子的關鍵因素，年輕公雞在母野雞泄殖腔下了一億個精子之後，若是這隻公雞的社會階層較低，母雞可能會馬上噴掉八千萬個精子。

生活於水質清澈地帶一種學名為*Paraphlebia quinta*的豆娘，會選擇性地排除精子。母豆娘與大多數雌性動物一樣，控制是否開始交配（雌性必須將腹部朝前彎成「輪形姿勢」）與何時結束。這種豆娘是在交配中排除精子，而且排出的是前一次交配所得的精子。有趣的是，雄性的性技巧似乎是影響雌性是否排除前次交配所得精子的關鍵因素，亦即如果雄性的「房中」表現讓雌性滿意，當父親

139
▼

的機會就較高。研究顯示，母豆娘與透明翅雄性交配時，較與深色翅雄性交配時，更可能排出原本貯藏的精子；與透明翅雄性交配的時間（平均是四十一分鐘）也是與深色翅雄性的兩倍長。排除精子的機制，似乎讓母豆娘可以在較「優秀」的雄性出現時改變心意。

姊妹們是為了自己打算

假使雄性的精子沒有立刻被吃掉、毀掉、排掉，就有當父親的機會。一般對精子在雌性生殖器內漫長旅程的敘述，常讓人想到爭先恐後搶著到達卵細胞或精子奮力往前游的畫面，這樣的陳述都是錯的。精子不是自行到達卵子，而是必須靠雌性動物運送。在這一階段的有性生殖過程中，雌性動物的身體還是主控者；雖然精子也主動參與到達卵子的過程，但是小小精子的獨立游動，要到雌性生殖器旅程的後期才會發生，而且是由雌性生殖道深處的分泌液啟動的。我們已知，昆蟲、哺乳動物、鳥類、蜘蛛、軟體動物、蜥蜴和線蟲等多種動物，都是仰賴雌性動物生殖器的型態和生理構造運送精子。

雌性主導的精子運送過程非常複雜，是由一連串雌性動物神經系統控制與精子的互動行為，將精子拖拉至雌性選擇的地點；依照雌性的意思，精子可能被送到納精囊、食精囊、受精處或體外。比方說，母蝸牛將一些雄性精子貯藏起來，其他的雄性精子則送到食精囊。母蝸牛的生殖道——這個連貫授精、受精、貯藏精子和消化精子各處所又長又曲折的體內系統——對選擇性運送精子非常重要，若是單純視為聯絡精子和卵子的裝置，這樣的構造設計根本沒道理；但若是視為選擇性運送精子的構造，這種動物體內的管道系

統就顯得很有道理，不但一路蜿蜒曲折，有些雌性昆蟲和蜘蛛的生殖道更是窄得像是給精神病患穿著的約束衣。有一種學名為 *Caloglyphus berlesi* 的粉蟎，雌性的生殖道一次只能容一隻精蟲通過，這樣的環境大大阻礙了精子的游動力，精子只能任憑雌性身體的機制擺布。

雌性控制精子運送，是依賴雌性生殖道與納精囊別有用意的肌肉分布，一陣肌肉收縮（大部分是朝子宮的方向）能讓精子在蜷曲的生殖道內前進。生殖道的肌肉也可以是障礙，一種學名為 *Dahlbominus fusipennis* 的寄生蜂會收縮肌肉，將精子困在生殖道中大角度的彎道裡。母蜂的生殖道也很窄，精子必須排成一列，而且生殖道裡也有肌肉瓣膜，能讓精子順利前進或加以阻擋。母狗生殖道收縮的力道相當驚人，交配完一分鐘後，母狗的子宮會有節奏地強烈收縮，彷彿是體內射精般地將精子射入輸卵管，其力道之強勁，足以將精子射到二十至二十五公分遠的地方。

陰道、子宮頸和納精囊的腺體，也用吸收、分泌液體的吸力和推力在精子運送時插上一腳，這些雌性分泌液有時可以讓精子的通道滑順，但也能聚積凝結精子，使其動彈不得。除了肌肉收縮、腺體分泌、吸收液體之外，一同發揮效能的，還有雌性生殖道迷宮內壁纖毛有規律的拍動及擺動，這些波動纖毛造成的流動，能讓精子往卵子前進，或是將精子掃地出門。對雌性而言，這是充分協調的運輸系統，但是在雄性眼裡，這又是另一項苦頭。肌肉一收縮，纖毛一拍動，一些精子就運往納精囊，一些則送入食精囊或是噴出體外，決定權全在雌性。有人說這幅畫面就像一群小魚隨著波濤來回打轉，往往觸礁而亡，真是貼切的形容。

雌性的卵子是精子在雌性生殖道之旅必須面臨的最後關卡，碩

大的卵子遇到微小的精子（卵子大概是精子的八萬倍大）可是關鍵時刻。這一刻和體內受精過程其他許多細節一樣，往往蒙上錯誤的解釋。常見的說法是精子穿透卵子，我們還沒完全了解這段過程，較正確的描述應該是卵子「吞沒精子，然後輕柔呵護著精子」。即使在融合的階段，卵子也比精子有活力得多；若沒有卵子主動開啟這段過程，精子只能乾瞪眼。卵子對周遭精子的反應，決定了它是否會將其中一個精子拉進卵子內；一旦精子被巨大的卵子包覆，就完全依靠卵子內的成分解開細胞核，然後讓精子的DNA（去氧核糖核酸）重新活化起來。

漸漸也有研究指出，雌性在受精的最後階段仍然在考慮要有什麼樣的配子（精子與卵子）組合。卵子和精子在受精前的細胞核有很大的不同。精細胞是單倍體細胞，只有一組染色體；卵細胞則是二倍體細胞，有兩組染色體。因此，發生融合之前，雌性必須決定要放棄哪一組染色體，以一組染色體與精細胞融合。有些科學家認為，最後這個選擇是雌性控制子代基因的最後一種方式；如果情況真是如此，有性生殖的雌性選擇與雌性控制影響層面之大，遠超過以往的想像。

壯健驚奇的構造

生殖生物學上女陰革命的一大開悟是，雌性性器絕不能再以安置精子和後代的被動容器視之。隨著科學家對雌性生殖器構造各個層面的發現越來越多，體內受精雌性動物的性器這項設計傑作，終於被世人了解和重視。這段故事是描述由貯精處、千迴百轉的生殖道、別有用意的肌肉分布與瓣膜組成的極其複雜、敏感的體內系

統，各部分精細協調達成最佳的生殖成就。就以住在沼澤的一種學名為 *Hebrus pusillus* 的微水黽來說，這種昆蟲完美體現了雌性生殖器的構造，以及肌肉對精細控制精子輸送的重要性。這種小蟲子強健的生殖道肌肉不但用來運送精子，也用來吸取雄性陰莖內的精子，並且送往貯精處。

這真是讓人佩服，雌性生殖器不但控制精子的運送，也控制精子的傳送與貯藏。這種半水棲蟲子是怎麼辦到的？第一步是用陰陽囊吸取雄性的精子，雌性完全主導收取精子的過程，因為雄性沒有抽送精子的構造。雌性陰陽囊有擴張肌，雄性交配後要離開時，雌性便收縮這些肌肉，以強力的抽取力將精子從雄性生殖器吸過來。

第二步是將精子從陰陽囊送到納精囊，捲成許多圈環的納精囊（平均有三十九圈）的肌肉會收縮舒張，讓這些圈環壓縮伸展，拖著精子前進。納精囊入口的肌肉「唧筒」也有助於將精子送入納精囊，精子本身的運動力可能也有所貢獻；一旦進入納精囊，精子就在這裡等待卵子前來。這時，微水黽受精道的另一組肌肉才發揮作用，受精道的肌肉收縮舒張，將受精道調整到使裡頭的卵子開口（卵膜孔）面對受精道口。此時，納精囊的肌肉再次收縮舒張，將精子推到卵子上。這個雌性主導的精子運送系統真是令人拍案叫絕，誰想得到雌性昆蟲具有如此精細的生殖構造，又能充分控制每個細節呢？

許多動物都有運送精子進出貯精處的肌肉系統。很多雌性昆蟲會收縮舒張貯精囊和交配囊附近的肌肉，藉此改變貯精囊的形狀與大小，貯精囊因此漲大容納更多精子或收縮排出精子。為了運送、貯藏精子，一種真椿象發展出非常像注射筒的納精囊（見圖3.4）。這種真椿象貯精囊口強健的收縮肌收縮時，會將囊內的精子射入貯

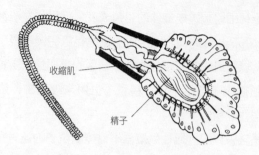

收縮肌

精子

圖 3.4　壯健驚奇的構造：真椿象貯精囊的收縮肌收縮時，會將精子射入貯精囊管。

精囊管。其他如蜘蛛等動物，貯精囊的入口通道（授精管）與出口通道（受精管）各自獨立；這類動物的授精管往往較受精管曲折，精子要進入貯精囊比離開還難。

隨著對雌性生殖器構造的日益了解，科學家發現貯精器官的功能不只是貯精，而且授精與受精的時間和地點都是分開的。貯精囊的構造設計顯然還有其他目的：選擇性（非隨機）運送與使用精子。貯精囊讓雌性得以選擇性地使用精子，因而可選擇父系親緣。如果雌性的納精囊不只一個 —— 有多個納精囊的雌性也不在少數 —— 這些納精囊的使用方式可以造成不同的生殖結果。

黃果蠅和大多蠅類一樣，有三個納精囊，其中一個比另外兩個稍大，母黃果蠅通常會先裝滿兩個小囊，之後才使用中間的大納精囊，可是它會先用大納精囊的精子讓卵子受精。一天交配至少二十次的母林岩鷚，會將一些貯精管裝滿精子，另一些則空置著。其他包括美國綠變色蜥蜴和日本鵪鶉等物種，貯精管儲放精子的方式也各有不同。

研究也顯示，雌性動物可能會跟一個雄性交配以取得精子，但

若有「更好」的雄性出現，雌性也會與之交配，然後優先使用「更好」雄性的精子受精。一種常見的選擇性使用精子方式，是將個別雄性的精子裝在個別的貯精囊裡，卑微的黃色牛糞蠅就採用這種方式。母牛糞蠅有三個肌肉構成的貯精囊，每個都各有貯精囊管。有兩個貯精囊是一對，包在一個膜裡，也有相連結的肌肉；第三個貯精囊則單獨存在。母牛糞蠅每個貯精囊儲藏和使用精子的方式並不相同，偏好將較早儲放在成對貯精囊裡的精子做為受精用。有趣的是，研究顯示母蠅與多隻雄蠅交配後，會把體型較大的雄蠅的精子儲存在成對的貯精囊裡，因此母蠅偏好體型較大的雄蠅當父親。除了雄性體型之外，是否還有影響哪些精子儲放在哪個貯精囊的因素則有待研究。

關於選擇性使用精子，以及雄性體型大不見得會勝出，母側斑猶他蜥就是個好例子。在繁殖期，這種美國西部常見的母蜥蜴通常會跟五、六隻雄蜥蜴交配，精子可能在貯精囊儲藏長達兩個月才用來受精。讓人驚奇的是，母側斑猶他蜥能用體型較大之雄性的精子生兒子，用體型較小之雄性的精子生女兒；也就是說，母蜥蜴的生殖器有辦法辨識並分別置放帶 X 與 Y 染色體的精子，還能依雄性體型大小選擇精子為卵受精，產下不同性別的後代。

然而，我們還不清楚這些區分不同體型雄性的精子生理機制，以及辨別「生男」與「生女」精子的方法；已知的是，雌性以不同體型雄性的精子讓卵受精，是因為能獲得演化優勢。將大塊頭雄性基因放入兒子，小個兒雄性基因放入女兒，能讓兒女有較高的生殖成就（將大塊頭雄性基因放入女兒，或小個兒雄性基因放入兒子，會造成雌雄的生殖利益衝突）。因此，從演化學的角度來看，雌性與多個雄性交配及選擇性使用精子是有道理的。

聰明的雌性性器

「聰明的雌性性器」這種說法並不常見，但是雌性性器的確是非常有效的精子分類生物機器。事實上，由於雌性性器有其精心安排的肌肉、瓣膜、百轉千迴的生殖道、細窄的管道與貯精、食精囊，雌性因而得以嚴密控制精子的行動。儘管雄性「精」力旺盛，單次交配就會注入千百萬精子，遠超過實際所需，雌性不得已必須減少精子的數目；然而，雌性的體內構造如此機巧，可以將選擇和銷毀精子當成家常便飯，卻不會損及受孕率。比方說，儘管從貯精囊送到受精囊的精子只是數億精子的極小一部分，黃金鼠卵子的受孕率還是將近百分之百。我們還不清楚黃金鼠的生殖道怎麼能這麼靈活又協調，既能攔住數億精子，又能讓少數精子通過。果蠅等昆蟲也能減少百分四十的精子量而無損受孕率。

雌性性器似乎也曉得自己貯藏了多少精子。針對蛾和蝴蝶（鱗翅目）的研究顯示，雌性演化出多種偵測精子數量的機制，交配囊內壁靈敏的牽張感受器就是一例。雌性性器聰明到足以感知某個雄性置入的精子太少，若是面臨「精子荒」，雌性生殖道就會精確調整，提高精子的貯藏量。母兔就是一種能精確調整精子儲量的哺乳動物，牠們交配後十小時才排卵，當精子從陰道送到輸卵管時，只剩下原本的萬分之一，大概是一千至兩千個精子。了不起的是，母兔在排卵時，精子可以一直維持在這個數目；即使是多雄交配，母兔輸卵管內的精子數目也能控制在這麼小的範圍內。

雌性性器需要如此嚴密控制精子的行動有幾個原因。雌性生殖道內的重重關卡除了能阻止過多精子接近卵子，也必須能篩除有缺

陷、不新鮮、畸形、不夠好或不合適的精子，讓這些精子無法靠近卵子。有性生殖要成功，有賴雌性性器有效發揮分類篩選的功能。家雞的研究顯示，將生育力差的年輕公雞精子直接置入母雞子宮（不經過陰道），大部分精子都會到達受精處（喇叭管），讓大部分卵子受精；然而，有很高比率的胚胎在出生前就死亡。

不過，若是將這些品質差的精子置入母雞陰道中，母雞會把部分精子運送到喇叭管，只有部分卵子會受精。重要的是，這些胚胎大多正常，顯示陰道有篩選精子的能力。針對「正常」年輕公雞精子的研究也顯示，母雞有篩選精子的能力；在研究中，一般公雞都有百分之二十的精子有結構上的缺陷，但是母雞送到貯精管的精子卻都是健康的。

人類等哺乳動物的陰道也表現出篩選精子的功能。所有針對哺乳動物的深入研究均發現，採試管受精時，經常造成大量異常胚胎。現在我們曉得，採取新近發展出的人工受孕技術時，例如「單一精子卵質內顯微注射術」，胚胎有染色體異常或胚胎死亡的比率較高。我們知道，受精過程相當複雜且容易出差錯，愈來愈多的研究顯示，雌性性器若是不能選擇精子，受精過程一定會錯誤百出。這是一項警訊：科學上「雌性性器是被動容器」的毒中得太深了。忽略了雌性生殖器篩選、運送「合適」精子的特殊功能，生理問題可能就此產生，人類健康也可能受到波及。

尋找 Mr. Right

雌性性器篩選精子的能力不僅是分辨好壞。研究者以往都認為，精子的DNA緊裹在精子頭部裡，雌性及其生殖道無法察覺並

辨識雄性的基因。然而，晚近有越來越多研究顯示這種看法有誤，雌性評估雄性是否適合當父親，不但以雄性的外觀、行為為考慮因素，也考量精子的基因組成。

果蠅是世上被研究得最透澈的昆蟲。針對果蠅的研究顯示，母果蠅可察覺精子不同的基因組成，進而對精子有差別待遇——有些精子會被大量快速貯藏起來，有些會先與卵子受精，有些則會被排掉。母果蠅的生殖器可分辨單次射精中的不同精子，也能識讀不同雄性的精子。研究指出，一旦母果蠅不喜歡特定基因型的精子，生殖器似乎能「記住」這種基因型，以後會繼續摒棄這類精子，真是不可思議。

雌性小鼠生殖器識讀、評估精子的例子更加驚人。針對小鼠的研究發現，母鼠的身體有為子代選擇合適父親的驚奇能力，牠們似乎有辦法在云云眾雄中找出 Mr. Right。研究顯示，小鼠以選擇基因與自己最相容或互補的精子來操控父系。在小鼠、鳥類和人類等哺乳動物中，主要組織相容性複合體（和抵抗疾病有關）對於選擇 Mr. Right 扮演關鍵角色。主要組織相容性複合體基因互補的個體，其後代可存活；主要組織相容性複合體基因不相容的個體，其胚胎則難以存活。

母小鼠生殖道辨識精子的能力，讓基因相容的精子較迅速大量地送往輸卵管，不相容的精子則棄置一旁。雌性性器讓雌性完全看透雄性，一讀雄性的 DNA，雌性就知道雄性有多少斤兩。雌性性器是最能迫使雄性展現「真面目」、證明自己適合當爸爸的器官。

多樣化是生命的情趣所在

對雌性而言，生殖器擁有選擇基因相容精子的能力至關重要。運用DNA指紋鑑定術的研究顯示，兩個個體的基因是否互補或相容，才是子代能否存活的關鍵因素，無關體型或社會階層。在鳥類的研究中，鑑定公母鳥的DNA指紋發現，DNA指紋越相似（互補性較低），受精卵越可能發育失敗。針對沙蜥蜴的研究也顯示，雌性與雄性的基因組成愈相似，愈不可能生下後代。「多樣就是好」這句銘言真是不假。

　　依據精子的基因組成能否與自己相容，雌性性器有能力選擇精子，進而操控父系親緣，這項發現也讓科學家得以解釋雌性為何偏好與多雄交配。一雌多雄的交配法讓雌性取得各種精子，然後選出最適合的精子。雌性交配的雄性愈多，愈可能找到Mr. Right，或者應該說愈可能找到「基因最相容先生」（而且不只一位）。這也就是說，雌性交配的對象越多，生殖成就可能也越高。

　　在瑞典南部的蝰蛇族群數量研究中，也發現多雄交配的雌性生殖成就較高。相較於與單一雄性交配的母蛇，與多雄交配的母蝰蛇產下的死胎、畸形後代都較少。最近一項針對擬蠍（體型小而無尾）的研究明白指出，一雌多雄交配法是母擬蠍受孕率提高的直接因素。在初次交配的母擬蠍中，在兩隻母擬蠍獲得同樣數量精子的情況下，相較於只與一隻雄性交配的雌性，與兩隻雄性交配的雌性生下的後代多了百分之三十三。

　　母擬蠍的子宮是透明的，因此胚胎發展的過程一目瞭然。研究發現，相較於獨守一雄的姊妹，與多雄交歡的雌性排出的死胎少了百分之三十二。從生殖的角度看來，母擬蠍收取多隻雄性的精子是有道理的，因為可大幅降低因製造胚胎卻又發育失敗而浪費的寶貴時間與精力。確實如此，針對其他動物的諸多研究也獲致同樣的結

論。以確保雌性最佳生殖成就而論，與多雄交配是雌性最好的生殖策略，因為雌性可選擇與自己基因最能互補的雄性。

　　「兩個個體的基因相容，是確保最佳雌性生殖成就的關鍵因素」，這個論點象徵了有性生殖研究的觀點大革命。科學家與其他各界人士已經迷戀「超級優勢雄性」——所有雌性夢寐以求的理想雄性——的想法有好一段時間了，有如西方世界備受歡迎的漫畫英雄「超人」；生物界的超級優勢雄性是指所有雌性的夢中情人，所有雄性的志向所求。然而，針對多雄交配雌性及其後代的研究，揭露了根本沒有所謂的單一超級優勢雄性；雌性若要達到最佳生殖成就，需要的是和自己基因最能互補的雄性。如果雌性能藉由交配行為和聰明性器，為子代找到最適合的父親，後代至少在起跑點上就不輸人了。看來，不論雌雄，多樣化的確是生命的情趣所在。

　　所以，雌性生殖器真正的功能就是選擇最適合自己的精子。雌性生殖器不但絕不是被動容器，其實還擔負了最重要的生命大業：確保後代的健康，進而保障物種的生存。

4
夏娃的秘密

我們先前最後所見的女陰景觀是大Ｖ形凹陷，這還不是女性外生殖器的全貌；若是打開女人的外陰唇，各有風情的景象就會展現出來──讓我們來瞧一瞧。有著細緻弧線、輪廓與皺褶的陰蒂和內陰唇在閃閃發亮，有些陰唇有美麗的心形，有些較像橢圓形。在內陰唇成為陰蒂頭之處，與陰蒂相會的陰唇有小巧的荷葉摺。玫瑰紅、赤褐、朱紅等等鮮麗豐富的女陰色彩構成一幅視覺饗宴。

　　這兒有的是有趣的不對稱，一邊的陰唇可能比另一邊更長更捲。有些陰戶的陰蒂從陰蒂蓋微探出頭，有些極為突出，有些則活像個可愛的鼻子，每個女陰都獨一無二。位於陰戶正中央的是陰道前庭，不論是否興奮腫脹都光澤動人。在我看來，女陰全貌是一幅令人驚嘆的繁複藝術作品（見彩色圖片頁），是光采動人的寶石，還有著一個生動的故事、一段曲折秘密的歷史，這些是夏娃的秘密；更重要的是，這段歷史透露出女陰的多重面貌。我們將從陰蒂的故事說起。

　　想像鳥禽胸部的叉骨、洋桐槭等槭樹有兩翅的果實、倒Ｙ的形狀，希臘字母中排第十一的λ。若是描摩這個形狀，我們會循著彎曲突出的頂端穿過頭部，往下通過體部到分成兩腿、展成兩翼的分叉起點。這個包含陰蒂頭、陰蒂體部和陰蒂腳的構造，就是陰蒂的模樣。出乎許多人意料的是，這個優雅的三部分構造遠比眼睛所見的多。的確，只有最頂端、極為敏感的陰蒂頭突出陰戶，讓觀者得以一見，要感受女人Ｙ形的陰蒂必須經由觸感。

　　陰蒂的體部（柱狀的陰蒂組織）往上往後深入骨盆，緊挨著尿道。我們看不見這個長二至四公分、寬一至二公分的陰蒂體部，但是以手指輕觸陰蒂頭周圍與後面就能略微感覺到。陰蒂漸漸變細的長腳往後伸得更遠，將這個極為敏感的器官固定在女人性愛中心的

深處。這些抱著或說跨在陰道上的腳平均有五至九公分長，由此發出的情慾快感會讓女人因歡愉而顫動。

一九九八年八月初，陰蒂有頭部、體部和腳部且較以往想像中大很多的新聞，登上國際新聞頭條，這個備受誤解但深受喜愛的女性性器官還是頭一回成了頭版新聞。一個澳洲泌尿外科團隊報告，陰蒂至少是解剖學教科書描繪的兩倍長，比一般人想像的大了十幾倍。國際媒體（至少在西方）充斥著「發現」之詞，無數篇談論陰蒂尺寸與構造的文章也因應而生。

我覺得，能有這一連串談論陰蒂驚人尺寸與構造的文章，真是可喜可賀，陰蒂能揚眉吐氣的報導對我而言也是個新聞。沒錯，我還是小女孩時，就曉得外陰有個特殊的東西，摸起來很舒服，這是我第一次發現陰蒂──這是身體的經驗──可是要到好幾年後，我才知道性器這個部分有個專有名稱。我記不得自己是什麼時候發現了「陰蒂」這個詞，但我知道很多都是這樣。朋友說，我十八歲前就「開竅了」，連帶啟蒙了別人。真希望我記得自己是在什麼時候再次發現陰蒂──這次是知性的經驗──但是我怎麼都想不起從哪裡獲得這項資訊，大概是從書上看來的。

不過，文字可以矇騙、混淆、欺騙、把人搞糊塗。小時候只能由身體認識自己，依稀感覺到這整個地方很敏感，摸起來很舒服。兒時的我覺得這是個模糊地帶，到了十幾二十歲才接觸到文字圖片。但是在我初試雲雨的那個時代，談及陰蒂的文字盡是又尖又小，鈕釦、櫻桃、鈴鐺、珍珠、小點、細小是常見的字眼，讓我以為陰蒂只是一個小點、一小團組織，所有的神經末稍都擠在這個小地方。因此，我們也用捻弄旋扭、輕彈鈕釦、捏擰第三個乳頭般的方式撫弄陰蒂，快感的源頭因而畫了疆界。等到一個澳洲研究小組

發表了研究報告與圖片，我才對陰道及女陰其他部分有全新的看法。陰蒂並不是攔在陰道開口上端的鈕釦、鈴鐺、珍珠，或一團孤立的神經末稍，這份研究指出我的陰蒂是範圍驚人且極為敏感的構造，深入固定在我的身體內部，還有圖片佐證。要到那個時候，陰蒂才成了我身上一個生氣盎然的立體器官。

是科隆博發現陰蒂的嗎？

跟我一樣有多重陰蒂大發現的大有人在，多重大發現確實也是陰蒂的主要特徵，歷史上多的是例子。拿文藝復興時代來說吧，這是各色人等搶著在人體器官上插旗桿、以自己為名的時代，陰蒂也不能免俗。科學將最大榮耀獻給發現未曾命名、尚未在地圖標示之處女地的人——讓發現者以自己的名字為器官命名。這也就是四百五十年前，義大利克雷莫納的解剖學家科隆博和法洛皮歐為了陰蒂發現者的頭銜槓上的原因。

科隆博在一五五九年於威尼斯出版的《解剖學》中提到陰蒂：「若是加以觸碰，會發現這裡變得有點硬且呈長橢圓形，看似陰莖。既然尚未有人談過這些突出物及其作用，若是有幸為敝人發現之物命名，我將稱其為『維納斯之愛或維納斯的甜蜜』。」接著他描述陰蒂為「女人的歡愉要地」，指出「碰巧閱讀過我精心寫作的解剖學著作的讀者就曉得，若是沒有我先前忠實描述的突出物〔陰蒂〕，女人行房時便無法享受歡愉，也無法受孕」。

這段期間，科隆博在帕多瓦大學的同事法洛皮歐也宣稱自己是陰蒂的發現者。他在三十九歲英年辭世的前一年（1561 CE），於威尼斯出版的《解剖學觀察》中寫道：

阿維森納……提到女性外陰的一個部位，稱其為陰莖、al bathara〔意指「陰蒂」的阿拉伯文〕。阿布卡西姆……稱其為鬆緊扣。有些女人的這個部位可以伸展得很長，因而可以和同性交媾，就跟男女交合一樣。希臘人稱這個部位為clitoris，源自此字還有個具有淫穢涵義、意指「愛撫陰蒂」的動詞……我們這些解剖學家完全忽略了這個地方，連提都沒提過……這個小器官與男性的陰莖相對應……是個非常隱密的器官，不但小，而且掩藏於陰部多脂肪的地方，解剖學家一直都不知道這個部位，直到前幾年才由我率先描述這個部位。讀者慎察，其他論及或記述此部分者，都沒有直接或輾轉聽我談過這個主題，因此他們的資訊都不正確。這個貌似陰莖之物的末端位於外陰上端，很容易找到，就在「懸翼」〔內陰唇〕……之相會與起始處。

第三位加入義大利陰蒂發現者辯論的，是丹麥解剖學家蓋斯伯‧巴多林之子湯瑪斯‧巴多林（女性的巴氏腺即以湯瑪斯的兒子小蓋斯伯‧巴多林為名）。在法洛皮歐評論陰蒂的五十年後，湯瑪斯‧巴多林改編父親的《人體解剖學教科書》，出版《解剖學》一書。圖2.5是巴多林的解剖研究以及陰蒂、陰道的繪圖。論及陰蒂，他寫道：陰道是「女性的陰莖」，因為「其位置、組織、構造與充血勃起的樣子有如男性的陰莖」，而且陰蒂「有像男性陰莖的頭部與包皮」。值得注意的是，湯瑪斯‧巴多林的著作批評科隆博及法洛皮歐自稱「率先發現這個部位」。來自哥本哈根的巴多林指出，自二世紀之後，陰蒂就是眾所周知的知識了。

巴多林罵這兩個義大利人罵得好，這兩人爭論的根本不是新發

現；從法洛皮歐對舊文獻的評論中也看得出，他顯然知道這一點。但是這兩人誰也不願認輸，兩人論戰的背景被恰如其分地稱為文藝復興時代，因為這是自中世紀的黑暗混沌大夢初醒後、對希臘羅馬黃金時期精髓再發現和復興的時代。沒錯，這個時代的確有新發現和新發明，但是都奠基於對以往知識的了解與闡釋。陰蒂的知識也是這樣的情形，雖然過去陰蒂在不同時代有不同名稱，但是古代的著作與解剖學文獻確實已經有陰蒂的資訊及其外形與功能的描述。

陰蒂出場

在《人體各部位的作用》中，希臘醫師蓋倫論及某個「對激發女性性慾，以及交合時對張開子宮頸〔陰道〕大有用處」的神秘器官。蓋倫接著說明這個強韌的部位突出外陰，性交時會挺立，而他也描述男人的陰莖是能勃起的強韌組織。有趣的是，蓋倫認為陰蒂是保護陰道的器官，就像保護咽喉的懸壅垂（軟顎後面狀似手指、懸垂的小肉垂）。

在蓋倫的時代，人們常拿「口腔、頸部與咽喉」及「子宮、子宮頸與陰道」上下兩個部位相較，這樣的理論流傳了好幾個世紀，兩個部位相似的說法今日仍可見餘緒（後文會有所討論）。十九世紀一幅醫學文獻中描繪的喉腔圖，看起來跟陰戶像極了。對陰蒂有所了解的不只是西方醫學界，生活於九八○至一○三七年的阿拉伯醫師阿維森納，在其《論女陰》中也提到陰蒂，這本書大量援引蓋倫的說法。

一世紀的希臘醫師魯弗斯的著作含有對女性外生殖器最古老的詳細描述、各部位名稱，以及談論陰蒂的正確動詞。

157
▼

論及女性外生殖器，有人稱為pudendi，有人稱為pubis，即下腹部三角尖端部位。「裂口」是外生殖器的開口。位於外生殖器中央有肌肉的小片肉稱為內陰唇，亦稱為「愛神木之果」，也是構成陰蒂（clitoris）的皮膚。我們用clitorising指稱對此部位的愛撫。愛神木之唇〔外陰唇〕是各分兩半的肥厚部分，猶里封[1]稱之為「陡坡」，今日的名稱是「懸翼」。昔日的「愛神木之果」則改稱為nymphae（水澤女神）。

二世紀的醫師索蘭納斯，在其往後一千五百年位居婦科重要著作的《婦科學》中也提到陰蒂；光憑這一點，科隆博就應該曉得不應自居為陰蒂發現者。索蘭納斯用一個現在已不用的字landica（大概源自於希臘文第十一個字母lambda）指稱陰蒂，他指出：

女人的凹處〔子宮〕是什麼樣的東西呢？是與大腸一樣具有神經的膜狀物，裡頭的空間很大，外頭性交與愛的行為發生之處則有點窄。此處俗名為大V形凹陷，外邊是陰唇，希臘文稱為「懸翼」，拉丁文則稱為「小翼」。上部中央則有陰蒂。

文藝復興時期的人曉得陰蒂這件事，可以從帕多瓦大學一名醫生達巴諾（1250-c.1320 CE）的文字看出，他比科隆博和法洛皮歐早了三百多年。達巴諾在其重要著作《哲學家與醫生歧異的調解人》中寫道：「摩擦陰戶上方的孔穴能引發女人的情慾，此不檢點之物能讓女人達到高潮。」

---

1 譯註：西元前五世紀的希臘名醫。

看來，科隆博與法洛皮歐研究做得不徹底，早在他們見到陰蒂前，古人就曉得這個器官，也取了名字。他們都不算是陰蒂的發現者，雖然法洛皮歐是第一個解剖陰蒂與描述內部構造的人，但是現在享有陰蒂發現者美名的卻是科隆博，大概是因為他跟大探險家哥倫布同姓。阿根廷作家安達吉以科隆博《解剖學》為依據所寫的小說《解剖師與性感帶》，又為這個傳說加油添醋；然而，科隆博是陰蒂發現者這種說法只是個現代迷思。

失而復得

　　類似科隆博與陰蒂的故事在不久前再次發生。嚴格說來，一九九八年指出陰蒂包含陰蒂頭、體部與陰蒂腳且較過去想像大得多的報告不能算是新發現；較正確的說法是，這是另一樁知識再發現，也是極有必要的再發現。這個二十世紀解剖小組描述的陰蒂形狀及構造，前人也陳述過，但是就跟其他有關陰蒂的知識一樣，這些知識沒有廣為流傳、教導並衍生更進一步研究，因而顯然遭到遺忘。

　　陰蒂真正尺寸與結構的新聞登上世界頭條的十一年前，哈佛畢業的醫學研究員隆荻絲塞維利出版了《夏娃的秘密：女性性慾新理論》（現已絕版）。這本書提出的陰蒂觀察與澳洲解剖學家公布的報告非常相似，但是隆荻絲塞維利也坦白，自己描述的陰蒂構造並非新發現，而是重新評價十七世紀荷蘭解剖學家德格拉夫的著作。

　　德格拉夫在一六七二年對陰蒂的Y形構造已有驚人的了解。圖4.1是德格拉夫為陰蒂不同的切面解剖所繪的圖，清晰描繪出陰蒂頭、陰蒂體部和陰蒂腳，而他顯然也曉得陰蒂的組織類型與陰蒂深入到體內哪個地方。他在《女性生殖器研究》第三章〈陰蒂〉寫道：

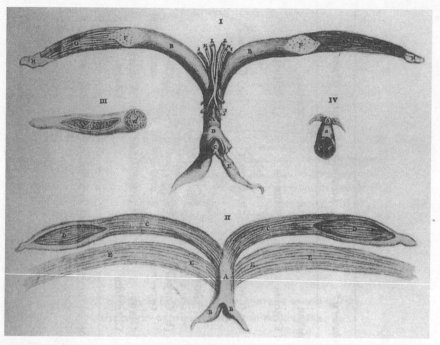

I. 陰蒂正面圖

A 陰蒂
B 陰蒂體部
C 陰蒂頭
D 陰蒂包皮
E 內陰唇
F 陰蒂腳藉以連接恥骨下部的
　骨膜
G 陰蒂的肌肉
H 部分肌肉嵌入坐骨（即髖部）
I 神經
K 動脈
L 靜脈

II. 陰蒂背面圖

A 陰蒂
B 內陰唇背面
C 陰蒂體部的肌肉
D 同樣的肌肉纖維形成的空腔
E 括約肌纖維與陰蒂之有神經
　的組織相連結

III. 及 IV. 顯示陰蒂不同的切面

a 陰蒂
b 陰蒂頭與內陰唇
c 陰蒂內為膈膜分隔的海綿狀
　組織
d 沒有膈膜分隔的陰蒂腳海綿
　狀組織

圖4.1 女性的陰蒂：三百年前的人就曉得陰蒂分成三部分的構造──陰蒂頭、陰蒂體部和陰蒂腳（德格拉夫，一六七二年）。

筆者很訝異，有些解剖學家再也不提這個部分，好像這個部分在自然界裡不存在。筆者在每一具解剖過的女屍身上都發現這個部分很容易就看得到、摸得著。有些女人的這個部分比其他女人還大……掩蓋陰蒂的是與陰戶的陰唇一樣的膜……陰蒂其他部分隱藏在陰阜多脂肪的部位裡，法洛皮歐說這就是連解剖學家也沒注意到陰蒂的原因。筆者不希望陰蒂逃過在下的注意，將仔細檢驗陰蒂的每一部分……敵人主張有兩條有神經的組織……各源自恥骨下部兩側端，以斜角向下延伸至恥骨底部相會而成第三條組織……陰蒂的分叉處是結合處的兩倍長。

　　德格拉夫討論了陰蒂的功能與構造，值得注意的是，他在這一章結尾提出「陰蒂的功能是……激起酥麻的性慾感覺」。他雀躍地談到陰蒂頭「感覺靈敏強烈」，說明「陰蒂有『愛的甜蜜』、『維納斯的牛虻』之稱，不是沒有道理的」。他主張這個有勃起組織的器官在生殖上的功能是：「如果陰蒂沒有對歡愉與激情如此靈敏的感覺，就沒有女人願意忍受懷胎九月的麻煩、分娩的痛楚與喪命之虞，以及養育孩子的辛勞重擔。」

　　看來，十七世紀的人對陰蒂已經有深入的了解。在此之前，前人已經寫作討論陰蒂的存在、與性歡愉的關係，以及內部三部分的構造達幾世紀之久；然而，十七世紀後的三百年，這三方面的陰蒂知識不但沒有成為常識，反而全被拋諸腦後、忽略不理。當我於一九六八年出世時，解剖學書籍若非一概不提陰蒂，就是將它描述為一小團組織，陰蒂體部和陰蒂腳都不見了，這跟德格拉夫提供的詳細描述真是差了十萬八千里。為什麼一個科學知識發達的世紀會有這樣的錯誤資訊？為什麼我們看不到完整如實的觀點？

我們無法確定這麼多陰蒂資訊在一六七二至一九九八年間沒了蹤影的原因，但是有一些蛛絲馬跡可循。在德格拉夫的時代，人們認為婚姻內的魚水之歡才合乎道德，而女性的情慾高潮是受孕必要的條件（後文將有所討論）。在這種觀點下，宗教當局認為只要以「繁衍後代的交合」為前提，女性的性歡愉和性高潮就符合體統；由於陰蒂是引發女性性高潮與生兒女的關鍵，研究與傳播相關資訊就受到允許。但是到了十八世紀，研究者發現女性性高潮對受孕並非必要，對陰蒂的看法也就慢慢變了。到了十九世紀末，西方醫學界對陰蒂已經完全改觀，新的共識是女性性歡愉與性高潮對繁衍後代沒有任何作用。

　　科學對女性性高潮的觀點改變，意謂著陰蒂失去生殖作用上的價值。沒有了生殖功能，基督教會就能大加撻伐陰蒂和女性性歡愉；畢竟，性是為了繁衍後代，不是為了淫樂。對陰蒂的觀點大改變也帶來其他影響，有些影響層面之大至今可見。許多男性醫師仗著所謂的科學理論與宗教意識型態撐腰，甚至主張女人本來就缺乏熱情，無法感受情慾、性歡愉和性高潮，反其道而行的女人則是不正常。

　　其他影響則較為具體。在解剖學教科書上，陰蒂不是很小，就是根本不存在。有人認為這是源於錯置的社會道德標準，假如科學研究的是當局認為正當的主題，就會得到支持（現在還是這種情況）。十八、十九世紀之際，涉及生殖的性器解剖學研究算是通過這種「正當」標準，跟繁衍後代無關的性器研究則不是恰當的主題。如果陰蒂對生孩子沒有貢獻，產科學或生殖作用的教科書何必談陰蒂？一部重要的產科學著作（1794）就直言，不會為陰蒂或其他與助產術無關的女性外生殖器浪費篇幅。由於陰蒂被定義為「非

生殖器官」，醫學圖片與文獻不見陰蒂就理所當然，陰蒂因此就慢慢從一般人的常識及醫學知識消失，以至於我在孩童和青少年時期得不到正確的陰蒂資訊。可悲的是，即使在現在所謂的開明西方世界，要找到正確描述陰蒂的圖片或文字還是很困難。

珍視或敵視

駭人聽聞的是，十九世紀讓陰蒂變「小」的不只是西方的解剖學教科書，非生殖──亦即非必要之性器官的新定位──讓女陰這個部分人盡可污，成了女性淫罪的代罪羔羊。說來諷刺，正當科學在諸多領域有長足進展時，陰蒂卻從女性性歡愉的中心淪為禍害，必須以科學之名剷除。十九世紀下半葉有十年的時間，以撒克·布朗在他的診所「貴婦淑女外科疾病手術院」施行陰蒂割除術。科學根據割除陰蒂能治療女性自慰引起的尿失禁、子宮出血、歇斯底里、狂躁症的「理論」，支持陰蒂割除術。以手術技術高超聞名的以撒克·布朗，還在一八六五年獲選為倫敦醫學學會會長，隔年他出版了一本倡導陰蒂割除術的書籍《女性精神失常、癲癇與歇斯底里的治療方式》。基督宗教刊物《教會報》為此書所寫的書評主張，應該建議這種手術給「有需要」的教友。

倫敦卻爾西醫院在一八七九年的記錄顯示，陰蒂與陰唇的割除術施用頻繁，連一名二十一歲單身女子只是因經期不正常，也被施行這種手術治療。這份記錄也載有醫生為一名十九歲女孩施行陰蒂割除術，似乎沒有特殊理由，只因為她未婚，割除陰蒂被當成防止女人自慰的方法。美國的玉米片大亨家樂氏也有一道偏方，如果女孩子無法戒除自慰的習慣，他建議「將純石炭酸倒在陰蒂上」。實

在難以想像，怎麼有人會認為這麼殘酷有害的做法有益健康、對人有好處，其他西方國家對陰蒂和女性性歡愉也抱持這種態度。反對自慰的瑞士醫師提索特宣稱，女性自慰是造成陰蒂疥癬和其他女性「問題」的原因，他認為憂鬱症、歇斯底里、無藥可救的黃疸病、性慾異常亢進症等等婦疾「剝奪了女性的端莊與理性，讓她們成了淫蕩的禽獸」。

也許不讓人意外，十九世紀切除女性性器組織以矯正「婦疾」（事實上是女性情慾的表現）的方法，被割除的不只是陰蒂和陰唇，卵巢也淪落手術刀下。光是一八五五年，英國就施行了兩百多次卵巢切除手術，死亡率將近百分之五十。適用切除健康卵巢的情況包括「自慰、好色、壞脾氣、乖僻，以及胃口有如莊稼漢」，美國、法國、德國也都採行卵巢切除術。值得注意的是，切除女性性器如此盛行，一八八六年一位醫生在一本英國雜誌上寫道：「不用多久，有完整性器官的女性就會非常罕見。」讀者會在後文看到，今日的西方世界還在施行不必要的女性性器手術。

女性性器切除

到底該珍視或敵視女性性器，常常是個大問題──至少在陰蒂的情況是如此──數千年來有許多社會常常選擇割除。令人擔憂的是，這種野蠻殘酷的行徑仍然存在。據估計，全世界有一億至一億三千兩百萬的女孩和女人，因文化習俗而進行過女性性器切除，每年還有兩百萬名女童面臨這種威脅。「女性性器切除」是國際性的棘手問題，這種手術可能切除部分陰蒂、部分內陰唇，或縫合外陰唇。非洲、中東和亞洲有二十七個國家普遍實行女性性器切除，歐

洲、北美、澳洲與紐西蘭也有逐漸增多的趨勢。

實行女性性器切除的社會有許多反對的男女人士，支持的男女也不在少數。支持者最主要的理由是，女性性器切除是其文化傳統的一部分，因此依據他們荒謬的推論，不應該廢止。有人則指出，廢止性器切除對女性無益，因為不曾受過性器切除的女性將不見容於她們的社會；女性不是必須被損毀性器，就是被社會摒棄，根本就沒有選擇餘地。女性性器切除不但歷史久遠（有些資料可追溯到史前時代，一份西元前一六三年的希臘莎草紙文獻談到，埃及孟斐斯城的女孩施行性器切除），反對廢止者持有的理由又不一而足，這意謂著要廢除女性性器切除沒有那麼簡單。

十九世紀的英美醫生以無根據的可疑醫學理論為名，施行女性性器切除，其他社會則以不同的立論支持這種習俗。有些非洲人相信，和沒有切除陰蒂的女人交合，男人陰莖會被陰蒂刺破，有點像「有齒女陰」的故事（第五章會談到）。有個印度神話說，一個年輕男子想引誘一位忠誠的妻子，卻赫然發現這個女人的女陰上有一把鋸子，二話不說就把他的命根子鋸了。

陰蒂能刺破、戳穿、毀壞男人陰莖及保護女人和女陰的說法，也可能深植於布萊兒・蘿絲[2]——即有名的睡美人——的故事。這位公主睡在荊棘籬笆裡，眾多追求者紛紛遭戳刺而亡；然而，正確的人出現時，荊棘便自動化為美麗的紅玫瑰、粉紅玫瑰，籬笆也為王子開路，方便他親吻公主，讓公主醒來。玫瑰自然是歐洲常見的女性性器象徵。

其他贊同女性性器切除的理由較為帶有哲學意味。西非馬利的

---

2 Briar Rose，譯註：故事中公主的名字，字面意思是「多刺玫瑰」。

多貢人相信，男女生來都有兩個靈魂：一個是女性靈魂，一個是男性靈魂。女人的男性靈魂位於陰蒂，男人的女性靈魂位於陰莖包皮。人類有兩個靈魂或陰陽靈魂的概念出現在許多神話與哲學中，榮格女性傾向與男性傾向的理論大概是最晚近的例子。榮格認為，女性與男性傾向的整合對個人身心靈的福祉非常重要；多貢人則認為，雙重本性或靈魂以後會帶來危險，因為雙重傾向的成人難以存活。多貢人覺得事情簡單點較好，女人應該為純女性，男人應該為純男性。他們的解決之道就是去除另一個靈魂——女人割陰蒂，男人割包皮。

陰蒂也在多貢人的創世神話扮演重要的角色。據說，大神阿瑪與雌性大地交合後，世上才有了萬物。故事中，大地的女陰是個蟻冢，陰蒂是個白蟻丘。阿瑪想和大地相好，白蟻丘（陰蒂）卻增高壞了他的好事。他一氣之下就砍斷白蟻丘，才順利與大地雲雨一番。無奈這個有瑕疵的首次交合產下了不老實的壞豺狼，牠是眾神與人類所有麻煩的象徵。這個故事似乎帶有性意涵的警告，暗示可能是陰蒂或女性同意交歡是生育良好後代的關鍵。為何是這個道理？重視陰蒂是確保有性生殖成功的關鍵因素嗎？

女陰的守護天使？

陰蒂是女陰守護者，以及需索無度的女人遭懲罰，是許多神話傳說的主題；在這些故事中，陰蒂經常具有自己的生命。特洛布里安群島的住民有個〈白鳳頭鸚鵡與陰蒂〉的故事，有個名叫卡洛瓦塔的女人去花園時，讓陰蒂留下來照顧土灶；她一走開，白鳳頭鸚鵡就飛來攻擊陰蒂，翻倒陰蒂，吃掉灶裡的東西。第二天，卡洛瓦

塔出門抓豬和拾甘薯時，又把陰蒂取下來，讓陰蒂照料土灶，白鳳頭鸚鵡一樣襲擊陰蒂，吃光灶裡的食物。第三天，同樣的事情又發生，卡洛瓦塔和她的陰蒂因為沒有東西吃就餓死了。這個故事的一種詮釋是土灶代表女人的子宮，裡面的東西代表兒女；從這個角度來看，〈白鳳頭鸚鵡與陰蒂〉似乎是告誡女人疏於照顧性需求（與性器分離）的後果就是空空的灶，喪失生育力，最後就會餓死。

　　食物和女性性器也是特洛布里安群島另一個故事〈迪格薇娜的故事〉的要角。迪格薇娜有個大性器，可以儲藏很多食物，她的名字狄格薇娜（Digawina）就反映出她的特殊能力：diga意指裝滿、塞進，wina是意指女陰的字wila的古字。狄格薇娜老是將整串香蕉、成堆的甘蔗、椰子和甘薯塞入自己體內，惹得鄰人不快。他們覺得村裡分配食物時，太多食物都跑入狄格薇娜的女陰了。因此，負責分配食物的人將一隻大青蟳藏在食物堆裡，這隻螃蟹切斷狄格薇娜的陰蒂，讓她喪了命。這個故事暗示什麼呢？一種說法是警告女人，若是慾求過盛，讓男人受到威脅，就會遭到權威的處罰，而故事中的懲罰就是切掉陰蒂。

　　控制女性性慾，控制女人，最終要控制後代的父系血統，無疑是女性性器切除的部分根本原因。女性性器切除支持者急於否認切除陰蒂是為了控制女人的性慾，但是這層關聯卻可以從幾個地方看出來。許多穆斯林女人都切除了陰蒂，但是穆斯林承認甚至教導陰蒂是女性情慾的源頭。人類學研究也指出，女性性器切除是為了控制女性的性慾。許多非洲民族認為，陰蒂是讓女人在婚前享受性歡愉、同時仍保有處女之身的器官，由此得到的推論就是：青春期的女孩必須切除陰蒂，讓性慾集中在陰道，因為若不這麼做，就沒有女人會想要結婚。人類學家發現，居住在亞馬遜河上游的希瓦羅人

切除陰蒂，是為了減弱女人強烈的性慾，好讓她們的丈夫得到休息。古羅馬人在女奴的外陰唇上環，也是為了控制女性性慾與父系血統。切除女性部分外生殖器，在丈夫遠行時縫合，等丈夫回來時再拆線；現在看來，這除了是男人控制孕育新生命的女性的野蠻殘酷做法，實在想不出還會有什麼目的。

許多男性宰制的社會普遍恐懼，如果沒有控制（例如婚姻）或敵視（例如切除女性性器），女人的女陰就會偷腥，生下別人的小孩，由四處可見限制女性性自主與人權的法律就能看出這一點。狄格薇娜之類的神話似乎是給女人的警示寓言，告誡女人不好好管理性慾的下場。男人害怕控制不了女陰，也是巴西梅因納庫人一個有關性器神話的背景。〈漫遊女陰〉這個故事用來提醒梅因納庫女人以往發生的事，也告誡女人讓女陰漫遊的下場。這個故事也跟女陰找食物有關：

　　很久很久以前，女人的女陰都喜歡四處漫遊，現在女人的女陰則都待在一個地方。從前有個叫杜克薇的女人，她的女陰尤其傻。杜克薇睡覺時，她的女陰會在地板上四處爬，又飢又渴地找著木薯粥和燉魚。女陰像蛇般在地上爬行，找到了煮粥的鍋子，掀開蓋子。有個男人醒了過來，豎耳傾聽，他說：「啊，是隻老鼠罷了。」轉身又睡著了。女陰窸窸窣窣喝著粥，驚醒了另一個男人，他從火堆裡拿了一支火把，察看到底是什麼東西。他說：「這是什麼？」他看到一個像大青蛙的東西，有鼻子還有張大嘴。他走上前，用火把燙焦了女陰。哎呀，女陰急忙跑回主人那兒，鑽入主人的身體。女陰因為被燙焦了，哭呀哭個不停。後來，杜克薇召集所有的女人，對她們

訓話：「妳們女人啊，不要讓女陰到處走，否則就會像我的女陰一樣被燙焦。」所以，現在女人的女陰就不再到處漫遊了。

珍視女性性器

敵視女性性器的情況雖然較為普遍，但是有些社會還蠻重視女陰的，這類例子大多出現在史前時代、古希臘與土耳其文明（後文將有所討論）。過去一百五十年的人類學也顯示，有些社會非常重視女性性器，尤其是外生殖器，女人女孩都以自己的性器為傲。位於南太平洋玻里尼西亞的復活節島以巨石像聞名，當地人也習於將女性外生殖器刻在石頭上。在這裡，女性的陰蒂從小就備受注意，刻意扭捏拉長，但是根據研究指出，這並不是為了模仿陰莖。

鳥童儀式是當地的陰蒂大典，一九一九年還曾舉辦過。鳥童儀式在奧隆哥的懸崖頂舉行，這裡至今仍有描繪陰戶和陰蒂的石雕。在儀式中，女孩會圍繞著這些石雕，向五位祭司展露她們增長的陰蒂。陰蒂最長的女孩享有陰蒂被刻畫在石頭上的榮耀，也有權選擇最好的男人當伴侶。其他玻里尼西亞社會也從小就注重性器美觀與性歡愉，比方說，馬克薩斯人也有女性外生殖器選美儀式。這些儀式都在大石頭或圓石旁舉行，因此這些巨石有「俏女孩石」、「跳舞女孩石」等名稱。

在玻里尼西亞其他地方，人類學家於二十世紀上半葉的研究發現，芒蓋亞文化看待女性性器的態度非常正面，他們不僅尊敬女陰，也欣賞女陰。這種正面態度也反映在當地語言上，芒蓋亞人用來指稱陰蒂的字有kaka'i、nini'i、tore、teo等，指稱女陰的字也有好幾個：kawawa、mete、kopapa和'ika。芒蓋亞語還有形容女

性性器特徵的詞彙，英語則完全沒有這類用詞。他們用keo、keokeo形容陰蒂不同的形狀，描述急遽或圓鈍的曲線，還有伸出的、突出的、豎立的等形容詞。我覺得，能夠暢談陰蒂的角度和曲線，了解並享受自己兩腿間之物，真是棒極了。

芒蓋亞人對女性性器的著迷不只在語言上，這並不讓人意外。芒蓋亞的成年男女會教導少男少女性事和性器，以及如何讓性伴侶享受魚水之歡。性教育的內容涵蓋同時達到高潮的方法、男性如何讓女性先達到高潮、如何延緩射精等等。在芒蓋亞男子氣概的定義中，有一項是自己高潮前必須讓女伴達到高潮三次；若是辦不到，就只能用「懶」字形容，也就是糟蹋陰莖、荒廢陰莖。也許就是有了如此的性教育調教，人家才會說芒蓋亞男人對「維納斯之丘」的大小、形狀與軟硬，就跟西方男人對乳房一樣迷戀；「山」愈高，愈教人崇敬。

有個性的女陰

其他社會也會欣賞女性性器之美，而且方式還多得很。玻利維亞東部西瑞歐諾族認為，女人有魅力的地方就是性器，而他們也特別喜歡突出肥厚的女性外生殖器。楚克島是太平洋一個環狀珊瑚島，這裡的人覺得女陰才是性的象徵，而不是陰莖。楚克人說女陰「裝滿東西」，這些東西就是陰蒂、內陰唇和尿道口。如我們前面所見，特洛布里安群島的民間傳說常以陰蒂為題，而陰蒂也出現在他們的翻線遊戲中——用手指纏繞線繩製造複雜花樣的遊戲。「巴烏的陰蒂」這個遊戲用兩個大圈代表兩個陰戶，兩個以直角突出的小圈代表陰蒂。玩這個遊戲要一邊唱著陰蒂歌，一邊熟練地繞著指

頭，讓兩個「陰蒂」隨著歌兒跳躍舞蹈。有些遊戲還有外遇的主題，可描繪脹大的睪丸與男女的性器交合。

巴西的梅因納庫人從神話中了解陰蒂的重要性，女陰的神話談到陰蒂「是讓人享受性的東西」，以及陰蒂如何「讓女人享受男人的陰莖」。梅因納庫人的性器神話也顯露出其他迷戀女性外生殖器的方式，這些故事解釋了梅因納庫男人在儀式上佩戴的頭飾、羽毛和耳環，其實代表女性性器。他們的神話述及，世上第一副耳環是由太陽妻子的陰毛製成，第一個頭飾則是來自另一個人物的陰唇。正式裝扮完畢的梅因納庫男人活脫是個女性生殖器。

而在夏威夷，當地的歌曲、舞蹈、神話透露出他們的女陰崇拜。夏威夷人有整套的「性器誦唱」，每當皇室有新成員誕生時，他們就會寫下描述、頌揚新生兒性器之美與未來效用的歌曲以茲慶祝。莉留卡拉妮女王的性器被形容為「活潑、歡樂、精力充沛」。讚美得真好！活潑、歡樂、精力充沛，這真是再完美也不過的陰蒂了。夏威夷人對小嬰兒的性器百般照顧，又是扭拉女孩的陰蒂，又是揉搓男孩的陰莖，只為了讓性器更美，讓孩子以後更能享受性愛之樂。因此，夏威夷的語言具有描述交合之歡的豐富詞彙，大概就不讓人意外了。

有長有短

我們已經看到歷史上陰蒂或受珍視或遭敵視的例子，世人對女人陰唇持兩極態度大概也不令人訝異。玻里尼西亞的馬克薩斯人、復活節島民、中非烏魯阿族等社會認為，長而垂盪的陰唇煞是好看。非洲南部的科伊科伊人與科伊桑人則覺得，內陰唇垂在外陰唇

外的女人很美很有魅力，男人認為這樣的女人會是好情人。他們一定很喜歡長陰唇，因為內陰唇必須刻意按摩，才會長過外陰唇。這些社會的女性自小就不斷輕揉地拉拔、扭搓內陰唇，好讓內陰唇變長；她們還會用小棒子捲拉陰唇，輔助助之功。楚克人重視陰唇的方式則表現在女人裝飾內陰唇的傳統，她們會在陰唇上穿孔，掛上懸盪的珠寶和鈴鐺。

然而，自十七世紀後，這種對待內陰唇的態度勾起了西方世界的好奇心，尤以科學家為甚，他們對非洲南部科伊科伊人和科伊桑人等採集狩獵社會的女人甚感好奇，這些女人特別長的內陰唇讓西方男人著迷、困惑又恐懼。然而，如同前面所見，當時的科學家以固有的性別歧視眼光，將女人當成有缺陷的男人；他們研究女性性器是為了彰顯男女大不同，藉此重申女人天生就差一等的理論。因此，有些十七世紀學者主張陰唇太長是畸形，有些則認為這些女人是陰陽人。

當時的科學家也有種族歧視，他們認為那些女性的長內陰唇是低等民族的明證。十八世紀備受讚譽的基進自由意志論思想家伏爾泰認為，有長內陰唇的女人實在太奇怪了，一定是不同的人種。有人甚至覺得，這些女人是猿類與人類的演化連結。另一個有種族歧視的盛行看法則主張，非洲氣候極端，花兒長得又大又肥厚，女性性器自然也是這番模樣；他們根本沒考慮過，這些女人可能是為了讓陰唇大而美而刻意按摩。西方社會自己認為女性性器是可恥之物，就完全無法想像其他文化會欣賞並重視女陰。

因此，西方男人為長內陰唇取各種有貶損之意的名字，也就不足為奇了。剛開始是直接明白的「皮蓋」，接著是衛道的拉丁文 sinus pudoris，可譯為帶有道德意涵的「遮羞布」、「恥辱之罩」、

「端莊之簾」，最後則稱為「圍裙」。在法文裡是 tablier，在德文裡是 Schürze。非洲女人的性器也成了十九世紀末、二十世紀初相機鏡頭的最愛，南非等地博物館還藏有大量女性性器的石膏像。即使到了二十世紀後，陰唇長度仍是醫學研究的主題。一九二六年十一月號的《南非醫學期刊》，報導一項對非洲西南桑方坦地區的女人研究，這樣的敘述讓人覺得心裡不舒服：「請這些部族女性掀開遮羞布或圍裙時，剛開始看不出她們跟平常女人有什麼不同……用鑷子就能很容易分開陰戶的陰唇，夾住內陰唇來檢視。這些女人對這樣的暴露明顯感到害羞。」

莎塔婕的故事

　　兩個文化因不同女陰觀的觀念衝突，以及西方自以為文化優越的情形，今日以「哈騰托維納斯」（她的本名不詳）聞名的非洲女人莎塔婕的故事是個典型例子。莎塔婕的族人（可能是非洲南部的科伊科伊人）認為長內陰唇很美，西方社會卻認為長內陰唇不正常，代表劣等的性別和種族。莎塔婕大概生於一七九○年，一八一○年到歐洲，在倫敦、巴黎兩地居住，以表演怪人秀為生。一八一五年，才二十出頭的莎塔婕於巴黎逝世，對莎塔婕性器極感興趣的法國解剖學家居維葉解剖了她的遺體，以十六頁長的報告描述解剖所見，性器部分就占了絕大部分。他描述莎塔婕約十公分長的內陰唇「像是兩片有皺紋的肉瓣」，打開時看似「心形」，中間就是陰道開口。居維葉花了九頁的篇幅細述莎塔婕的性器，顯然相當著迷於這個主題，而他只用一段文字描述就打發了莎塔婕的腦部。
　　莎塔婕解剖報告的其餘部分讓人讀了心裡不舒服。居維葉給了

莎塔婕一個有貶視之意的暱稱：「哈騰托維納斯」（Hottentot Venus）。這個名稱也用在其他非洲女人身上。哈騰托（Hottentot）源自於意指「口吃者」的荷蘭文，非洲某個民族說的是吸氣音頻繁的古老語言，荷蘭殖民者聽了就稱之為哈騰托人。「維納斯」之稱則是出於種族與性別歧視，以為氣候炎熱地區的女人性慾較歐洲女人更強（暗指獸性較強），也有人認為性慾強烈是受了主宰情慾的金星（Venus）影響。莎塔婕的性器至今仍是世人爭論的焦點，而她也成為十九、二十世紀帶有種族和性別歧視色彩的科學象徵。她的陰唇保存在鐘形玻璃瓶裡，在巴黎的人類博物館一直供人參觀到一九八五年。一九九五年，南非要求法國將莎塔婕的遺體送歸故土，人類博物館先是推託找不到，到了二○○二年才說找到了，莎塔婕才終於得以返回故鄉。

這是西方世界看待陰唇史的一個可悲註腳。我們可以從本書的圖片看到，女人內陰唇的樣式、大小、色彩五花八門，也不對稱。沒有受到刺激時，內陰唇大都藏在外陰唇（labia majora，字面意思是「大唇」，但是陰唇跟嘴唇看起來一點都不像）肥厚的肉墊中。內陰唇的長度因人而異，有些人的內陰唇較長或長過外陰唇，沒有一定的標準；然而，不少西方女性卻要動手術把陰唇的形狀大小修成她們認為「正常」的樣子，這大概不脫男性製造的色情刊物上整齊劃一、修整過的陰唇模樣。有些西方女人似乎很難以自己獨一無二的女陰為傲。

處女膜情結

女性外生殖器還有一個地方備受矚目，但是有些關注我們寧可

不要，那就是處女膜——陰道開口內的一層薄膜。陰蒂、陰唇一再遭到誤解，處女膜也是如此。處女膜是否存在，是千百年來各家爭論不休的問題，史上無數的醫師、解剖學家都就此發表過自己的看法。很多人認為處女膜只是虛構之物，有些人則認為處女膜是女性特質的一項代表物。我一直對這片從未親眼見過的薄膜感到好奇。我相信別人所說的，自己曾有過處女膜，現在則沒有了；而我的處女膜破裂時，我也沒有親眼目睹。

很多人沒見過處女膜，蓋倫在其相當詳盡的女性性器解剖描述中就沒提到處女膜，他用 hymen（現在指「處女膜」的字）指稱包覆所有內臟的膜。第一份提到處女膜的希臘醫學文獻，駁斥處女膜在初次性交時破裂的說法，二世紀的索蘭納斯在深具影響力的《婦科學》中寫道：

> 人們說陰道內有一片構成性交障礙的薄膜，在疼痛的初次性交或經血傾洩時會破裂。這片薄膜若是一直存留、變厚，會造成卵巢萎縮的疾病——這些概念都是錯的。

儘管證據薄弱，千百年來，世人卻賦予處女膜這麼多社會、道德甚至法律意涵，人類身上沒有一處比得上，處女膜成了處女身分——不曾性交過——的代表。追究到底，新娘必須是處女的保證，為的就是男人要確定妻子將來生的不是別人的孩子，女性的處女身分因此有了道德意涵，成了世人重視並盲目崇拜的寶貴東西。人們誤以為處女膜是處女身分的實物保證，因而讓處女膜化身為女性美德的記號與象徵，陰道出血就此被視為女性初次性交的必要部分。在許多文化中，新婚夫婦圓房後的床單若不見血，新娘就有麻煩了

175

——在聖經時代可會遭亂石打死。十六世紀的人，還拿處女膜當成判定女性是處女或生過孩子的醫學與法律標準。

hymen這個字的來源反映了後來的道德與身體意涵。這個字來自於希臘婚姻之神海曼（Hymen），海曼死於新婚之夜，據說他住在這片陰道薄膜上，因此是新婚之夜的頭號受害者。處女膜還有「貞操帷幕」、「處女之身」、「貞潔守護者」等等帶有道德意味的綽號，其象徵甚至出現在植物上，形容花苞開花前包覆於外的細緻薄膜。

人們崇敬處女身分，重視這片薄膜，怪異的信仰與性交習性也因應而生。基督宗教就有以處女身分為重的兩大信條：聖母馬利亞以處女之身懷耶穌，生下耶穌後仍是完璧之身。一些未受教會認可的福音書對這種雙重處女膜奇蹟多所著墨，談到多疑的莎樂美打算用手指檢驗馬利亞的童女之證；但是當她把手指伸入馬利亞的陰道時，突然痛得大叫，連忙縮回手指。神的介入讓莎樂美相信馬利亞的處女膜還在——奇蹟的確發生了。說到荒謬的性交習性，十六世紀就有和處女上床可治癒梅毒之說，據說現在南非有百分之三十六的人相信與處女性交能治療愛滋病，有人因此強暴女孩，甚至女嬰。

處女膜的地位

人類確實有處女膜，處女膜並非虛構想像之物，然而處女膜是否存在及其外觀則因人而異；有些女人沒有處女膜，有些人的這片薄膜皺褶或橫於陰道一側，或橫遮陰道。根本沒有所謂「完整的處女膜」這回事，因為每個女人的處女膜都不盡相同。更重要的是，處女膜絕非處女之身的可靠識別物；即使有這層薄薄的黏膜皺褶，處女膜的構造與外觀也易於發生變化，女孩盡情舞蹈、跳躍、伸展

身體，就足以讓處女膜改觀。

　　十六世紀巴黎解剖學家帕雷的著述顯示，他曉得處女膜易於撕裂且充滿變異：「一般人（甚至一些博學之士）以為處女就一定有處女膜這扇陰道之門。他們都錯了，天生有處女膜的女人其實不多。」十九世紀初的法國醫生薩赫特則對處女膜有不同的看法，他在《女人的自然史》中警告有「女同性戀癖好」的女孩，激烈摩擦陰部會毀壞處女膜。

　　處女膜難以捉摸，社會與宗教規範又嚴厲要求，因此造就了處女膜重建術的市場。各個時代採用的方式不一而足。根據十六世紀的記載，有人用魚的膽囊矇騙新郎，有人用藥草讓陰道乾燥緊縮。中世紀的婦科醫藥書《特卓拉》[3]，列了五種讓女人陰道回復處女緊緻狀態的陰道「縮窄」藥方，藥材包括蛋白、胡薄荷加水或聖櫟樹的新樹皮。令人驚駭的是，一帖「恢復處女身」的藥方是用水蛭。《特卓拉》指出：「此法最好在新婚前夜進行：把水蛭放在陰道裡（可別讓水蛭跑遠了），陰道會流血、結小血塊，男人見了血就信以為真。」有人建議在水蛭上綁繩子，才不會有水蛭消失的意外。

　　醫生常面臨是否該為女人修補處女膜的道德衝突，十六世紀的西班牙醫生梵特查，就在他的醫學教科書上討論了這個問題。他建議，如果醫生確知求診的女性真心想結婚，不想讓新郎以為自己非處女之身，讓自己和家人蒙羞，醫生就可以幫忙；如果不是處女想裝成處女，醫生就不該幫忙。

　　到了二十一世紀的現在，有些人還是認為這個黏膜薄片是處女

---

3 譯註：十一世紀義大利女名醫，此書過去被視為是她的作品，新的研究指出作者其實另有其人，且不只一人。

身分的適切表徵，極力要重獲失去的處女膜。日本對處女膜的需求顯然相當大，因而現在盛行「處女膜再生術」，估計每年接受這種整形手術者有數萬人。這類顧客不只是日本人，還不乏富裕中東國家的女人；在這個地區，處女膜可能攸關生死。

現在，處女膜還有兩個問題亟待解答：處女膜是否存在於其他物種，以及其生物性功能為何。許多文獻宣稱，處女膜只存在於人類女性，事實並非如此，其他物種不但有處女膜，而且一樣充滿變異。駱馬、天竺鼠、大象、大鼠、齒鯨、海豹、儒艮等哺乳動物，以及嬰猴、白頸狐猴等靈長類動物，都有處女膜，或稱陰道閉合黏膜、陰道阻塞物。那麼，處女膜有什麼功能呢？十八世紀，世人給予處女膜道德角色。二十一世紀的今日，有研究者主張陰道裡的這層薄膜有生殖上的功用。有些哺乳動物的處女膜與荷爾蒙週期有關，母天竺鼠發情時，這片膜會分解，發情期結束後會重新長出，在其餘的十四至十六天生理週期中呈閉合狀態。白頸狐猴的陰道在整年的大部分時間都由這層薄膜擋著，只在短暫的交配期打開。

還有人主張處女膜可能有保護或隔離的功用，水生哺乳動物是這個理論最好的例子，牠們的處女膜通常比陸生哺乳動物完整。有人認為，大象和人類等在過去演化過程中曾是海生動物的哺乳動物也適用這個理論；根據這個理論，處女膜是這些哺乳動物為了適應長時間的水中生活演化而來，防止砂粒等水中物質和水進入陰道。從這個角度看來，處女膜是動物為了適應水中生活而產生的生理改變，海豹敏感的乳頭（可收入體內由皮片遮蓋）就是類似的例子。

陰蒂不是陰莖殘跡

讓我們回頭看陰蒂，談陰蒂一向都是愉快的事。陰蒂現在仍然充滿爭論，因為科學家還不清楚陰蒂的功能。他們提出各種理論，想找出這個珍貴Y形組織在演化史上的定位。這些都只是臆測，都無法讓人滿意。有個理論主張，陰蒂是男女胚胎同源性器官的殘餘物，因為男生需要陰莖，女生就落了個陰莖殘跡，這就是「陰蒂是殘餘陰莖」的理論。這些理論家常拿陰蒂與男人的乳頭並論：男人有乳頭，是因為人體本來就預設有乳頭，所以男女都有乳頭，不論有沒有用。他們認為陰蒂沒有專門的用途，而是製造陰莖時產生的副產品，女人走運得到了個好東西。

第二種理論主張，很久很久以前，陰蒂曾有威風八面的黃金時代，不但構造大，功能也較為重要。可惜的是，不知道是什麼緣故，陰蒂的地位大幅下滑，不僅縮了水，而且對於有性生殖的貢獻也變小了，已經很久都不活躍了。現在女人身上的陰蒂只是昔日陰蒂的一小部分，這就是「陰蒂是退化的陰蒂」理論。這個理論的銘言是「不用則廢」。

這兩個理論我都不同意。第一個原因，拿陰蒂跟陰莖相比根本就錯了。人類的陰蒂與陰莖並非同源器官，我們後面會說個明白。認為陰蒂是陰莖殘跡並不對，陰蒂並不是畸形無用的陰莖，也絕不是生物學的精神鼓勵獎。第二個原因，這兩個理論都以過時的陰蒂構造知識為依據，如同前述，這些舊時對陰蒂大小和功能的見解錯得離譜，也誤導人。這兩個理論未曾考慮過其他物種的陰蒂，也沒有想過，了解其他動物的陰蒂也許有助於了解女人陰蒂的功能。

有陰蒂、享受陰蒂之樂的不僅是女人，有個別差異、可勃起的陰蒂是所有雌性哺乳動物基本的生殖器配備，鱷、龜等爬蟲類動物與鴕鳥、鴯鶓、食火雞等無飛行能力的鳥也有陰蒂。象類的陰蒂非

常發達，長達四十公分，勃起時還更長。可是，以往有些研究者誇大了動物的陰蒂長度。一七九一年，日耳曼體質人類學之父布魯門巴赫宣稱，他目睹一隻擱淺的鬚鯨有大約十六公尺長的陰蒂。這顯然是天方夜譚，一頭成年鬚鯨全長也不過十二至十五公尺。動物陰蒂的外貌也各有不同。母豬的陰蒂頭又長又尖，有袋動物的陰蒂跟陰莖一樣尾端開叉。有些雄性動物的陰莖有陰莖骨，有些雌性動物的陰蒂也有陰蒂骨。浣熊、海象、海豹、熊、某些齧齒動物、肉食動物與原猴就有陰蒂骨，母海象的陰蒂骨長達二點五四公分以上。

人類等靈長類動物的陰蒂沒有一定大小。白臉猴、彩面狒狒的陰蒂相當小，看似藏在腫脹陰唇及會陰部的皮膚裡。蜘蛛猴、毛蜘蛛猴及兩種絨毛猴的陰蒂則相當大。在靈長類中，陰蒂最長的就屬母蜘蛛猴。蜘蛛猴伸展於外的陰蒂長四點七公分，跟母斑點鬣狗的陰蒂一樣，常被誤以為是陰莖。蜘蛛猴大概就憑著這大陰蒂，讓馬雅人尊為性慾旺盛的象徵，在陶器上大加描繪。研究者認為，松鼠猴用勃起的陰蒂做為儀式性展示，以顯示地位或關係。靈長類動物的陰蒂構造也可能大異其趣，懶猴、狐猴、嬰猴等原猴長而下垂的陰蒂裡有尿道，斑點鬣狗、歐洲鼴鼠、鼯鼱的陰蒂也是如此。

猴類、猿類的陰蒂位於或靠近陰道下方，因此陰莖摩擦陰部或於陰道抽送時，可以得到直接規律的刺激。但是，越來越多的觀察指出，母靈長類與其他雌性動物會自行碰觸陰蒂取樂（見彩色圖片頁）。母黑猩猩不論地位高低，有時都愛用指頭搔性器，有的還會因此輕聲笑著。剛成年的母棕狒狒會用尾巴尖端撫觸會陰和陰蒂，金毛獅狨也會以捲尾觸摸性器。帽猴一邊觸摸性器，還會一邊前後推送臀部。日本獼猴則以食指來回摩擦陰蒂取樂。

有情趣用品的也不只是人類。研究者觀察到多種靈長類動物使

用物體刺激陰蒂，譬如黑猩猩使用芒果或木片，紅毛猩猩則使用樹葉和樹枝。有隻黑猩猩更有創意，把一片帶梗的葉子放在陰戶下，彈動葉梗讓葉片震動，就成了自助按摩器。不僅雌性靈長類會刺激性器，也有觀察者見過母豪豬以複雜的方式刺激陰蒂。牠們會跨站著，讓一根棍子位於四腿中間，以前爪握住棍子，然後四處走動讓棍子上下彈跳，刺激陰蒂。刺激性器取樂也是雌海豚常見的消遣活動，可以和同性玩，也可以和異性玩。

從雌性靈長類與異性及同性的互動看來，刺激陰蒂和外生殖器的行為顯然讓雌性樂陶陶。母白臉猴交配時，有時也同時自慰。在一項研究中，一隻年輕的母紅毛猩猩用性器磨蹭公紅毛猩猩，當著公紅毛猩猩面前自慰，挑逗雄性。母日本獼猴常跨騎在雄性身上，用性器磨蹭公獼猴的背；母獼猴發情時，也會對其他母獼猴做相同的事。同性相互刺激性器常見於雌性靈長類，巴諾布猿、日本獼猴、狒狒、侏儒鬚猴、恆河猴、粗短尾猴就是例子。雌性互相刺激性器的行為往往是一隻跨騎在另一隻背上，與雄性交配的姿勢一樣，然後以性器摩擦性伴侶的背部；黑猩猩、巴諾布猿等靈長類還會用手觸摸彼此的性器。

純粹是玩物嗎？

說到重視以陰蒂取樂的程度，沒有任何動物比得上巴諾布猿（又稱為矮黑猩猩）。巴諾布猿與黑猩猩都是人類的近親，但是巴諾布猿跟人類一樣有豐富的性生活。與同性異性的性行為似乎是巴諾布猿社會的黏合劑，能穩固友誼與交配關係，並彌補爭奪食物之後的不快；而性也能分散注意力，改善會面的氣氛。總之，巴諾布猿

用性和緩群體中的緊張關係。然而，巴諾布猿與人類相像的地方不只是性習性，相較於其他靈長類，牠們的智力、長腿（行走時伸得特別長）尤其像人；不過，與人類及其他靈長類不同的是，巴諾布猿的外生殖器較靠近身體正面（見彩色圖片頁），而不是靠近肛門。母巴諾布猿跟女人一樣，陰蒂也較靠近身體正面，牠們的陰蒂突出且可勃起，勃起時是沒有勃起時的兩倍大。有些母巴諾布猿還會把勃起的陰蒂插入同性腫脹的陰戶裡。

巴諾布猿同性間的性行為比異性更頻繁，還很喜歡變換姿勢與性伴侶。兩隻母巴諾布猿湊在一起玩樂時，會彼此左右摩擦陰蒂十五秒，這招就叫做「陰部相對摩擦」（見彩色圖片頁）。進行的方式可能是一隻躺著，一隻跨坐其上；或是一隻站著，另一隻面對面把雙腿纏在第一隻身上，讓第一隻抱著。兩隻巴諾布猿以同樣的速率同時左右摩擦彼此的陰部。有意思的是，陰部相對左右摩擦的速率是每秒二點二次，雄性對雌性抽送陰莖也是這個速率；雌性彼此摩擦陰部時，還經常全程兩相對望。

是陰蒂的位置讓母巴諾布猿這麼享受陰部相對摩擦嗎？似乎是如此，而巴諾布猿偏好面對面的交配方式似乎也支持這種看法。世人一直以為面對面的性行為（腹部對腹部姿勢，以人類而言，常稱為「傳教士式」）是人類獨有的行為，這個概念直到晚近才改觀。我們現在知道巴諾布猿、大猩猩、大長臂猿、紅毛猩猩與海豚、鯨類、鼠海豚等海生哺乳動物都採面對面的性行為，巴諾布猿面對面交配幾乎跟犬交式一樣普遍。

靈長類玩弄生殖器取樂的行為，顯現出許多物種的陰蒂都很敏感，都能帶來很大的快感。陰蒂為什麼是這個模樣？第三個陰蒂理論主張陰蒂純粹是玩物——就是要讓人享樂的。持這類理論者高讚

陰蒂在女體的角色之特殊，擁有的神經數量之多。批評者則指出，陰蒂距離兩性性交的部位太遠（從他們的眼光看來），怎麼可能是帶來快感之處。值得注意的是，反對這種理論的人對陰蒂構造的了解，根據的還是陰蒂是小鈕釦的概念，而不曉得陰蒂深入體內，跨坐整個性器區的Y形構造。陰蒂不但沒有遠離陰道，反而與所有性器緊密相連。

我完全同意陰蒂對性愉悅非常重要，但不同意陰蒂純粹是玩物的理論。原因有二：第一，陰蒂有其功能，數百萬年的演化不是沒有道理的。沒錯，陰蒂能引發強烈的快感，但提供歡愉是有生理原因的，愉悅並不是目的。第二，陰蒂不是只見於雌性動物，雄性也有陰蒂，雄性與雌性的陰蒂具有同樣的功能。

性器的形成

要了解陰蒂的真正功能，有必要往前追溯到幾週大胚胎的生活，這時男女性的差別只在DNA化學成分的不同。男女都有二十三對染色體，但是一個性別的染色體比另一個性別更重，因為這個性別有一個較大的染色體。差別就在人類的性染色體——X和Y染色體——有所不同。女人的性染色體是兩個大大的X染色體，男人的性染色體則是一個X，一個Y。Y染色體比X小得多，看起來像是發育不良，一個胳臂長，一個胳臂短。Y染色體的基因遠遠少於X，因此輕盈許多，辨別精子帶X或Y染色體的技術就善加利用這一點。

如果人類沒有Y染色體，所有人都會是女人，至少都會有卵巢，因為人體的預設性別是女性。卵巢及睪丸都源自同樣的生殖

脊，這是胚胎三週大時發展出的塊瘤狀組織，四十二天大的胚胎看起來都一模一樣。可是，胚胎接著會開始發展出性別差異。生殖脊根據收到的化學指示不同，可以發展成卵巢或睪丸，傳達這項訊息的是胚胎性染色體的基因。如果胚胎有個Y染色體，在第四十三至四十九天時，胚胎就會收到基因一連串的指示，要其將生殖脊發展為睪丸。近來的研究顯示，在胚胎四十五至五十五天大時，X染色體也會下達指示到生殖脊，命令其發展成卵巢與腎臟部分的組織。胚胎會長出卵巢或睪丸都是由染色體的基因決定，但並不是所有物種的性別都由染色體決定；比方說，引發爬蟲類生殖腺發展的就是溫度。

卵巢、睪丸只是人類長成全副生殖器的第一步，接下來的過程必須由子宮中胎兒接觸到的各種荷爾蒙濃度決定。這個荷爾蒙環境是由胎兒性腺及腎上腺與母體分泌的荷爾蒙構成，一種荷爾蒙組合會讓胎兒長出女性生殖器，另一種組合則會讓胎兒長出男性生殖器；性別的決定只在荷爾蒙組合的些微差異，新生兒生殖器不符合生殖器典型印象是常有的情形。男女的外生殖器都是由生殖結節發展而來，胚胎四週大時，在兩腿間的骨盆底部可見生殖結節。成年後，兩性的外生殖器可能看來差異甚大，其實並非如此，這只是同一團生殖組織有不同的組成與發展模式；決定這一團組織該如何形塑的，也是胚胎在子宮內接觸到的荷爾蒙組合。

女性外生殖器大概是從第六十三至七十七天開始發展的，男性外生殖器則是從第六十七至七十天左右開始。外生殖器大約在第八十四至九十八天（十二至十四週）完全成形。圖4.2顯示男女外生殖器成長的三個階段：先是都有生殖結節，十週大時則略有差異，最後是完全成形的兩性生殖器。即使只有十週大，胎兒接觸到荷爾

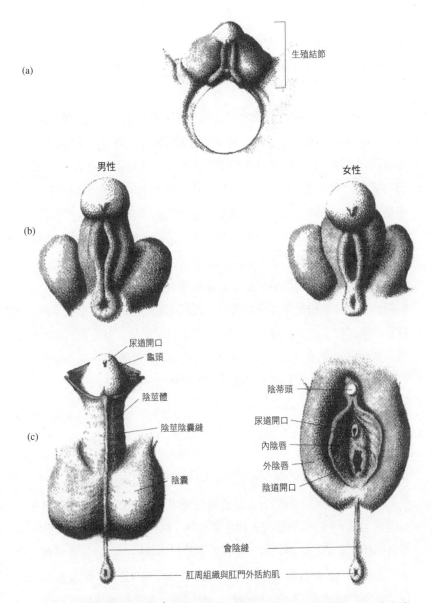

圖 4.2 女性與男性的外生殖器模樣(a)四週大時共有的生殖結節;(b)十週大時,男女外生殖器的差異剛顯現出來(長度四十五至五十公釐左右);(c)十二至十四週時,兩性外生殖器的差別已經很明顯。

生殖結節

男性　　　　　　　　女性

尿道開口
龜頭
陰莖體
陰莖陰囊縫
陰囊

陰蒂頭
尿道開口
內陰唇
外陰唇
陰道開口

會陰縫
肛周組織與肛門外括約肌

蒙組合，已經讓未來的女性有較為開展、充滿弧度的外生殖器；男性胎兒的外生殖器則顯得較為閉合，未來會成為陰莖與陰囊的組織較為集中。

這些圖也有助於明瞭男女外生殖器如何相對應。圖4.2顯示女性的外陰唇對應男性的陰囊。女胎兒接觸到荷爾蒙組合，讓陰唇─陰囊隆起展開成圓形，圍住生殖器；男胎兒接受的荷爾蒙指示，則讓同樣的組織長成陰囊。要解釋男女性腺接下來的對應發展就沒有這麼容易，但情形大致還是一樣，也有一定模式：女性的生殖組織會張開、展放及舒展，男性的生殖組織則拉近並閉合。女性的內陰唇往外展開，男性同樣的組織則接合成陰莖陰囊縫（中線），這就是為何男人的陰莖與陰囊底側看起來像是有一條疤。我頭一回看見勃起的陰莖時，覺得那條線好奇怪，以為那是一條疤，但是又不好意思問那個傢伙碰上什麼恐怖的事。第二回看見另一具勃起的陰莖時，就曉得不是這麼一回事，兩具陰莖不會巧合到擁有一模一樣的疤吧！這條天造之縫在每一具陰莖上的模樣也不盡相同。

裡頭的東西

圖4.2清楚顯現了男女性器的共同源頭，卻沒有顯現出兩性的外生殖器如何對應，我們有必要看看皮膚底下是什麼景況。首先來看陰莖。圖4.3顯示陰莖有三個主要結構：尿道、尿道海綿體及陰莖海綿體。尿道離開膀胱後，貫穿整個陰莖。尿道由尿道海綿體環繞，而尿道海綿體也貫穿整個陰莖，長度大約十四公分。陰莖基部有一個梨形陰莖球，陰莖球底側有一條淺溝（讓人想到早期胚胎的兩個海綿球組織接合在一起）。

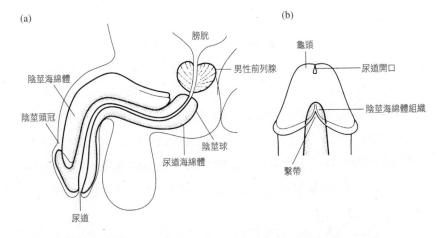

圖4.3 陰莖(a)有三個主要的構造：尿道、陰莖海綿體和尿道海綿體；(b)從正面看陰莖構造，可見陰莖海綿體組織的頂端在陰莖頭（也是陰莖海綿體）裡的位置。

在陰莖的另一頭，如圖4.3所示，尿道海綿體變粗成陰莖頭（龜頭），陰莖頭及尿道海綿體是同一個構造。glans（陰莖頭）這個拉丁文意指「橡實」，通常用來形容小而圓的東西。陰莖勃起時，面對腹部的陰莖頭邊緣稱為陰莖頭冠，繫帶則是陰莖底面的皮膚皺褶，類似舌頭底側的皮膚。陰莖勃起時，勃起的尿道海綿體會充血，但是讓陰莖變硬的榮耀則要歸屬陰莖海綿體。

讓陰莖變硬挺直的就是充血的陰莖海綿體（corpora cavernosa，字面意思是「多孔的組織」）。讓人訝異的是，男人的陰莖海綿體沒有陰莖骨是個特例，大部分雄性靈長類都有陰莖骨，陰莖骨是由陰莖海綿體末端硬化成骨。靈長目（Primates）、齧齒目（Rodentia）、食蟲目（Insectivora）、食肉目（Carnivora）及翼手目（Chiroptera，蝙蝠類）這些哺乳類動物都有陰莖骨，若是將這些字的首字母連在

一起，就會記得牠們都有陰莖骨[4]。

　　我們看不見陰莖海綿體的頂端，因為藏在龜頭裡。陰莖海綿體有很多神經纖維，非常敏感，稍微對龜頭施加壓力（間接觸碰），男人就會有快感。陰莖海綿體貫穿整個陰莖，長約十二公分，涵蓋頭冠（六公釐左右）、體部（十公分）和分叉的根部，兩個腳各長二點五公分。男性的陰莖海綿體就分成這三個部分：頭、體部和腳。聽起來是不是很耳熟？這就是男人的陰蒂。尿道、尿道海綿體與陰莖海綿體加起來，就是稱之為「陰莖」的男性外生殖器。

「三位一體」的女陰

　　女陰有什麼相似處呢？不包括陰道，女性的外生殖器也有三個主要構造：尿道、尿道海綿體及陰蒂。從女性性器解剖圖就可以看得很清楚（見圖4.4）。若要想像女性、男性對應的性器時，有個重點就是，女性性器發展時多是朝外開展，對應的男性性器則閉合。先談談尿道。尿道是導引尿液離開身體的通道，女性的尿道開口位於陰道開口上方，陰蒂頭下方。如矢狀切面圖所示，女性的陰道跟男性一樣，旁邊圍繞著海綿體組織，因此有時稱為尿道海綿體。

　　尿道海綿體組織鄰近兩個球根狀構造（類似男性接連成一個的陰莖球）：前庭球（或稱「尿道球」），也是海綿狀組織。前庭球長約三至七公分，從尿道兩旁往後延伸。從正面觀之，前庭球形似新月狀弧形，越往上越細，然後在尿道上方、陰蒂頭下方接合。

　　事實上，我們現在知道男女的尿道海綿體相對應，差別只在女

---

4 譯註：將這幾個字的首字母串起來，就可唸成prick，意指刺棒或陰莖。

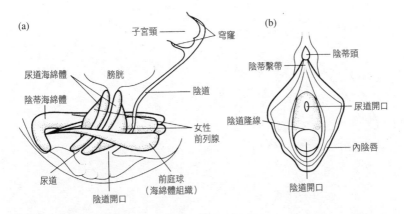

(a)

子宮頸 —— 穹窿

尿道海綿體
陰蒂海綿體
膀胱
陰道
女性前列腺
尿道
前庭球（海綿體組織）
陰道開口

(b)

陰蒂繫帶 —— 陰蒂頭
陰道隆線
尿道開口
內陰唇
陰道開口

圖4.4 女性外生殖器(a)有三個主要的構造：尿道、陰蒂海綿體及尿道海綿體；(b)正面觀之，陰蒂（海綿體組織）在尿道（周圍環繞海綿體組織）上方。

性尿道海綿體的分叉處分得較開。男性性興奮時，尿道海綿體會充血腫脹，女性也是如此，不但尿道海綿體會脹大，茄子狀的前庭球也會充血腫脹，而且十足就像陰道入口的環狀領、袖口翻邊（見圖4.5）。可勃起的前庭球對觸摸、壓力與震動極為敏感，這就是為什麼刺激這個區域會引發愉悅感。日耳曼解剖學家科貝爾特在一八四四年如此描述尿道海綿體：「這個環狀部分此時夾住陰莖的頸部和體部，正如馬軛緊緊套住馬頸。」

從體外可見女性尿道海綿體的頂部（對應男性的龜頭）。男人的龜頭像顆橡實，女人這個位於尿道開口的部位，性興奮時看起來也像顆橡實。這就是女人的「龜頭」，對觸摸和壓力非常敏感，但是此處的性愉悅潛力經常被忽略。女人尿道海綿體頂部的下緣，即陰道開口的上緣，有個可愛的名字「陰道隆線」（carina，字面意思是「小寶貝」）[5]，在男人對應的部位就是陰莖頭冠。男女性交時，陰道隆線與陰莖頭冠相互摩擦，為兩性帶來強烈的愉悅感。

189
▼

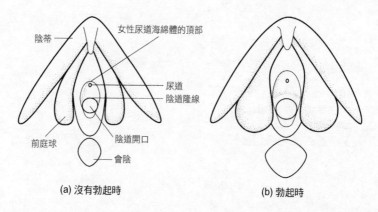

陰蒂 ——
女性尿道海綿體的頂部
尿道
陰道隆線
前庭球 ——
陰道開口
會陰

(a) 沒有勃起時   (b) 勃起時

圖4.5 女性的陰蒂與海綿體組織受到刺激時的反應(a)沒有勃起與沒有受到刺激時;(b)性興奮時,這些組織會充血腫脹,引發快感。

　　女性外生殖器最後一個部分是尊貴如后的陰蒂。陰蒂高踞女性外生殖器的頂端,卻又深入體內,兩條腿跨在陰道上。陰蒂因其特殊組織而對觸摸極為敏感,不論是直接觸碰外露的陰蒂頭,還是刺激陰蒂體部、陰蒂腳周圍的皮膚,都一樣管用。如圖4.4的側面圖所示,陰蒂體部在接近陰蒂頭的地方往下折,看起來就像彎曲的膝蓋。女人沒有性興奮時,這個部位是下垂的,一旦性興奮時,陰蒂就會充血勃起(見圖4.6)。勃起的陰蒂腫大許多,陰蒂頭也因此上揚。陰蒂勃起時,陰蒂頭上仰的情況很容易看得出來,上仰的陰蒂頭會略微往陰蒂蓋的皮膚後縮。女人性興奮到這種程度時,外露的陰蒂頭非常敏感,這時直接觸碰反而不舒服。

　　女人的陰蒂與男人的陰莖海綿體是由同樣的組織構成,亦即陰

---

5 譯註:拉丁文中的carina意思是「船的龍骨」,這個涵義和意象衍生也是這個英文字目前最普遍的用法。義大利文則用這個字形容女性「漂亮」。

蒂與陰莖海綿體是對應的構造。男人也有陰蒂，這就是為何女人陰蒂是陰莖殘跡、跟陰莖是同源器官的說法都不對。女人的陰蒂（她的陰蒂海綿體）與男人的陰莖海綿體（他的陰蒂）相對應，過去就有人指出這一點，卻遭世人忽略，因而沒有成為常識，隆荻絲塞維利在一九八七年出版的《夏娃的秘密：女性性慾新理論》中說得清清楚楚。有些解剖學文獻就把男體這個構造稱為「陰蒂海綿體」。

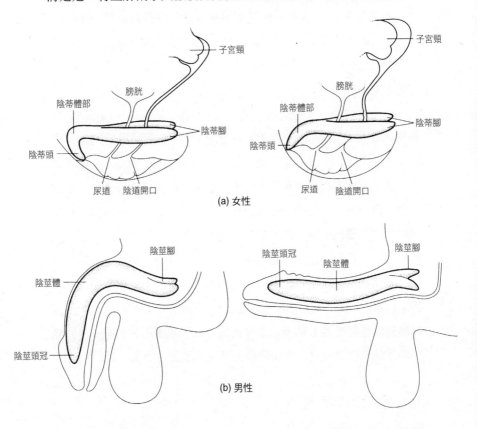

圖4.6　兩性的陰蒂比較圖(a)女性陰蒂沒有勃起與勃起時的模樣；(b)男性陰蒂沒有勃起與勃起時的模樣。

圖4.6描繪出兩性這個陰蒂構造極為相似。女人的陰蒂分叉較大，陰蒂體較短，但陰蒂腳較長；相較之下，男人的陰蒂只有稍微分叉，體部較長，腳則較短。男女的陰蒂大小相差不多，一般是五比四，正好與男女的體重比（大概是七十三公斤比五十八公斤）一樣。整體來說，兩性外生殖器相似之處比相異之處還多，而且兩者都源自同樣的生殖組織，唯一的差異只是生殖組織發展構造的方式。男人的尿道、陰蒂、尿道海綿體、陰莖球都位於體外的陰莖裡，女人的相同構造——尿道、陰蒂、尿道海綿體和前庭球——則分散得較開，部分在體內，部分深入骨盆腔。男女的外生殖器本體組織相同，只是外形不同。

　　嬰兒誕生時，外生殖器看起來尤其相像，常常讓人搞不清是女是男，往往後來讓人有吃驚的「發現」。在二十一世紀的西方世界，大多數人仍不了解這一點，而且固守所謂的「正常」生殖器外貌，讓許多女嬰出生不過幾天的光景就遭受陰蒂切除術之災，這就是西方醫學界以矯正手術之名施行的女性性器切除。在目前的醫學標準中，女嬰出生時，陰蒂的長度應在零點九公分以下，男嬰的陰莖應在二點五公分以上；嬰兒的陰蒂、陰莖若在零點九至二點五公分之間就是不正常，應該要切短。據估計，每一千個新生兒就有一到兩個接受「矯正」手術。換句話說，英國一年有七百至一千四百個嬰兒的性器被判定為不正常，需要施行手術矯正。美國一年大概有兩千個新生兒接受陰蒂切除術，又稱生殖器重整術。

為什麼陰蒂很重要

　　陰蒂由極為敏感又尊貴的陰蒂頭、美妙的體部到優雅的雙腳所

構成的整體，亟需世人更深入的欣賞與了解。我認為陰蒂有雙重功能，對性愉悅和有性生殖都有貢獻，而且這兩個角色密不可分，對兩性都非常重要。比較兩性的陰蒂：首先，女人的性興奮跟男人一樣，有無數個引發源頭，伴侶的影像和氣味、情色的回憶、各種愛撫性器和身體的方式、味覺與聲音等等，都足以讓血流奔向陰蒂，促使性器勃起。

而且，女人陰蒂充血腫脹勃起的機制與男人的陰莖海綿體一樣（這就是威而剛對女人也有效的原因）。女人沒有受到性刺激時，陰蒂組織的平滑肌細胞呈收縮狀態，血液流暢進出附近的血管（血管竇）。但是，只要受到性刺激，神經傳導物質捎來一個化學信號，肌肉細胞就會鬆弛、膨脹擴張，讓流入的血液留在細胞間的血管竇腔，陰蒂因而勃起，不但充血腫脹增長，而且變得非常敏感。

即使在沒有意識到的情況下，女人的性興奮也會發生。女人夜間睡眠時會經歷影響陰蒂、陰唇、陰道的陰蒂勃起（子宮收縮的次數也會增多），這個情形多發生在快速動眼睡眠期，此睡眠期的週期為九十至一百分鐘，每晚會發生四、五次。女性夜間陰蒂充血腫脹的情形，正如男性夜間陰莖海綿體勃起的情況，而且從幼兒時期就有這種現象。我們並不清楚夜間陰蒂慣常勃起的原因，有個理論主張夜間陰蒂勃起的作用有如「電池充電」，血流量增加會帶來新鮮的氧氣，活化這個有勃起組織的器官。對於有勃起組織器官需要充足的血液補給，科學界已經有相當多的研究，凡是損害或阻礙血流的物質、藥物、疾病和習慣，都會讓有勃起組織器官的勃起能力打折扣。然而，不論夜間陰蒂勃起有什麼生物作用，一個很棒的副作用就是，讓人有香甜的美夢。

女性外生殖器與男性外生殖器一樣，布滿了感覺接受器與感覺

神經，以便敏銳感受愛人的愛撫，帶來性興奮及高潮。陰蒂頭的神經分布比女體其他部位都還密集，陰蒂和陰唇都布滿了名為「梅斯納氏小體」與「帕齊尼氏小體」的感覺細胞。帕齊尼氏小體也見於手指、乳房和膀胱的皮下層，專司壓力的感應；它的反應速度很快，對於任何變化或震動的感覺非常敏銳。這些小體由同中心的結締組織膜層組成，一圈一圈看起來像洋蔥，膜層間充滿黏膠質；一旦震動或壓力改變了結締組織膜的形狀，這些小體就會傳送神經訊息到大腦（將機械能轉化為電能）。

梅斯納氏小體的體積小得多，分布的位置較靠近皮膚表面，專司觸覺的感應，手掌、腳底、舌頭和乳頭都有梅斯納氏小體並不讓人意外。這些感覺細胞非常善於感應低頻率的震動，橢圓形的構造中布滿了與皮膚表面平行的末稍神經。陰蒂還有克氏小體、魯斐尼氏小體，這些感覺細胞讓陰蒂極為敏感，不論是親吻、愛撫或輕觸，陰蒂都能對這些觸覺、震動和壓力產生迅速反應。

陰蒂與有性生殖

如同本章前文所述，前人在不曉得女人不需性高潮就能受孕的情形下，主張過女性陰蒂有確保有性生殖成功的功用。我認為這個早期的理論是正確的，女性陰蒂的確對確保有性生殖的成功非常重要。想想男人的陰蒂，亦即陰莖海綿體，若是沒有敏感的陰莖海綿體，陰莖就無法維持硬挺而安全順利地進入女人的陰道。女人的陰蒂也用同樣的機制讓性器順利含納陰莖，而且安全無虞。這也就是說，兩性的陰蒂為性器傳送、接納配子的行動熱身，並使其免於遭受損傷或感染，因為這種性器交合的親密行為其實是一件非常危險

的事。

　　陰蒂是女人體內幽道——陰道——的守護者，護內又護外，十足是個守護天使。曾經還未性興奮就性交的女人都曉得會很痛，這樣乾澀的摩擦會流血，還可能造成泌尿系統感染，甚至感染性病。少了性興奮和陰蒂勃起的性，會讓女人兩腿那兒受傷，為感染、疾病甚至死亡敞開大門。有了性興奮的性愛則是輕易滑動、順暢和腫脹酥麻的愉悅，不痛不流血，也不會感染，而陰蒂是讓這一切改觀的關鍵。

　　陰蒂受刺激充血讓陰道也充血腫脹，使得陰道內壁黏膜表面產生液滴狀的滲出液。陰道因血液流量增加而產生潤滑液，性交時嬌嫩的陰道內壁就比較不會受到損傷。為什麼性交時不讓陰道受傷那麼重要呢？這是很嚴肅的事，因為只有在內壁膜擦傷時，陰道才會感染愛滋病等性病。陰道擦傷的主要原因又是什麼呢？就是女人沒有性興奮，陰道缺乏潤滑，也就是陰蒂沒有勃起。這就是女性陰蒂跟男性陰蒂對於有性生殖的成功同樣重要的原因，而這也是陰蒂對於性愉悅及生殖角色重要、且這兩個角色密不可分的原因。

　　近來對陰蒂尺寸與結構的科學研究，也顯示陰蒂在幫陰道準備享受安全愉快的性交上的另一個角色。如同前述，解剖學的研究顯示陰蒂與尿道、陰道的關係其實非常密切。陰蒂很大，兩隻腳跨在陰道上，陰蒂體部與陰蒂腳也三面環繞尿道（尿道的第四面嵌入陰道上壁）。這些構造緊密相連意謂著三者成整體運作，跟男性的性器一樣。值得注意的是，女人性興奮時，陰蒂腫脹勃起會對尿道施加壓力，讓尿道緊閉。研究者認為，這是防止細菌進入尿道造成膀胱或尿道感染，這一點再度顯示陰蒂預備和保護的角色。

　　還有很重要的一點：需要性興奮幫助性器行成功、安全之有性

195
▼

生殖的不只是人類,動物也懂得這個竅門。雄性刺激雌性的性器與其他部位,雌性才接納雄性入體內。為了引發雌性「性」致,確保生殖成就,雄性的技法可多得很,歌唱、輕拍、摩擦、磨蹭、震動、舔舐、餵食,不一而足,口器、聲帶、偽陰莖、陰莖全派上用場。正如前一章所指出,公蟎、公蜱必須為雌性口交,時間從數分鐘到數小時不等。這些雄性必須用口器摩擦雌性性器,使其腫脹,雄性才有辦法塞入精包。其他如蜂類、胡蜂等多種雄性昆蟲則必須輕拍雌性生殖口,為雌性性器暖身。母加勒比海果蠅要的則是歌聲──而且聲壓要準確。

哺乳動物的雄性要插入陰道前,一樣必須先刺激雌性的外生殖器。如同先前所述,公兔必須用陰莖前後摩擦母兔的陰道口多達七十次,幅度與頻率必須一致,才會讓母兔擺出凹背翹臀的姿勢,公兔的陰莖才能插入。公鼠也必須刺激母鼠的性器,母鼠才願意凹背翹臀。公鼠必須用爪子抓住母鼠的脅腹,同時用陰莖來回摩擦母鼠的會陰,發情的母鼠受到這種刺激,腦幹會下達促使其擺出凹背翹臀姿勢的指令。雄性靈長類也會用陰莖快速來回摩擦雌性的陰道口,雌性才納陰莖入陰道。雄性靈長類還會使用手指、嘴部等各個身體部位刺激雌性的外生殖器。

紅嘴牛織巢鳥也證明刺激陰蒂為交配的必要條件,我們可以從牠們身上明白刺激陰蒂對兩性都很重要。牛織巢鳥跟其他鳥類一樣,以一個泄殖腔排尿、排便及交配,母鳥也從泄殖腔下蛋,公鳥則從泄殖腔射精(公鳥沒有陰莖)。讓人驚奇的是,牛織巢鳥兩性都有陰蒂──其實是個勃起組織凸起──公鳥的陰蒂有十五點七公釐,母鳥則只有六點一公釐。

牛織巢鳥交配時,會花很長的時間彼此摩擦陰蒂,公鳥會跨騎

在母鳥上，使其陰蒂由下往上摩擦母鳥的陰蒂，這種景象實在讓人著迷。公母鳥可以如此親密磨蹭達二十九分鐘，最後公鳥會經歷研究者稱之為高潮的現象，拍動的兩翅放慢為顫動，雙腳緊抓而腿部肌肉痙攣；只有在這個時候，公鳥才會從泄殖腔（而非陰蒂）將精子射入母鳥外翻的泄殖腔。值得重視的是，研究顯示公鳥的陰蒂受刺激促使射精；至於母鳥是否因陰蒂受刺激才翻出泄殖腔，接受公鳥的精子，則有待研究。不過，牛織巢鳥的生殖行為，的確顯示兩性彼此刺激陰蒂事關有性生殖的成功。

放眼未來

但願本章彰顯出陰蒂對性愉悅非常重要，而且，有了快感，有性生殖也較能安全成功。女性內外生殖器還有很多我們不了解的事，有個備受忽略的領域就是女性性器的神經分布，可能是因為我們直到晚近才知道，性興奮對成功的有性生殖至關重要。不過，我們知道女性性器布滿感覺神經，例如陰蒂、陰唇、陰道開口、陰道下端和會陰，都有陰部神經，骨盆神經則負責傳達陰道、尿道、前列腺和子宮頸的感覺。對於觸發女性性興奮、性高潮有貢獻的神經，還有下腹神經及迷走神經。

我們還不清楚這些性器感覺神經所有分支的確切性質與位置，這也就是說，如果女人必須接受某種骨盆手術，這些觸發性興奮的神經不免會受到傷害；然而，神經保留手術（保留性興奮、勃起相關的神經）卻是男人骨盆手術的固定程序。從這一點和其他多方面看來，我們已知女人性器構造與功能的相關知識，都遠不及男人性器那麼多。但願現在陰蒂對女性性興奮與安全成功性交非常重要的

這些相關知識，將來能一改這種局勢。

二十一世紀的現在，陰蒂還面臨一項爭議：名稱及其涵義。一些團體鼓吹陰蒂該重新定義，讓「陰蒂」這個字涵蓋女性性器其他部分，他們主張「陰蒂」應該包括內陰唇、處女膜、前庭球、骨盆底部肌肉等十八個部分。想到以往女性性器的構造、功能受到這麼多誤解，我不贊成用陰蒂這個名稱來指稱這十八個部分，這會誤導並混淆女性性器的知識。這種做法是開倒車，女性性器的知識需要更多文字與圖像，而不是為了政治正確而簡化一切。

有人主張把輸卵管的名稱由「法洛皮歐氏管」改成「卵管」，因為法洛皮歐是個男人，輸卵管是女人的，這樣的名稱是前人竄改歷史的明證。我對這類重新命名的提議感到不安。埃及人為了讓人民忘卻昔日的宗教與思想，鑿掉石頭上的象形文字，而現在有人想要更改性器名稱。不論是解剖學史還是語言史，了解歷史非常重要。真正重要的是，我們要了解陰蒂的構造，了解陰蒂如何與女性性器其他部分一同發揮功能，了解女性與男性的性器同多於異，了解陰蒂對於有性生殖與性愉悅非常重要。

說明：本章所列的測量數字出自為研究目的而解剖的屍體的陰蒂，這些數字是指停經與行經女性的平均長度。很重要的一點是，這些測量數字並非絕對標準；相關研究並不充分，因此無所謂確定的長度。女人的陰蒂有各種樣貌，男人也是。

5
打開潘朵拉的盒子

飢餓的胃，貪吃的食道，長著牙齒、狼吞虎嚥、胃口大的貪婪裂口，「有齒女陰」這個令人焦慮的古老象徵遍布神話、民間傳說、文學、藝術與人類的夢鄉，它可能是最深入人心的女陰神話和女陰恐懼，也可能是各個文化最普遍可見的女陰象徵。美洲、非洲、印度、歐洲各地皆可見到對著男人張嘴大咬、奪其陽具、去其氣概的有齒女陰，實在讓人驚奇；不但許多文化的創世神話中有會奪命去勢的女陰，各種貪嘴女陰的故事也留存至今。在美洲查科的印地安人神話中，第一個女人以有齒女陰進食，要等到英雄克洛裘把女陰的牙齒拔了，男人才能和女人有親密之舉。

　　南美的雅諾馬莫人說，世上的遠古住民中，有個女人的女陰長著牙齒，會切斷男人的陰莖。根據玻里尼西亞地區的傳說，世上第一個女人——冥界女神海扭提波——是萬物的母親，她用女陰殺了英雄莫伊。傳說莫伊爬入海扭提波的陰道，想回到子宮，以獲得永生。不料海扭提波可發電光的燧石陰道壁猛地咬下，讓莫伊死在女神的陰道裡，因此往後人類都必有一死。

　　心理學的研究主張，有齒女陰這類性意涵傳說，反映出男性對女陰裡頭神秘、幽深、不可知和不可見的恐懼；有人則認為，有齒女陰顯現了男人對女性需索無度的焦慮。這些故事往往沒有交代女陰牙齒的由來，以及致人於死的原因，有些故事則提出了一些解釋。例如，北美印地安人有個神話，描述「恐怖母親」的女陰裡住著食肉魚。中世紀的基督教會則指出，女巫會用有齒女陰奪去男人陰莖，就是月亮和巫術在作祟。

　　巴西熱帶森林的住民梅因納庫人有這麼一個故事，說明造就有齒女陰的其實是男人：

很久很久以前，有個壞脾氣的男人愛亂罵人。有天晚上，一個女人把許多看似牙齒的貝殼放在內陰唇裡。天黑後，這個男人想跟她做愛。男人心裡想著：「啊，她好美！」女人假裝睡著了。男人說：「我們來做愛吧！」啊，他的陰莖大得不得了，不斷地往女人的身體裡挺進……整個都進去了……突然喀嚓一聲，女陰把他的陰莖剪斷了，男人就死在吊床上。

　　這個故事跟其他這類傳說一樣，結局都是男人少了那話兒，還丟了命。

　　在納瓦荷、阿帕契等各族印地安人的傳說裡，致命有齒女陰甚至是可以獨立於人體之外的器官，四處走動咬人。正如前文提到的寶波雕像，這些也是擬人化的女陰，但是它們更可怕，因為它們有牙齒。美國新墨西哥州的吉卡瑞亞阿帕契人的神話說，以前世上只有四個女人有女陰，這些被稱為「女陰女孩」的女人其實是有著女人外表的女陰，她們是殘暴怪獸「踢獸」的女兒。

　　想像這幅景象：這四個女陰女孩居住的房子牆上掛滿了女陰，許多男人風聞這些女孩和她們房子的傳言，紛紛上門來探個究竟。門一開，踢獸就把他們踢入屋內，再也不見蹤影。故事告訴我們，男人一個接一個消失在女陰女孩的門後，「殺敵者」這位少年英雄在這個節骨眼出現了：

　　殺敵者智取踢獸，進入屋子，四個女陰女孩擁上前求歡。殺敵者問道：「那些被踢進屋子的男人在哪裡？」女孩回答：「我們把他們吃掉了，我們喜歡這麼做。」然後，她們要擁抱少年，少年推開四個女孩，大吼：「走開，這還不是用女陰的

時候。」他接著說：「我給妳們一些妳們從沒嚐過的魔藥，這些藥是用酸莓果製成的；等妳們吃完藥，我就會滿足你們的要求。」於是少年給四個女孩四種莓果製成的藥。他說：「吃下這些藥，女陰就會甜蜜蜜。」這些莓果藥一入口，女孩的嘴就縮攏了起來，沒辦法咀嚼，只能直接吞下肚。女陰女孩覺得藥很好吃，可是……殺敵者進門時，她們還有吃男人的鋒利牙齒；這會兒，這些藥把她們的牙齒都弄壞了。

許多有齒女陰故事的重點，都在於勇敢的英雄拔掉女陰的牙齒（女性強烈性慾的象徵）。鑷子、燧石、繩子、「殺敵者」的莓果藥、鐵鉗、跟陰莖一樣粗或一樣長的石塊或棒子，都是用來馴服有齒女陰、教女人乖乖聽話的工具。有些故事還說，要拔掉女陰的牙齒，女人不再狂野、色慾薰心，男人才會跟她結婚。拔掉女陰牙齒成了男人改造女人、讓女人柔順的象徵。在這些故事中，女人的性慾是被武力馴服，而不是受辱才臣服。印度也有一個拔掉女陰牙齒的故事：

　　惡魔的女兒陰戶裡長著牙齒，她看到男人時，會化身漂亮女孩來誘惑男人，咬斷男人的陰莖吃下，然後拿屍首餵她的老虎。有一天，她在森林裡遇到一家七兄弟，她跟老大結婚，心裡卻盤算著要跟其他兄弟上床。過了一段時日，她把老大帶到老虎住的地方，要老大躺在自己身旁。她咬了老大的陰莖吞下肚，拿他的身體餵老虎。她以同樣的手法殺了六個兄弟，只剩下小弟。當惡魔的女兒準備對小弟下手時，小弟的守護神給了他一個夢。「如果你要跟女孩走，」神對他說：「帶一根鐵管

203
▼

去，放進她的女陰，打斷女陰的牙齒。」男孩照做了……

在女陰前絕不「軟弱」的陰莖狀武器，也是這些有齒女陰神話的常見元素，這大概跟男人害怕女人無窮的性慾脫離不了關係，因為女人能有多次情慾高潮，男人卻只能有一次性高潮。故事裡的女人使用有利牙的女陰當武器，與男人恐懼陰莖疲軟不舉形成強烈對比，這絕非巧合。另一個七兄弟要拔除女陰牙齒的故事中，就有男人使用工具對付女陰的情節。這是哥倫布到達美洲前北美印地安人的一個神話，十一世紀普埃布羅人的陶器描繪了這個故事（見圖

圖5.1　有齒女陰：世界各地都有描繪男人勇闖有齒女陰而喪命的神話與藝術。

5.1）。這個明布雷斯時期[1]的陶碗描繪，老么弟弟想用橡木和山胡桃木製成的假陰莖打掉女陰的牙齒。有些印地安人的儀式也有打碎女陰牙齒的舉動，納瓦荷人與阿帕契人有一個「屠魔者」殺了「充滿女陰」的傳說，這個女人尤其強悍，性喜和仙人掌、木棒交合。時至今日，普埃布羅人等北美各族印地安人，在儀式中都用木雕的陰莖象徵性地打碎女陰女人的牙齒。

不只是牙齒，還有蛇與龍

　　女人陰道口裡的恐怖東西還不只是牙齒而已，傳說中幽暗、深邃、充滿未知事物的陰道還會爬出蛇。故事裡的女陰蛇會咬掉男人的陰莖、毒害陰莖，或是讓男人沒命。有些傳說描述處女的女陰裡才住著蛇，只咬第一個男人。南非滕布人認為，情慾強烈的女人會引來魔蛇「印歐卡」住在她們的女陰裡，為她們帶來性愉悅，女人可以派女陰蛇去咬她們討厭或對她們不理不睬的男人。玻里尼西亞沒有蛇，凶悍女陰裡藏的是鰻魚。土木土群島有個故事說，一個名叫芙米的女人的女陰裡住著會殺害男人的鰻魚，但是芙米教英雄塔哥羅如何引出鰻魚，就能安全地與芙米交歡。

　　昔日對女陰深處的恐懼，讓男人的想像力天馬行空，馬勒庫拉島的男人神秘兮兮地談到「引誘我們以便吃掉我們」的女陰靈。女陰神話傳說也常有餓龍這個角色，有些研究者認為，屠龍英雄的故事可能就是衍生自女陰龍的故事；如果真是如此，聖喬治[2]就是殺

---

1 譯註：九至十三世紀美國新墨西哥州西南部明布雷斯河谷的印地安文化，以白底黑紋的陶器聞名。

2 譯註：聖喬治是英格蘭的守護聖人，聖喬治屠龍是著名的傳奇故事。

了象徵性的英格蘭女陰或女性惡靈。女陰的牙齒也是一種象徵，穆斯林相信女陰會「咬掉」男人的目光，讓勇闖女陰的男人目盲。據說大馬士革的一位蘇丹就是這樣瞎了眼睛，他千里迢迢地跑到薩丁尼亞島，一尊能行神蹟的聖母馬利亞（她的女陰可有永遠不破的處女膜保護著）雕像把他治好了。

充滿致命險惡之物的女陰顯然還讓人不過癮，許多文化還有上半身是女人、下半身是地獄怪獸的故事。希臘神話有利比亞蛇身女神拉米亞所生的淫蕩女魔拉米內，她們的名字意指「好色女陰」、「貪吃的食道」。印度有娜吉尼絲，下半身是眼鏡蛇，上半身是女神；還有上半身是美女、下半身是蛇身的艾克德娜。甚至莎士比亞也藉由李爾王之口，怒斥女人的雙重性格，譴責女人邪惡的下半身，透露出對女性最深的恐懼。李爾王在盛怒之下高聲陳言：

> 她們的上半身雖是女人，
> 下半身卻是淫蕩的野獸。
> 腰帶以上屬於天神，
> 腰帶以下全屬於魔鬼。
> 那兒是地獄，那兒是黑暗，那兒是火坑，
> 吐著熊熊的烈焰……

男人對女人如此氣憤恐懼，腰部以下、兩腿之間的東西讓人心驚膽戰，世人卻又一再描寫。希臘神話中就有這樣的故事：潘朵拉的故事。潘朵拉這個名字意指「給予全體者」或「給全體的禮物」，她是人世間第一個女人，也是帶來所有「人類苦惱」的人。她犯了什麼罪呢？據說，她打開一個裝滿禍害的盒子，讓災難撲向

圖5.2　保羅‧克利想像中的潘朵拉之盒。

人類，只留下希望在盒子裡。潘朵拉的盒子跟女陰有關嗎？有些人
把潘朵拉的盒子解讀為女性性器的象徵，藝術家梵迪朋貝克[3] 讓潘
朵拉的容器帶性暗示地擺在女陰上，「box」（盒子）這個英文字也
是女陰的俗稱。二十世紀的藝術家保羅‧克利則露骨地描繪這個久
遠的神話，他把潘朵拉的盒子描繪成正面觀的女性性器，看似有著
橢圓形雕飾的小盒子，女陰裂縫裡還冒出邪惡的煙霧（見圖5.2）。
在這幅別出心裁的作品中，潘朵拉的容器還有狀似輸卵管的把手與
形似陰道的底座。

---

3 譯註：十七世紀的法蘭德斯藝術家，這幅作品的名稱是《神造潘朵拉》。

裡頭的模樣

　　陰道裡究竟是什麼模樣？幸好，儘管神話說陰道滿嘴尖牙，隨時可以大口咬下，吐出不受歡迎的闖入者，或是描繪出男人心懷恐懼、視女陰為地獄，但是科學對於陰道壁裡的世界卻有不同的解釋。過去幾世紀，陰道備受誤解，若非受人忽略，即是以「皇家大道」、「被動的容器」稱之，但是科學現在帶來新觀點。陰道沒有牙齒、蛇或龍，陰道內部絕非被動的黑洞，絕不是早期思想家以為的空洞死寂之處。科學研究揭露出一個驚人的、能伸縮擴張的敏感肌肉器官，好幾個性感帶與活躍的病原體防衛系統在此並存。其實，陰道的關鍵特徵不是堅硬的牙齒，而是彈性調適。

　　你可曾想過女人的陰道裡生命旺盛蓬勃？可曾想過這個微妙平衡的環境中充滿了名副其實的生物湯？或許不曾，但這正是陰道的景況。為什麼陰道裡會是這般模樣？答案就在陰道代表的意義。陰道就跟口腔等人體的對外開口一樣，為潛在的病原體提供進入人體的通道。此外，陰道也是女性生殖器的入口通道，是物種存續的最重要關鍵。恰如口腔有堅實的唾液防衛系統，另有黏膜、扁桃腺、牙齒做後援，陰道也有堅強的保護機制就不讓人意外。除了抵擋疾病之外，陰道有個更重要特殊的角色：讓特定的外來者進入女性體內。陰道能視情況同時擔任保鏢與門房的角色，為了發揮這兩個性質相反的功能，陰道腔需要能彈性調適的環境。蛇和利牙在這兒派不上用場；恰恰相反，陰道需要的是潮濕的液體。

黏液之樂

黏液是陰道主要的環境，被定義為保護性的分泌物，是陰道內部面對外來物的自我保護工具；若是少了這些不斷滲出的液體，陰道就無法有效運作。黏液不但是性交的潤滑液，也是抵擋病原體的屏障，同時讓不可或缺的豐富微生物群得以維生。儘管黏液非常重要，人們卻盡是給些壞名字。黏液黏糊膠黏，從裂縫裂口滲出，鼻子分泌的黏液有「snot」（鼻涕）[4]這樣輕蔑的名字，陰道的各種黏液則是帶有鄙視之意的「discharge」（排出物）[5]。許多文化都視陰道分泌物為骯髒之物，也常以這類用詞稱呼。有些地方的人還認為潮濕潤澤的陰道噁心、不乾淨，避之唯恐不及。

非洲中部與南部有些國家的男人認為，乾燥的陰道才是好女陰。那些地區的女人以鹽、藥草混合製成的藥方讓陰道乾燥，以達成男人奇怪的願望。一項在辛巴威所做的研究顯示，有百分之八十五以上的女人曾至少有一次用鹽讓陰道乾燥的經驗。然而，很可怕的是，這種據說男人喜歡的乾澀性交會使陰道壁擦傷破裂，讓女人有感染病菌的危險。如同前文所提，我們現在已經知道，只有在陰道黏膜內壁有傷口的情形下才會感染愛滋病等病毒；換言之，如果陰道壁完好，免疫細胞不會接觸到病毒，感染就不會發生。辛巴威人的愛滋病帶原者比率高居世界第一，絕對與乾澀性愛的癖好脫不了關係。

---

4 譯註：也指惹人嫌的人。

5 譯註：也有排出廢物的意思。

還有一點也教人心驚。許多陰道避孕用品含有nonoxynol-9等會破壞陰道黏膜內壁的化學物質，反而讓陰道有受感染的危險。我覺得，將有害女性性器的化學物質用在一般避孕用品上，真是不入流的科學。更令人髮指的是，nonoxynol-9還是殺精膠凍等殺精劑的主要成分，與子宮帽併用時，會直接接觸子宮頸。子宮頸比陰道還脆弱，因為子宮頸壁非常薄，只有一個細胞厚，很容易就受傷。如果nonoxynol-9能傷害遠較子宮頸壁厚實有彈性的陰道壁（鱗狀上皮細胞層的表層有十六至三十個細胞厚），子宮頸受到的傷害將會有多大？以我自己的經驗，同時使用子宮帽和以nonoxynol-9為主要成分的殺精劑時，常造成子宮頸流血和嚴重擦傷；但是一停用nonoxynol-9的殺精劑，子宮頸就不會有流血擦傷的現象。

陰道黏液的源頭不是只有一個，而是從各處流滲匯集成的分泌物大混合，內外生殖器都有貢獻。這些混合的分泌物有來自位於陰道入口五至七點鐘方向的巴氏腺（大前庭腺），以及鄰近的小前庭腺。女人的前列腺（或稱史氏腺、尿道旁腺）與陰道壁受到性刺激時都會分泌液體，同時摻雜陰道壁脫落的細胞。還有子宮頸定期分泌的黏液以及子宮、輸卵管分泌的液體，子宮頸黏液柱與子宮內膜的分泌物是陰道黏液最主要的成分。除此之外，內陰唇光亮滑順皮膚裡的汗腺、皮脂腺與新近發現的陰唇間腺（目前所知甚少）也一併提供分泌物，結果就是一道濃烈的混合物。

我們不曉得陰道黏液來源確實的數目與性質，原因之一就是這個領域還缺乏研究。陰道裡有數千種微生物，住在糖、蛋白質、各種酸、單醇與多元醇、細菌、抗體和其他更多尚未辨識出的分子所流入的黏液環境中，受其供養。這些豐沛的液體源源不絕，依女人的生理期、性興奮及性行為、身體與情緒狀況、甚至食物而有所變

化；從很多方面看來，陰道黏液都可以當成女人身體與生活方式的晴雨表。

黏液混合物的首要之務是防禦，確保陰道這個溫暖潮濕的生態環境不會成為疾病的溫床。有研究者主張，這些黏液讓女性性器有自己的免疫系統；黏液保護性器的方式有好幾種，潤滑陰道組織只是其中之一。黏液還有隔離的功用，因為不斷往下朝陰道外流的黏液，可防止微生物依附在陰道壁的細胞上。黏液還能成為偽裝的接受器或目標，讓細菌依附，間接阻擋細菌。

女性性器的黏液還養著一支防禦成員的王牌隊伍，裡頭有：溶菌酶，能在細菌細胞壁打洞；乳鐵蛋白，可去除一些微生物成長所需的鐵；數種能讓病毒失去活性的抗體；防禦素（抗微生物胜肽）；可吞下精子等侵入物的吞噬細胞。子宮頸分泌的一種抗體──分泌型免疫球蛋白A──會像殺手牧羊犬趕羊一樣將細菌微粒趕成一團，讓吞噬細胞飽餐一頓。子宮頸還會分泌一種分泌型白血球蛋白酶抑制素，研究顯示這種蛋白可幫助組織恢復完整，加速傷口復原。根據研究，分泌型白血球蛋白酶抑制素有多重功能，可以抗發炎、抗霉、抗菌及抗病毒。

酸性陰道的重要性

幾個世紀前，世人認為陰道的pH值是決定胎兒性別的關鍵因素，以為酸性（低pH值）會生男孩，鹼性（高pH值）會生女孩。這個古代科學理論還有待研究證實。但是，我們已知陰道pH值和陰道健康密切相關，維持一定的pH值，可控制陰道黏液中的部分生物不會成為病原體。健康的停經前婦女的陰道pH值大約在pH 4.0

左右，也就是說，酸性較好，但沒有像檸檬那麼酸（pH 2.0），酸度跟一杯好的紅葡萄酒差不多。維持這個酸度很重要，因為陰道黏液中微生物或菌群的「健康」平衡就有賴於此。換句話說，酸性陰道讓微生物的數量與比率維持一定；反之，陰道若是偏鹼性，有些微生物可能會繁殖過量，因而導致疾病。低pH值對子宮頸也有好處，可保護又薄又脆弱的子宮頸不受傷害。

陰道要維持低pH值，就是依賴陰道的天然乳酸菌。人們常對細菌這種微生物沒有好印象，十九世紀末發現的數種陰道細菌，都被誤認為是不乾淨、帶來疾病的媒介，但是細菌其實不該背負這種負面印象。正如生活中的許多事物，重要的是要保持良好的平衡，各種細菌彼此間的關係也是如此。陰道乳酸菌若是太少，pH值就可能升高到鹼性，而讓微生物大量繁殖（數目太多就可能引起疾病）。女人想要有適量的乳酸菌，最好的辦法就是過著健康的生活；只要健康過日子，陰道自然會料理其餘的工作。最好不要用人工化學物灌洗陰道，因為這類陰道灌洗劑、芳香劑與濕巾會帶走陰道的自然防禦成分。

精子保鏢與剔除精子的門房

精子在雌性性器內的歷險記，凸顯出女性陰道環境的影響有多麼重大，因為酸性陰道是排除不良或多餘精子的關鍵。對人類的精子而言，女人的陰道危險重重、足以致命，精子要在酸性環境中活命是不可能的（頂多只能撐二十分鐘）。男人一次射精射出的六千多萬精子，大多會死在陰道裡，精漿（精子漂浮於其中的介質，與精子一同被射出）的緩衝與中和作用，會讓落入酸性環境的精子受

到一些保護。然而，精漿的保護作用非常有限，男人射精後，陰道的pH值會上升到pH 5.5至pH 7.0間。陰道內菌種維持友善的時間並不長，兩個小時內，乳酸菌大隊就會將陰道的pH值回復到對女性有利的數值。

人類的精子一旦在陰道落腳，若是未命喪酸性環境，沒讓吞噬細胞吃了或直接被排出體外，還必須闖過子宮頸黏液。子宮頸黏液的成分主要是子宮頸上半部腺體的分泌物，這些黏液形成稠密的黏液塞子，堵住子宮頸。黏液柱由子宮頸不斷地流入陰道，每天大概有二十至六十毫克。子宮頸黏液在生殖作用上有重要的功能——它是有效的生物屏障，是剔除精子的門房。

精子碰上這些黏液，麻煩就大了。看起來，精子根本無法通過或繞過這些可怕的黏液。這是個大難關，若是過不了這一關，精子就會被掃出陰道，讓緩慢卻源源不絕的子宮頸黏液送出女人體外。然而，這裡有個轉捩點：子宮頸黏液善於改變，並非總是扮演阻擋精子的門房；在一個月的某些天裡，子宮頸黏液會大轉變，扮演完全相反的角色，化身為精子的保鏢。

一個月就只有那麼幾天的時間——排卵前的兩、三天到排卵後的二十四小時——子宮頸黏液會變成精子尋求受精的同盟。就在陰道其他的環境要素極盡一切能力排除這些外來者之際，保鏢黏液會上前擁抱精子。門房黏液與月經中期精子保鏢黏液有顯著的差別，黏稠度、光澤和顏色的改變非常驚人，由不透明、乳白、彈性有限（最長可拉到二點五公分）的黏稠液團變成晶瑩、透明、滑順、非常有延展性的無定形物質（有些人說看起來像蛋白），這些黏液柱的長度一般是七到十公分。

月經中期子宮頸黏液的主要特徵就是極大的延展性，所以醫學

界才會用「spinnbarkeit」（彈性）這個字指稱子宮頸黏液拉長的能力。科學家指出，子宮頸黏液的另一個特徵是乾掉後會形成羊齒狀，這是因為此時子宮頸黏液的鹽分含量高。準備懷孕的女人可以注意觀察，子宮頸黏液越有彈性、越像蛋白，就表示越接近排卵期，而且分泌量也會增加。月經中期，陰道每天可排出六百毫克的黏液，是平常的十倍以上。排卵前，不但黏液分泌增加，子宮頸也有所變化：在排卵的二十四至四十八小前，子宮頸外口的直徑會擴張到大約四公釐寬，可能是為了提高受孕的機率。

研究顯示，月經中期的保鏢黏液可以引導並保護精子，不但能讓精子順利離開陰道、通過子宮頸、進入子宮，也是安全的鹼性庇護所。精子若是走好運，落在月經中期的黏液柱附近，就會被吸入黏液團；一旦精子安頓在黏液團裡，性器似乎還會收縮，將精子往上吸入子宮頸和子宮。難以置信的是，子宮頸黏液似乎可以供養精子一段時間；有研究指出，包在子宮頸膜皺褶（又稱子宮頸內壁隱窩）裡的精子可存活、有游動現象達五至八天（子宮分泌物可能也提供了養分）。

我們現在知道，子宮頸黏液的角色，由擋住精子、使之不得其門而入的門房，搖身變成包覆精子的保鏢，關鍵就在血液中各種激素的濃度有所改變。排卵前幾天，雌激素的分泌量增加，子宮頸黏液的結構因而變為一條條平行排列絲狀的長形黏蛋白分子，精子可由分子間的管狀間隙前進。但是排卵之後，由於黃體素增加，井然有序的絲線就又變成縱橫交錯的亂網，精子就無法穿越了。

月經中期的保鏢黏液在生殖作用上還有個重要功能，這回跟篩選有關；這個篩選作用之所以能運作，就在於黏液的顯微構造。平行排列的黏液分子間的管道縫隙非常窄，寬約零點五至零點八微

米，比精子頭還細，精子必須奮力擠身前進。人類子宮頸黏液的實驗顯示出，這些縫隙中的精子看起來像是被黏液緊緊包覆；不過，我們還不清楚迫使精子通過如此窄細通道的重要性何在。

有個有意思的理論主張，這是為了讓精子和黏液做必要的近距離互動，也許是刮下精子表面的特定成分，好讓精子與卵子受精。另一個理論也很有趣，有人說這是為了辨識精子，已有研究證實如此近距離的接觸有篩選精子的功能，月經中期的子宮頸黏液在此擔任濾器，挑出形狀正常的精子。不過，辨識精子可能不只是注重形狀，子宮頸黏液也可以有選擇基因相容精子的能力。科學家對雌性生殖道的了解還只是在初步階段，有關黏液、雌性如何篩選適合精子等等問題，需要深究了解的事還很多。

解讀陰道

眾所周知，陰莖尺寸是許多男人關心的事，但是男性對生殖器尺寸的著迷似乎不局限於陰莖，全世界各地都有男人忍不住為陰道尺寸測量分類、為陰道的內部地圖劃界，結果常常教人眼界大開。西方的命名者為了讓自己在女陰地圖上占有一席之地，因而產生一些令人發噱的醫學名稱：「蕭的皺褶」、「道格拉斯的袋子」、「皺柱」、「端莊的凹地」、「努克之道」、「薩皮的彈性囊」都是例子。這些名稱當然都是男人給的，現在看來很可笑，也實在過時了。

西方世界之外，阿拉伯、印度、日本、中國文化對於陰道內部構造、陰道給人的印象，都有詳細且創意十足的資訊。比方說，阿拉伯文的性愛手冊——內夫橈伊所著的《讓靈魂愉悅的芳香花園》——就描述了三十八種陰道、三十五種陰莖。「短暫的」是指又小

又緊又短的陰道，「無底的」是特別長的陰道。書中指出，擁有如此長的陰道的女人，需要特別的伴侶或姿勢，才能性興奮且得到充分的滿足。

古代日本人也在神聖的《私密極樂愛經》中，描述不同尺寸的陰道與生命五種元素——水、火、土、空氣、蒼穹——的關聯。「大黑土陰道」包覆含住陰莖。「水天母陰道」開口小，裡頭卻寬大。「梵天母陰道」則最為美麗芳香，這種陰道也稱為「龍珠」，因為開口小、過道窄，通往珍珠般的子宮。這種描述也詩意地點出：有幸進入這種陰道的男人，就像到了極樂之境。

印度著名的房中書《愛經》對兩性性器的描述尤其詳盡，這本書討論古代印度的性愛科學，將男女依性器與性愛特徵分類，亦即依照性器尺寸、性慾強烈程度與「高潮時刻」分別討論。男人以其標準將女人陰道分成四個等級、三種性情與三個種類，一一細述，而《愛經》也依男女的性特徵提供性愛配對建議。女人依照陰道長度／深度分成三種：

1. 母瞪羚，又稱母鹿，是陰道深陷、有六指深、冷涼如月、芳香如蓮的女人。
2. 母馬，是陰道有九指深、黃液暢流而嗅如芝麻的女人。
3. 母象，是陰道有十二指深、泌液豐沛、氣味如象麝香的女人。

描述並分類陰道的方法很多。密宗文獻將陰道分成六區，分別由陰道六位女神——時母、度母、無頭女神、慾馳女神、吉祥女神、完美女神——掌管。有一本東方的書籍還描述陰道下端有如下

四種特質：「第一種看起來像象牙的尖端，第二種扭曲如貝殼羅紋，第三種彷彿軟物蓋上，第四種開合如蓮花。」

　　要解讀陰道，還可參考中國古代的反射療法。這種理論強調，陰道下段三分之一及陰道開口的地方與腎臟、肝臟三等分的中央部分相通，陰道上段三分之一與脾胰相通，子宮頸則與心肺相通。女人若要性慾充沛、真正滿足，必須由淺而深地充分刺激陰道每個區域──亦即刺激與腎臟往上至心肺的內臟相對應的穴位──非常重要。聽起來挺舒服的！

歡樂宮

　　看到這歷來種種理解、分析陰道內部的系統，有些文獻談到的陰道尺寸實在驚人，讓人不禁覺得性器尺寸不只是男性專屬的主題。道教《素女妙論》等中國房中書詳述陰道依長度分成八類，每一類都比前一類長二點五公分；然而，以「琴弦」而言，卻短得不得了，而「北極」又長得異常。這「八谷」由短而長如下列出：

1. 琴弦，零至二點五公分
2. 菱齒，五公分
3. 妥溪，七點五公分
4. 玄珠，十公分
5. 谷實，十二點五公分
6. 兪闕，十五公分
7. 昆戶，十七點五公分
8. 北極，二十公分

▼

中國的性愛手冊也將陰戶與身體的相對位置分成高（偏前，較靠近腹部）、中、低（會陰較低處）三種。

陰道的平均長度該是多少？值得注意的是，上述各種古代的算法並沒有考慮到陰道不能這樣定標準，因為陰道不是只有一種長度。女人的陰道前壁（靠腹部）比後壁（靠直腸）還短，這是因為子宮頸的底端伸入陰道頂部，陰道前壁因而較後壁短（陰道與子宮頸成弧度相交的部分構成兩個拱形空間，分別稱為前穹窿與後穹窿〔fornice〕。fonice 是 fornix 的複數形，古羅馬時代的妓女常租用有拱頂的地下室做為交媾〔fornicate〕之處，拉丁文意指「拱頂」的字即為 fornix）。

陰道開口至穹窿與子宮頸的平均長度又是多少呢？最新的研究指出，在未受性刺激的情況下，陰道的長度約在七至十二點五公分之間，後壁比前壁大概長一點五至三點五公分。很重要的是，個別陰莖的尺寸差異很大，陰道也是如此，沒有所謂的標準。陰莖受刺激勃起時，長度增加，陰道也是一樣，後文將詳細討論這一點。

形狀變動自如

每個女人各有其陰道尺寸，但是陰道的結構與大小會隨情況而有所改變，畢竟陰道的首要特徵就是彈性調適。陰道的形狀能靈活改變，是因為這是個肌肉纖維管，各個部位的肌肉都各有巧妙，所以陰道能收縮、擴張並改變內部壓力。陰道布滿了神經與敏感的肌肉組織，因此絕非被動、缺乏反應的器官，分娩這件事尤其充分展現了陰道神奇的彈性。

女人產下活蹦蹦的嬰兒時，陰道至少擴張到平常的十倍寬，教

人不流淚也難，而子宮頸也必須擴張到跟陰道長度一樣寬[6]。子宮頸的組織必須先變軟，才能擴張到這種程度，生小孩也因此讓女人的子宮頸留下標誌。沒生過小孩的女人，子宮頸通往子宮的纖細內口，看來是圓形子宮頸中央的小洞；生過小孩的女人，這兒看來就像一張微笑的嘴，或一隻閉上的眼睛。若是子宮頸帶著微笑、眨著眼睛，這就絕對是個曾把新生命帶到世上的女人。

　　陰道神奇的彈性也展現在性興奮和性交時，三百年前的西方科學家就注意到這一點了。德格拉夫估測陰道大約有「六、七、八或九指寬那麼長」，而他也在充滿創見的《女性生殖器研究》中指出：「性交時，陰道完全包覆陰莖，如此緊密貼合，讓凹處與陰莖的凸處合而為一……分娩時，陰道卻又變成另一種形狀。」德格拉夫觀察細微，還注意到性興奮對陰道有絕大的影響力，說明陰道在「性交時，會依女人興奮的程度變長變短、收縮擴張」。令人開心的是，這名荷蘭人還在〈論子宮的陰道〉這一章充滿熱情地寫道：

> 　　事實上，女人的陰道構造如此巧妙，可以適應任何一具陰莖。陰道上前迎進短陰莖，舒展接納長陰莖，擴張含抱胖陰莖，收縮緊擁瘦陰莖。大自然考慮到各種樣貌的陰莖，世人無需汲汲尋求與自己劍身同樣尺寸的劍鞘……只要情投意合，任何一個男人都可以跟任何一個女人妥善交合……

　　除了人類之外，許多物種也懂得運用陰道肌肉，尤其是用來增進生殖成就；對雌性動物而言，這個事實凸顯出擁有易於改變形狀

---

6 譯註：子宮頸全開時大概是十公分。

的性器肌肉非常重要。我們已經知道，母斑點鬣狗健壯的骨盆肌肉能將長陰蒂縮進體內形成陰道，許多昆蟲的交配囊肌肉也很強健，能讓交配無法發生，或是逐出非芳心所屬的雄性性器。研究者認為蜜蜂的陰道肌肉會引發雄蜂射精，而棲於沼澤的公微水黽，必須依靠雌性生殖器肌肉的擠壓，吸出陰莖裡的精子。許多昆蟲也仰賴雌性性器肌肉，輸送精子至貯精囊／管或子宮。

肌肉，肌肉，肌肉

人類的陰道肌肉一樣壯健驚奇。今日的色情表演是最能讓人直接目睹陰道肌肉如何控制自如的地方，抽菸、射出乒乓球、寫字、打開瓶蓋、甚至用筷子挾壽司，這些特技對陰道都不成問題，陰道能做的還不只這些。這些靈巧的特技或許能讓表演者獲得酬勞、讓男人看得心癢癢，但人類的陰道肌肉卻不是設計來開瓶蓋、射球或抽菸的。

我們必須一探古代東方文化的智慧，才看得到陰道肌肉更性感且能增進兩性快感的功用。塔米爾語的pompoir與梵文的bhaga asana，是指運用陰道肌肉含納鎖住陰莖、延長陰莖勃起時間的技術，男人的陰莖只要乖乖擺著，事情交給陰道肌肉就好了。女人運用骨盆底部肌肉增進魚水之歡並控制性高潮已行之數百年，並以此自慰享樂，印度中央邦著名的愛慾女神像就採取這樣的姿勢。

十六世紀印度房中書《性典》的作者迦利那摩羅，是一名深諳kabbazah（阿拉伯文中意指「持有者」、「緊握」）這種骨盆肌肉性愛歡愉之術的女人。理查・波頓[7]在一八八五年翻譯的《性典》英譯本中，如此描述陰道肌肉控制術：

這是男人最期待的女人反應。女人的陰道必須有如含住一根手指般，閉合收縮夾住陰莖，隨自己樂之所至開合，最後再緊握舒放如印度牛之守護女擠奶的手。這種功夫必須運用意志力、長期練習才能獲得。有妻子如此，丈夫會捧在手心當寶，即使拿三界[8]最美麗的皇后來交換也不願意。

據說，就連伊斯蘭教的先知穆罕默德也說過：「阿拉讓性交如此愉悅舒暢，因此，我們必須用所有的神經肌肉充分享受性愛。」

歷史與文學中也不乏女人陰道奇技的記述。古希臘的高級妓女以能用陰道肌肉壓碎陶製陰莖聞名，這是她們必須接受的性器肌肉肌力與技巧考驗。傳說法王亨利二世的情婦布瓦荻葉（1499-1566 CE）也有這種功夫，因此讓法王對此年長二十歲的情人鍾愛不渝。法國作家福婁拜亦曾津津樂道自己在埃及愛斯納城買春的經驗：「她的陰道如成捲的絲絨緊握著我——實在讓人銷魂。」在地球的另一端，上海的性工作者施麗紅以絕佳的陰道控制出名，只要收縮舒放陰道肌肉，就可以吸進推出陰莖，像是吸吮的感覺。傳說華里絲・辛普森[9]的「上海夾技」，就是英國在一九三六年喪失一位國王的原因，據說她「具有讓火柴棒感覺如雪茄的能耐」。

---

7 譯註：1821-1890，英國著名的探險家、作家和語言學家。

8 譯註：印度教將宇宙分為「天界」、「氣界」和「地界」三個世界。

9 譯註：即溫莎公爵夫人。

教育的重要性

　　現在還是找得到精通這種陰道性技的人，但是這些女人的陰道肌肉都是練過的。印度人稱此陰道控制練習為Sahajolî，女孩小時候就從母親那兒習得此技，長大後再由密宗導師指導。印度寺廟的女舞者「神僕」也必須接受這種訓練。密宗瑜珈的修練者也練習控制陰道，以增進性愛歡愉。這些練習包括腹部和骨盆收縮，以及肌肉收束法，而會陰收束法之類的練習也適用於男人。

　　玻里尼西亞的馬克薩斯社會認為，陰道肌肉控制是重要的性技巧。馬克薩斯人把陰道收縮技巧稱為naninani，因此毫不意外地，他們尊崇有強健陰道肌肉、能在性愛時多次夾緊陰莖的女人。馬克薩斯人做愛時會做一種骨盆動作，據說可以讓雙方同享快感，這種性感動作稱為tamure，源自大溪地一種有此動作的雙人舞。

　　值得注意的是，做愛時有這種骨盆動作的不只是女人，馬克薩斯男人也必須會，這大概又是他們雙方通常能同時達到性高潮的原因。不論是同時或各自，達到高潮對馬克薩斯女人不是問題，她們懂得運用陰道肌肉顯然是關鍵（也必須有男人的陰莖參與）。但是性教育也很重要，馬克薩斯人一到青春期就必須接受性教育，女孩由祖母輩習得，男孩則由年長的女人教導，性教育內容包括姿勢、挑逗技巧與衛生習慣；可惜的是，這種習俗似乎日漸沒落。

性愛中心

　　想想陰道夾握陰莖的力道與靈活，就不難了解女人的性器肌肉

非常複雜。這些肌肉系統交叉、環繞、嵌入、牽拉、緊握、強拉並推擠，讓女性骨盆內的器官——尿道、陰道、子宮與直腸——安居其位，各司其職。這些肌肉深入陰道壁，將陰道繫在骨盆構造內。我們現在知道有三群肌肉包覆環繞陰道（見圖5.3及表5.1），由下而上分別是會陰體肌肉（陰道後壁與直腸間的小肌肉組）、泌尿生殖膈肌肉與骨盆底（骨盆橫膈）肌肉。

這些肌肉群將陰道分成三部分：上部（骨盆底上方的區域）、中部（由來自骨盆底部與泌尿生殖膈的肌肉圍繞著）與下部（會陰體肌肉）。以肌肉群將陰道分成三部分的概念，正好與道教控制陰道肌肉的理論相吻合。女人若是精通道教性技巧，就能任意收縮個別肌肉群，可以在陰道內左右運轉兩顆石球（直徑二點五公分），或是讓兩球相碰發出響聲。

只要觀看達文西的素描，就會發現這位義大利畫家對陰道下

表5.1　陰道肌肉

會陰體	• 肛門括約肌（城堡守門人） • 淺橫肌（提供橫向支持） • 覆蓋前庭球、環繞陰道開口的海綿球體肌，又稱陰道收縮肌 • 坐骨海綿體肌——陰蒂肌肉
泌尿生殖膈	• 會陰深橫肌（提供橫向支持） • 尿道括約肌
骨盆底部	• 連接恥骨和尾骨的恥骨尾骨肌，其中一段稱為恥骨直腸肌。 • 髂骨尾骨肌 • 尾骨肌（坐骨尾骨肌）

恥骨尾骨肌、髂骨尾骨肌與尿道、直腸的肌肉統稱為提肛肌群。海綿球體肌有時稱為前庭球海綿體。
Adapted from Lowndes Sevely, Josephine, *Eve's Secrets: A New Theory of Female Sexuality*, New York: Random House, 1987.

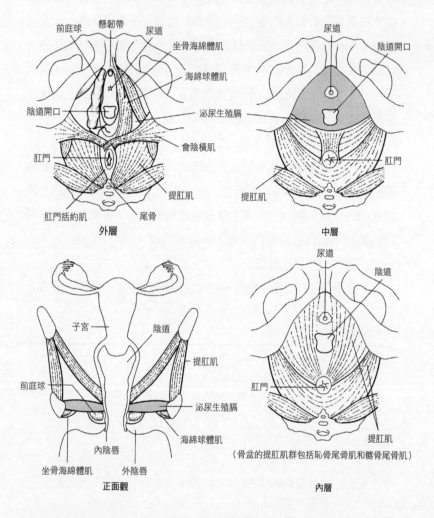

圖 5.3　女人的陰道肌肉強勁、複雜又驚人，可分為三組或三層。善用它們，可不要讓它們退化了。

端、會陰部分的肌肉非常著迷。他的人體素描中有描繪肛門的作品，著重在肛門如圓形花瓣的外形，他稱這些肌肉為「城堡守門人」。達文西的會陰體守門人肌肉，涵蓋了那些橫向支持陰道的肌肉、束緊肛門的肌肉、覆蓋陰蒂腳的肌肉，以及覆蓋前庭球的肌肉。最後這種肌肉也環繞陰道開口，收縮時會束緊陰道下端，讓陰道開口變小。這種肌肉現在名為海綿球體肌，以前稱為陰道收縮肌，原因顯而易見。陰蒂肌肉（坐骨海綿體肌）在性興奮時會收縮，陰蒂則同時充血勃起，因而跟陰道靠得更近，陰蒂頭則會上仰縮入陰蒂蓋。會陰體上方是泌尿生殖膈肌肉，這些肌肉提供陰道橫向支持，同時能束緊尿道。

骨盆底部肌肉受到的注意最多，女人生產後若是有尿失禁或無法產生性興奮的問題，專家都會建議鍛鍊這組肌肉。整體觀之，骨盆底部肌肉群是緊緊環繞著骨盆中央區那些器官的一片肌肉；從側面觀之，則是漏斗或圓錐形構造。骨盆底部肌肉群中最出名的是恥骨尾骨肌，從名稱就曉得這是由恥骨延伸到尾骨（脊椎尾端）的肌肉，動物搖尾巴用的就是恥骨尾骨肌。恥骨尾骨肌與此肌肉群其他的骨盆肌肉，共同支撐骨盆內的器官（以女人而言，是尿道、陰道與直腸），也會在咳嗽、打噴嚏等肌肉活動造成腹內壓力升高的情況下禁住尿液。女人懷孕時，骨盆底部肌肉也必須支撐子宮與胎兒的重量。

恥骨尾骨肌雖是骨盆底部肌肉群的主角，但不能獨立成事，而是必須與鄰近的肌肉聯合發揮功用。女人的性器肌肉合作無間，一同展現出陰道腔輕柔撫觸或奮力緊握的動作。運作的方式大概是這樣：恥骨尾骨肌收縮時，相鄰的恥骨直腸肌也會收縮，這些肌肉拉長變窄，讓陰道下三分之二的部分上提，子宮頸旁的穹窿與陰道上

面的部分則鼓脹變寬，壓力降低。靠陰道開口的海綿球體肌同時也會收縮，因為這些肌肉圍繞陰道開口，陰道下三分之一部分的壓力高於中間三分之一的部分，而中間三分之一部分的壓力又高於上面三分之一的部分。想想陰道這三個肌肉群以如此協調的方式束緊並收縮擴張，或想像陰道有節奏地夾握陰莖，陰道有「性愛中心」之稱也就不難理解。

可別讓肌肉退化了

可惜的是，這幾十年來，人們習於久坐的生活方式，動不動就癱坐在扶手椅或沙發上，不再蹲跨。因此，現在不只是產後的婦人，不論男女，骨盆肌肉都變得鬆弛了。肌肉都是這樣，不用就會退化。胸肌和二頭肌可以經由鍛鍊變得強健有形，骨盆肌肉也能如法練習，而讓陰道成為可靈巧控制肌肉的器官。

鍛鍊骨盆肌肉對健康也有好處。不論男女，只要骨盆底部肌肉變得強健，大小便失禁的情形就會改善，性刺激與性生活也會變得更敏感美好。如果陰道肌肉夠強壯，有些女人甚至只要收縮舒放就能達到高潮；根據報導，鍛鍊骨盆肌肉也能改善陽痿的毛病。研究顯示，女人骨盆肌肉的肌力產生的肌電在二、三至二十、三十微伏特之間，一般而言，這些肌肉收縮時可製造九或十微伏特。若低於平均值，就可能會有壓力性或急迫性尿失禁的問題；若高於平均值，有如此肌力的女人就可能享有多重性高潮。

然而，鍛鍊骨盆肌肉要注意一點，因為看不到自己的肌肉如何運作，要訓練特定的肌肉群並不容易。專家常推薦女人做凱格爾運動。美國加州婦科醫師凱格爾在一九五一年發明了骨盆底部肌肉鍛

鍊法，但是原本的運動與今日鼓吹的凱格爾運動差別很大。最早的凱格爾運動，需要將一種有阻力且可壓縮的探頭插入陰道，骨盆底部肌肉壓縮探頭時，壓力數值會顯示在手持的儀表上，這就是「凱格爾會陰壓力計」。凱格爾認為這種方法才能讓肌肉達到阻力訓練，藉由生理回饋儀認識自己的骨盆底肌肉，享受肌力增進的成就感。他甚至製作了陰道模型，讓人明白勤用會陰壓力計可達到的效果。凱格爾會陰壓力計可說是史上第一個生理回饋儀器。

現在，我們有電子生理回饋儀或專門的物理治療師，可以幫助骨盆肌肉無力的人。專家也建議規律性地鍛鍊，並搭配可顯示讀數的阻力儀器——或是性伴侶的陰莖。然而，某些鍛鍊法打著「凱格爾」的旗號，卻只是單純收縮肌肉而未提供阻力，效果並不好；沒有阻力又沒有回饋，怎麼會知道運動的部位對不對或有沒有效果。這樣的凱格爾運動經常會鍛鍊到不對的肌肉群，或是收縮到正確的肌肉卻未充分放鬆，反而可能造成慢性骨盆肌肉緊張或骨盆疼痛。

萬事俱備，只欠東風

陰道肌肉收縮是性興奮的一種現象，這個簡單的動作會匯集周圍的血液，將血液快速引至陰道壁的毛細血管。血流增加會讓陰道壁充血，血管也會鼓脹。這就是陰道壁血管充血，能讓陰道潤滑並增長。我們先來談談潤滑的作用。研究者很久以前就注意到陰道、性興奮與陰道濕潤的關係，一世紀的醫師稱內陰唇為nymphae，字面意思即是希臘的水澤女神。在古希臘喜劇中，飾演女角的男演員掛著水袋象徵性興奮。日文指稱性交的字「濡れ」，字面意思就是「變濕」。

儘管這類觀察有久遠的歷史，德格拉夫還在一六七二年做了相當精確的陳述，但是女性陰道壁在性興奮時會分泌液體的概念，還必須等到三百年後，麥斯特斯於一九五九年發表〈女性性反應：陰道潤滑作用〉此重要一文後，才漸漸廣受世人接受。麥斯特斯指出，女性因生理或心理刺激產生而性興奮時，陰道壁表面會有「發汗」的反應：

　　　　陰道皺褶上突然冒出點點的潤滑物質液滴，這種景象看起來有點像額頭冒汗的樣子。隨著性興奮的程度加深，這些液滴匯集成全面覆蓋陰道壁表面的滑順光亮液面。陰道發汗的反應，是女性在性反應週期初步興奮階段陰道潤滑作用最初的現象。

　　值得注意的是，陰道壁潤滑作用發生的速度非常快。這些潤滑液，即陰道滲出物，從一感到性興奮後十至三十秒內就會滲出，但是消失的速度一樣快。研究證實，潤滑液是陰道壁充血腫脹的產物；然而，能讓陰道產生潤滑液的不只是性刺激，各種用到骨盆肌肉的運動都有這種效果。每週六早晨在健身房運動後，我發現自己的陰道總是變得潤滑。每次運動後，我絕不是性興奮，但是汗水及陰道滲液卻讓身體有性興奮的反應而潮濕。

　　直到晚近，我們才充分了解女性性興奮與性交時陰道壁會伸長──而且是眼見為憑。麥斯特斯與薇吉妮亞‧強森在一九六○年代所做的一連串實驗，顯示陰道壁在性興奮時會擴張，可惜他們使用人造陰莖做實驗，因此實驗結果不被認可。一九九○年代初使用超音波儀器所做的實驗，也顯示陰道壁會脹大，尤其是前壁；但是要到二十世紀末，磁共振造影術才讓我們一睹陰道改變形狀的清晰影

像。磁共振造影儀可顯現人體內部的快照與動態影像，連軟組織都能顯示，因為這是非侵入性儀器，探針和監視器都不需放入陰道，所以是性興奮與性交時陰道狀態改變最真實的呈現。目前已有的相關研究並不多，但是都指出陰道非常有彈性又能勃起。一項實驗記載：性興奮時，陰道前壁由七點五公分遽增為十五公分，足足長了一倍，煞是驚人；陰道後壁同時也由十一公分增為十三至十五公分。黑猩猩的陰道長度平常是十二點六公分，性興奮時會增長到十六點九公分，外生殖器的皮膚也會完全脹大。

女性性興奮時，體內生殖器組織的改變不單只有陰道潤滑與長度增加，尿道周圍的勃起組織——尿道海綿體（男人的尿道也圍繞著同樣的海綿體）——也會充血腫脹。女人的尿道從尿道海綿體頂部（陰蒂下方、陰道上方的尿道開口）至膀胱頸部，一般是三、四公分長。尿道海綿體包覆整條尿道，寬度在二點五至三點五公分之間；朝膀胱頸部的部分較粗，朝開口的部分較細。

女人性興奮時，從陰道前壁可以感覺尿道海綿體腫脹，因為可勃起的尿道海綿體緊貼著陰道前壁。尿道海綿體頂部的下緣就是陰道開口的上緣，而它也構成部分陰道前壁。的確，尿道與周圍可勃起的海綿體組織、肌肉及陰道密不可分，因為尿道的底部就是陰道的頂部。

女孩用髮夾，男孩用子彈

男人的尿道海綿體對壓力改變（緊握的手或陰道）的情慾敏感度非常強，女人的尿道海綿體也是如此。許多女人覺得刺激尿道會帶來強烈的快感，不論是經由陰道前壁間接觸碰，或是直接觸摸尿

道海綿體頂部。女人的尿道海綿體頂部與陰道隆線（即尿道海綿體頂部的下緣）極為敏感，輕柔愛撫此處，帶給女人的性刺激就如同撫觸男人的龜頭。陰莖淺淺抽送進出陰道時，陰莖頭冠來回摩擦陰道隆線，帶來的快感尤其強烈。有些女人也喜歡刺激尿道內部的感覺，但是千萬小心，髮夾之類的小東西可能在高潮時沒了蹤影，跑到膀胱可就糟了。醫學史上也有記載，有個男人用步槍的子彈刺激尿道，結果子彈跑進膀胱了。

私底下，不少女人都曉得尿道的情慾潛力，但是醫學界一直到二十世紀中才開始討論這種情慾感受，思想開放先進的婦科醫師葛芬伯格是第一個提出報告的人。葛芬伯格生於一八八一年，是女性生殖與快感研究的先驅。他是第一個描述卵泡成長與子宮內膜關係的人（但是，卵泡的另一名稱「格拉夫濾泡」卻得自也研究濾泡的德格拉夫），也率先就陰道分泌物之酸性因生理週期而有所改變，在一九一八年發表了一份二十九頁的報告，有些人因而將排卵測試創始者的榮耀歸給他。不僅如此，他對避孕方法的研發也貢獻卓著，在一九二八年發明了子宮內避孕器「葛芬伯格環」，往後也與他人合作發明了塑膠子宮帽。

直到晚年，葛芬伯格才開啟了女性尿道及周圍構造的觀點大革命。一九五〇年，他在《國際性學期刊》發表了影響深遠的〈尿道在女性性高潮的作用〉。他在文中指出女性由刺激尿道所得的快感：「女性的尿道與男性的尿道是類似的器官，同樣都有勃起組織環繞於外……受到性刺激時，女性的尿道會脹大，很容易就感覺得到，性高潮時尤其腫脹得厲害。」葛芬伯格也指出尿道的「地板」是陰道前壁的「天花板」，而且「貼著尿道後段的陰道前壁有個性敏感區；雖然整個陰道都很敏感，但這個部位卻是陰道對手指刺激

最敏感的地方」。

葛芬伯格從研究中發現，陰道前壁最敏感的部位就在距離陰道開口三、四公分、差不多就在鄰近尿道變成膀胱頸的地方，這就是三十年後於《G點與人類性行為的其他新發現》這本暢銷書中改名為「葛芬伯格點」或「G點」的部位。

陰道敏感與否的煩人問題

葛芬伯格的研究成果備受爭議有兩個原因。第一，他指出女性尿道有勃起組織圍繞，跟男性尿道一樣。第二，他指出陰道內壁很敏感。當時的人都認為陰道與尿道感覺遲鈍，他的見解卻完全不同，至今還是有許多人認為陰道感覺遲鈍。這些人的看法都錯了，讀者將會看到他們依據的是偏狹的理論和有瑕疵的科學。首先，十八、十九世紀厭惡女性和虛偽的態度，直指女人沒有激情愛慾可言，陰道感覺遲鈍的概念即源出於此。這個時代的菁英認為，女人完全感受不到性慾；儘管反證歷歷，這個概念還是備受宣揚。

可嘆的是，陰道感覺遲鈍、沒有反應的概念還有二十世紀的研究結果撐腰，這些研究光憑以棉花棒所做的實驗結果，就斷然宣稱陰道感覺遲鈍。用棉花棒頭觸碰陰道壁可能沒什麼感覺，但是僵硬的觸覺測試會有這種結果，卻一點都不讓人意外，這種棉花棒觸碰實驗怎能與性經驗相提並論。這些實驗倒是顯示陰道對震動與壓力很敏感，但是報告卻沒有特別指出這一點。

尿道與陰道壁很敏感，葛芬伯格可說對了。近來的研究顯示，女性性器布滿了神經（有陰部神經、骨盆神經、下腹神經和迷走神經），可感應震動、觸摸與壓力的改變，尤其是深壓。外生殖器皮

膚受到觸覺刺激所產生的感覺是一種，肌肉收縮或因陰莖、手指和震動器等東西而擴張時，會陰與陰道肌肉內的本體感受器感應到深壓，也會產生強烈的感覺。有些研究者認為，臟腑感覺接受器會把性興奮及性高潮的感覺傳達到大腦；這也就是說，不論是慢慢撫觸的緩緩震動、深度插入的強烈持續壓力，還是單單收縮陰道肌肉，陰道都有所反應。

陰道前壁特別敏感這一點，葛芬伯格也說對了。近來針對陰道顯微構造與敏感性的研究顯示，陰道腔的神經分布有部位差異，愈深入陰道，神經纖維愈多，而且陰道前壁的神經比後壁密集。不僅如此，在陰道前壁靠近膀胱頸的部分，神經纖維的數目與種類也特別不同，這裡有許多神經密布的血管，還有一個我們尚未解釋的捲曲大血球狀構造。

陰道壁顯微構造的研究顯示，陰道壁遠較前人認為的敏感得多。關於這一點，我一點都不意外，我曉得自己在極度性興奮而酥軟之際，陰道能感受非常輕微的顫動。要論生活中有哪些甜蜜的感覺，一個就是男人在我體內達到高潮時那種搏動、癢呵呵的美妙感覺，讓人分不清自己感受的是精液噴射還是性高潮收縮顫動的感覺，反正就是那種飄飄欲仙的感覺。

女性前列腺

有些事似乎就是不會變，比方說，葛芬伯格發表那篇革命性文章五十年後，女性尿道周圍的組織至今仍是爭議不斷的主題。不過，現在的爭議圍繞在女性尿道周圍的組織不只會勃起、對性刺激敏感，讓人訝異的是，這個組織還會分泌物質，因為裡頭布滿了無

數腺體。這些腺體與相連的腺管會將分泌物排入尿道，而這些分泌腺構造與相鄰的平滑肌就構成了女性前列腺（見圖5.4）；不過，在二十一世紀初的今天，並非所有科學家都願意接受這種論點。女性前列腺故事的曲折程度，可與陰蒂的故事相比擬，這是個器官失而復得的故事。就跟陰蒂的情形一樣，儘管證據歷歷，還是有很多人主張女性前列腺是沒有功能的性器官。

　　世人並不是一直都否認女性有前列腺，其實有兩千年的時間，研究者認為女性有前列腺，這種情況直到十九世紀末葉才改觀。希臘解剖學家蓋倫是研究女性前列腺功能的先驅之一，他在《人體各部位的作用》第十四卷指出，女人和男人都有前列腺，而且對女性前列腺的功能、分泌物及其與生殖作用的關係提出解釋：「女性前列腺的液體成分單純而稀，對繁育後代沒有貢獻。」一千五百年後，德格拉夫在其革新之作《女性生殖器研究》中，寫下女性前列腺最早的解剖學描述。他同意蓋倫的說法，女性前列腺與男性前列腺是相似的器官。

　　事實上，醫學界對女性前列腺那些腺體與腺管的看法，是到了

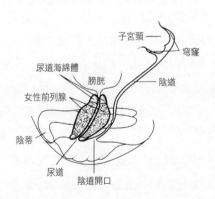

圖5.4　女性前列腺：沿著尿道延展的不規則腺體叢與相連的腺管。

一八八〇年才豬羊變色。以往的研究者大多認為女性有前列腺，美國婦科醫師史金的文章是女性前列腺觀點及名稱逆轉的關鍵。不曉得是什麼緣故，史金決定以女性前列腺眾多腺體中的兩個腺體為討論重點。他選的是其中最大的兩個腺體，德格拉夫曾在一六七二年詳細描繪這兩個腺體，但是史金將德格拉夫的研究擺在一旁，宣稱這是他的新發現。當然，這些腺體就稱為「史氏腺」。

從此之後，女性有前列腺的概念就漸漸沒人提了，之後在尿道周圍發現的腺體與腺管全被稱為尿道旁腺。不僅如此，女性前列腺不但被降級為史氏腺、尿道旁腺，還被貶為沒有功能的器官殘跡。結果就是：女人有史氏腺，沒有前列腺；即使女人有前列腺，也只是沒有功能的殘跡。現在，「尿道海綿體」也能指稱尿道周圍可勃起的海綿體組織，以及交纏於中的腺體與腺管。

差別在哪裡

然而，女人的確有前列腺，而且是有功能的生殖器官。值得注意的是，女人不是唯一有「會分泌且有作用之前列腺」的雌性動物，哺乳綱裡的四個目——食蟲目（鼩鼱、鼴鼠、刺蝟等）、翼手目（蝙蝠類）、齧齒目（大鼠、小鼠、松鼠等）及兔形目（兔、野兔等）——的雌性動物都有發達的前列腺。前列腺的大小依物種而異，但是都有分泌物；不過，我們仍不清楚雌性前列腺分泌液在生殖作用上的功能。

一九九〇年代末期，一項超微構造的研究顯示，成年女性的前列腺有成熟的分泌細胞和基細胞（都受激素調節），就跟成年男性一樣。因此，女性前列腺是沒有功能的器官殘跡這種說法就此打

破。最近的研究也指出，女性前列腺有神經內分泌的功能，因為女性前列腺就跟男性前列腺一樣，會分泌神經傳遞物質——血清素。還有證據顯示，尿道與前列腺組織有週期性變化。女性的月經週期在二十五至三十五天之間，在黃體期（又稱分泌期，排卵後到下次月經來潮前十四天左右的時間），尿道組織會變薄，尿道閉合能力可能會因而減弱。不過，儘管有許多結構、組織、動物與內分泌研究的證據，很多科學家仍一意否定女性擁有有功能的前列腺。

男性前列腺到底有哪些部分是女性前列腺沒有的呢？為什麼大家同意男性有前列腺，卻質疑女性有前列腺呢？基本上，男性前列腺是個像核桃或栗子狀的構造，圍繞尿道靠膀胱頸的部分。女性前列腺可由陰道前壁刺激而感覺到，男性前列腺必須從直腸才感覺得到，因為前列腺位在膀胱與直腸中間，很多男人就喜歡從直腸刺激前列腺以獲得快感。男人性交抽送陰莖產生的壓力，也能讓前列腺獲得間接刺激；在高潮射精時，也能從陰莖根部感覺到前列腺的跳動。男性前列腺若是受到刺激，會分泌並射出前列腺液；一如女性前列腺，男性前列腺也是由腺體、腺管及平滑肌組成。男女前列腺的結構相似並不讓人意外，因為兩者都是由同一部分的胚胎組織——泌尿生殖竇——發展出來的。

兩性前列腺的差異，在於腺體與腺管的數目與分布方式。兩相比較下，女性前列腺的腺體較少，腺管卻較多，這四十多條腺管沿著尿道分布（見圖5.5(a)）。男性前列腺的腺體與腺管（十到二十條之間）較集中，與平滑肌組織交錯結合在一起，因此射液的力道較強（見圖5.5(b)）。兩性前列腺構造的差異與前述男女外生殖器發展的情況類似：女性性器組織發展時會開展長成陰蒂、尿道、陰道和陰唇，男性性器則閉合將各部分全收在陰莖這個體外構造中。

(a)

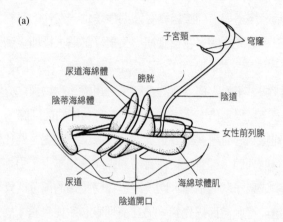

子宮頸 —— 穹窿

尿道海綿體　膀胱

陰蒂海綿體

陰道

女性前列腺

尿道

海綿球體肌

陰道開口

(b)

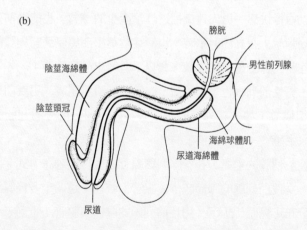

膀胱

陰莖海綿體

男性前列腺

陰莖頭冠

海綿球體肌

尿道海綿體

尿道

圖5.5　比較女性與男性前列腺：(a)女性前列腺較分散，而(b)男性前列腺較集中。兩者都圍繞尿道。

男性前列腺是個二點五公分長的小構造，這些腺體與腺管只從一個地方排出分泌物；反之，女性前列腺的腺體與腺管較分散，沿著性敏感、可勃起的尿道海綿體穿越並嵌入海綿體，從尿道不同的地方釋入分泌物。有些女人受到性刺激時，會感覺到這群腺體與腺管腫脹壓迫陰道前壁（見圖5.6）。有些女性的前列腺大概是豆子般那麼小，有些人的前列腺則較大；有些研究者則認為，前列腺隨著時日增加、受到的刺激更多後會變大。

　　研究顯示，在某些女人身上，這些腺體與腺管集中叢聚在膀胱頸處；而在某些女人身上，則叢聚在尿道海綿體頂部；此外，有些女人的這些腺體則沿著尿道平均分布（見圖5.7）。女性前列腺組織不同的分布型，或許可以解釋為什麼許多女人花了很長的時間，還是找不到自己的前列腺（即G點）。在某些女人身上，這個性敏感區集中在陰道前壁上的一個地方，而在某些女人身上則較為分散，有些女人卻可能只有一點點前列腺組織。這並不讓人意外，女人不

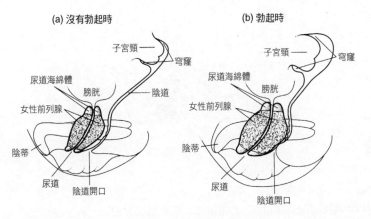

圖5.6 女性前列腺：(a)沒有勃起時，從陰道前壁可能不容易觸摸到前列腺組織，但是(b)勃起時，可以感覺到前列腺腫脹並壓迫陰道。

▼

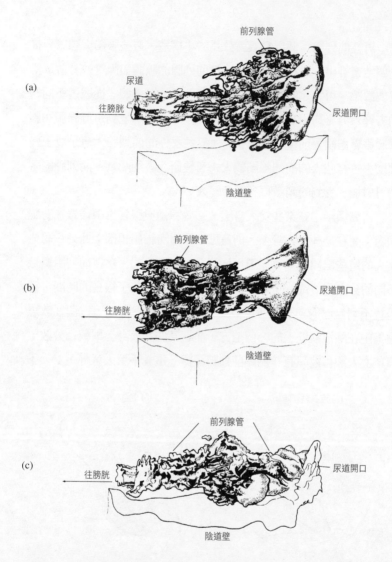

(a)

前列腺管

尿道

往膀胱

尿道開口

陰道壁

(b)

前列腺管

往膀胱

尿道開口

陰道壁

(c)

前列腺管

往膀胱

尿道開口

陰道壁

圖5.7　女性前列腺組織三種分布型：(a)最普遍的分布型（百分之六十六）是前列腺組織叢聚在尿道海綿體的頂部，即尿道開口；(b)百分之九的女性的前列腺組織叢聚在膀胱頸；而(c)有百分之六的女性的前列腺組織沿著尿道平均分布（Adapted from drawings of wax models of the human female prostate by Huffman, J. W., 1948）。

是只有一個樣子，各有其特色。

　　一項有史以來規模最大的女性前列腺組織研究指出，百分之九十的實驗參與者有前列腺。這項研究發現，最常見的前列腺組織分布型（百分之六十六的實驗參與者），是叢聚在尿道海綿體頂部附近（就在陰道進來一點點的地方）；而有百分之十的女人，前列腺組織聚集在膀胱頸；還有些女人的前列腺組織，則沿著尿道平均分布。實驗中還有百分之八的女性只有所謂的「前列腺組織殘跡」。從這個研究結果看來，大部分女人找不到自己的前列腺（G點）並不讓人意外，因為大多數說明只是送女人入迷津——不是把目標放在陰道內太遠的部分，就是只在某個部位尋找。了解整個陰道前壁與尿道都是性敏感區、都會勃起這一點，可能對女人（和男人）較為有用。

讓人著迷的液體

　　那麼，為什麼女人和男人有這個叫前列腺的器官呢？有關男性前列腺功能的理論，是源自於前列腺在性興奮時不斷排入尿道的分泌物，這些分泌物就是陰莖勃起後龜頭（尿道開口）上幾滴閃亮液體的部分成分。然而，緩緩分泌這些分泌物不是前列腺的主要功能，射液才是前列腺的重頭戲。在這個時候，前列腺周圍的肌肉會痙攣，將分泌物推入尿道，使之與來自睪丸經由輸精管送來的精子，以及從尿道球線（又稱考伯氏腺）及儲精囊而來的液體，一起混合成精液——大概有百分之七十的液體來自儲精囊，百分之三十來自前列腺。實驗顯示，前列腺液含有鋅、鎂、檸檬酸、氨基酸、酶和前列腺素等分子。

據說，男性精液的特殊氣味，就是來自栗子狀前列腺分泌的液體。很巧的是，栗子也有一股精液般的氣味，史上不少人都曾評論過這件事，還給了薩德侯爵寫作〈栗之花〉這個故事的靈感。這股甜甜的栗子香是因為有1-二氫吡咯這種化學物質，男性陰部的汗水中也有這個成分。有個理論主張，前列腺液對尿道的尿液毒性或陰道裡的酸性有保護及緩衝作用；還有個理論主張，前列腺液的成分有助於精子的活動力，讓精子不會卡在尿道裡。研究人員發現，公裸隱鼠的前列腺液有吸引雌性的特性；然而，我們還不清楚男性前列腺液對生殖作用有何功能。

　　女性前列腺液又是如何呢？女性前列腺液是晶瑩的乳白色液體，性興奮時，尿道海綿體頂部會出現幾滴前列腺液，就跟男性的情況一樣。兩性的前列腺液也有相似的化學成分，女性前列腺液也有大量前列腺酸性磷酸酶，以及其他酶類、尿素與肌酸酐。女性前列腺液確實的成分還有待研究，但我們已知裡頭含有糖類及果糖，而男性儲精囊也會製造這些成分。一九八〇年代的研究指出，女性前列腺液含有豐富的前列腺酸性磷酸酶，這項發現對法醫學也有重大的影響。以往，男性性侵害的案子，常以女性受害者衣服上或陰道分泌物裡發現的前列腺酸性磷酸酶為證，因為過去以為女性不會製造這種酶；現在，前列腺酸性磷酸酶就不能當成這種證據了。

　　研究者發現，男女前列腺液的另一項成分——前列腺特異抗原——是某些疾病診斷的關鍵，前列腺特異抗原的含量升高時，可能是男性前列腺癌的早期徵兆。因此，測試前列腺特異抗原值已成了男性前列腺癌必要的篩檢項目。女性的前列腺特異抗原含量若是升高，可能是前列腺有腫瘤的徵兆，但是女性得前列腺癌的例子非常少見。現在發現，女性一再復發的尿道炎或膀胱炎，其實可能是前

列腺發炎，也就是男性所謂的前列腺炎。

洪流傾洩自女人來

　　儘管近年的超微構造研究讓女性前列腺存在的事實大致底定，但葛芬伯格一九五○年所做的尿道在女性性高潮作用的報告，還是有一點讓各家爭論不休。爭議的焦點在於，女性前列腺會不會在性高潮時經由尿道排出大量液體。葛芬伯格如此描述這個現象：

> 　　有時候排出的液量非常大，女性必須在身體下方墊大毛巾，才不會弄髒床單……若是有機會觀察這些女人達到性高潮時的狀態，就會發現大量的清澈透明液體由尿道排出，而不是從陰戶排出……根據我們觀察到的個案，這些液體檢驗後不含尿液成分。以往所謂的女性性高潮排出尿液的報導，我認為不是排出尿液，而是陰道前壁靠尿道之性敏感區的尿道腺體分泌物。

他還指出，有時女性排出非常多液體，因此「這些女性的液體可與男性射精相比擬」。

　　二十一世紀初，女性射液——前列腺液受尿道壓力排出——的概念還是充滿爭議。有科學家發表支持女性射液的報告，但也有科學家否認女性射液的現象，也認為女性沒有前列腺。宣揚女性射液之論的影片文章也不虞匱乏，例如二○○二年有一部日本電影《紅橋下的暖流》，描寫的就是有個女人每次性高潮時，「噴出的液體比大白鯨還多」。

　　除此之外，還有親身目睹、經歷女性射液現象的男男女女，我

就有這樣的經驗。第一次有幸見到女性射液真是令我大開眼界，大量的麝香味液體噴湧而出，這種景象真教人驚嘆萬分。我絕不是第一個對此感到驚奇的人，人們很早就曉得女人會排出前列腺液，還有兩千多年前的文獻可佐證。

中國、日本和印度等東方國度，都有記載女性射液的古代房中書，很多文獻還說明陰道潤滑液與射液的不同。為調情、挑選性伴侶、性愛各層面提供各種建議的《玉房秘訣》就有這樣的討論：

> 皇帝曰：「何以知女之快也？」素女曰：「有五徵五欲，又有十動，以觀其變，而知其故。」夫五徵之候：一曰面赤，則徐徐合之；二曰乳堅鼻汗，則徐徐內之；三曰嗌乾咽唾，則徐徐搖之；四曰陰滑，則徐徐深之；五曰尻傳液，則徐徐引之。

《素女秘道經》也有類似的論述：「玉戶滑澤，乃內玉莖，至津液自中極溢流。」研究者認為，這個中國人稱為「小溪」、「赤珠」的陰道內部位即女性前列腺。日本人稱之為「蚯蚓之皮」，中國人也用「陰宮」一詞指性高潮時分泌「月華」的部位。

自十一世紀以降，印度的性學也提到女性前列腺與射液。《性典》對女性性器有相當詳細的描述，還特別指出陰道中有個性敏感強烈之處 —— 名為「高潮流」—— 若加以刺激，會製造大量「愛液」。早在七世紀，詩人阿瑪魯就曾在《阿瑪魯詩集》中提到女性射液的現象，僅管此書並非性學作品。其他性學書籍如《五箭集》（十一世紀）、《亞雅曼加納》（十三世紀，雅沙達羅評註《愛經》的作品）、《愛情的秘密》（十三世紀）以及較晚近的《愛之明燈》，都提到女性射液。此外，密宗經典也在陰道潤滑液與子宮頸分泌液

之外，談到女性性器產生的第三種性愛分泌物。

女性精子的難題

　　西方世界對陰道分泌物的研究也有非常久遠的歷史。自亞里斯多德以來，就有不少重要作品提及女性分泌大量精子。在亞里斯多德的時代，人們就發現男女性興奮時性器都會分泌液體，這些分泌物該做何解釋是個大問題。有人主張，這些分泌物，不論是稱之為精子、汗液、乳汁還是血液，都是為了讓身體維持平衡的狀態。因此，性交及其引發的各種分泌液是調和人體狀態的良方。

　　古人也認為體液會轉化，所以深入研究性器泌液的來源與性質。亞里斯多德主張，膚色淺者的性器分泌物較膚色深者的量還大，因為膚色深者毛髮較多。他指出，食用清淡硬質食物者較食用重口味流質食物者，更容易有射液不足的問題，而他也提到有些女性性高潮時陰道會有大量分泌物。亞里斯多德指出兩性射液的不同處，但也觀察到，不論男女，射液後都會感到疲倦。蓋倫認為男人的精液較女人的精液稠而熱，因為女人較不完美、體內的熱較少，熱不足也是女性陰莖無法伸展於體外的原因。

　　這些古代文獻討論的是不是女性射液有個大問題：這些女性精子、精液的描述可能是指子宮頸、陰道壁等任何一種女性性器的分泌物。然而，有些西方文獻對於女性射液與女性精子的描述非常詳細，毫無疑問就是指前列腺射液。拿亞里斯多德這一段敘述來說：

　　　　女性體內精液通過的管道有如下的性質：女性有個像男性陰
　　　莖的管子，但是位於體內。女性透過排尿處上方的一個小導管

經由這個管子呼吸，這就是女性想做愛時這個管子的狀態與情慾未發生時有所不同的原因。

蓋倫也說明了，女性性興奮時，陰道分泌液與極度性興奮、性高潮時的射液並不相同。他在《人體各部位的作用》中指出：

> 女性「前列腺」的液體成分單純而稀，對繁衍後代沒有貢獻。這些液體可激發性行為、給予快感並潤滑其通往體外的通道⋯⋯在善盡其職後會被排出體外是有道理的。女性經歷交合的最大快感時，觀者可見這些液體流出體外，流到男性的外生殖器上。這種流出物甚至讓去勢的男人都能感到快感。

德格拉夫的敘述最為詳盡，他花了〈論女性的「精液」〉整章的篇幅討論女性精子，描述「女人跟男人一樣，晚上會玷污床單，患有歇斯底里症的寡婦和處女性器受刺激時，大量濃稠的精液會從性器流出」。不過，德格拉夫也描述了尿道及前列腺，指出所有陰道分泌液的不同來源，以及前列腺分泌物經尿道排出的特殊方式。

他描述前列腺液排出的方式「可說有若一股急流」，並且向不同意其論點者解釋這些液體的來源。他說：「前述導管〔即後來所稱的史氏腺〕⋯⋯與尿道開口裡的液體來自女性『前列腺』，或者應該說環繞尿道的肥厚膜狀組織。」而他也對女性射液的功能提出自己的看法：

> 此「前列腺」的功能是製造氣味重而鹹的濃稠漿液，讓女人的情慾更加難抑，並且在性交時潤滑性器，讓女人覺得舒服。

大自然設計這些液體並不是用來濕潤尿道（如部分人士所主
張），這些導管與尿道的相對位置，使得這些液體排出體外時
並不觸及尿道。

他還說「女性『前列腺』的分泌液帶給女人的快感，與男性前列腺
帶給男人的快感一樣多」。

女性排精液的倫理問題

自希波克拉底之後多年，女性精液之論在西方醫學界引起有趣
的辯論，後文將說明這些辯論最後會促使震動按摩棒的發明。自古
以來的保健常識主張，排出精液對男女健康有益，滯留體內的精液
會損害健康。這種看法直到十九世紀才改觀，而這麼長的討論歷
史，則意謂著醫學文獻充斥著女性精液及排除良方的記載。女性因
精液滯留而患疾的治療法，經常是由產婆用有香味的油按摩陰道，
再插入假陰莖或進行性交治療（十七世紀有個以俊俏年輕醫師為主
角的傳說）。這些女性疾病有子宮／母親窒息症、歇斯底里、萎黃
病等等名稱。

醫學文獻記載，年輕的寡婦與達適婚年齡的處女是精液滯留問
題的主要患者。〈少女思春怨〉這首民謠就描述，一名十六歲處女
唱著自己願意為得到「那話兒、那話兒、那話兒」做任何事。十七
世紀晚期的民謠〈一解萎黃病〉則描述：

　　一名豐滿俏麗的女孩
　　躺在床上喘著氣

她的臉色綠得像草

她哀怨地說：

再沒有年輕力壯的小伙子來幫我解脫痛苦

我就活不下去

我長吁短嘆

我的生命已不足一惜

　　幫女性快活的醫學療法引發重大的倫理問題。人們開始質疑，醫師幫年輕未婚女性獲得快感和性高潮而排出精液的做法合乎道德嗎？十七世紀的人認為，精液滯留會變成劇毒之物，毒性可與瘋狗、毒蛇、毒蠍的毒液相較。醫生的排精療法只是專業所需嗎？於是，幫女性排精的做法是否有必要，成了十七世紀初醫學界的熱門話題。一六二七年，法國醫生杭珊寫道：「醫生是否該按摩患有歇斯底里婦女的陰戶」是「非常嚴肅重要」的議題。他雖然同意，有很好的論點支持按摩陰戶是「證實行之有效的療法」，而且「反對使用這種有用的療法不合人道」，但是道德感讓他宣稱：「然而，依循神學家的教誨，我們認為這種按摩是可惡可憎的行為，尤其是這樣的做法可能會讓處女的貞潔不保。」

所有的女人都會射液嗎？

　　否認女性有射液現象的人喜歡反問，為什麼不是所有的女人都會射液。雖然每個女人的性反應都有獨特之處，但是這個問題有個很好的解釋。首先，針對有射液經驗女性比率的研究得到不同的數據，美國有些研究顯示百分之十，有些研究則顯示百分之四十至六

十八不等。射液的量也不一定，研究顯示的數值從三至十五毫升不等，通常在十至十五毫升之間。這些差異，尤其是並非所有女性的性興奮及性高潮都能觀察到尿道排液現象，讓否認女性射液者據以為要證。然而，科學家都應該曉得這個道理：一件事沒有發生在所有人身上，並不表示這件事完全不存在。

女性射液的事實不只是有醫學、歷史與性學的文獻記載證明，許多文化都知道女性尿道及前列腺對性興奮的功用。烏干的巴托羅人到達適婚年齡時，村裡的年長女性會教導女人如何射液，他們稱這個習俗為「噴牆」。美國西部的莫哈維印地安人、南太平洋中的特洛布里安群島與楚克島人，都相信女性會射液。一份對楚克島人性行為的研究顯示：「我們有好幾位受訪人都形容，性交是男女之間的競賽，男人必須以在女人達到高潮後才達到高潮為目標。女性高潮的現象通常可由排尿得之，即使沒有排尿，女性達到高潮時還是有其他徵象。」

楚克島和其他密克羅尼西亞地區的人認為，女性性興奮的特徵是「高潮前後會排尿」（一開始把女性射液當成排尿是很常見的事）。芒蓋亞島的男人指出，女人性高潮與性交時極度興奮的狀態有所不同；極度興奮時，「女人以為自己尿尿了，但其實那不是尿液」，而是「另一種」感覺。南太平洋的波納佩島人給想生孩子的人這麼一個建議：「波納佩島男人如果想讓大老婆懷孕，就要先刺激老婆，等老婆排尿後才交合。」

為什麼不是所有的女人都會射液？有個解釋是說，因為女人骨盆肌肉的肌力有差別。骨盆肌肉若是強而有力，性興奮與性高潮時肌肉收縮的力道也較強，而迫使前列腺排出液體的正是這股肌肉力量。研究結果也支持這種看法：會射液的女性的恥骨尾骨肌力道，

247

▼

5 打開潘朵拉的盒子

幾乎是不會射液的女性的兩倍。女性骨盆肌肉較有力，尿道閉合也較有力。男性骨盆肌肉的肌力也很重要，有個理論主張，骨盆肌肉有力，陰莖勃起時會較貼近腹部，而這個角度也較容易刺激女性的陰道前壁。

調好角度

男女性交的姿勢也可能決定射液與否。有些人認為人類面對面的交合法有缺點，相較於四足動物常採取的後插式，陰道前壁較不容易受到刺激。大部分四足動物的陰道開口就在尾巴下，後插式是最方便的姿勢。不過，如同前文討論過的，並非所有哺乳動物皆是如此。象類、巴諾布猿、人類等動物的陰道有角度變化，不像貓狗等動物的陰道幾乎與脊椎平行，這些哺乳動物的陰道開口較靠近腹部，陰莖插入的角度因此有所不同。沒有性興奮的女人若是站著，陰道下五分之二跟垂直線成三十度角，中間五分之二的部分跟垂直線成五十五度角，上五分之一則成十度角，整個看來有點像S形。陰道有這樣的角度變化，所以衛生棉條不好塞。有個訣竅是先用食指將棉條前端塞入，再用拇指將剩下的部位推入。這個拇指技法好用是因為剛好配合上陰道的角度，不妨試試看。

陰道有角度變化也許是人類與巴諾布猿能以女上男下、男上女下、後插式等等不同姿勢享受性交的一個原因；奇怪的是，巴諾布猿似乎偏好面對面交歡法。研究者曾觀察到，母巴諾布猿把雄性性伴侶調整到自己喜歡的姿勢，牠們甚至還發展出手勢，能表示自己想要的姿勢。笨重的象類要換姿勢可沒這麼容易，母象的會陰有半公尺長，陰道入口的角度不方便，因此象類辦起事來格外費神，這

大概就是大象喜歡在水裡交配的原因。

　　陰道前壁缺乏刺激，確實是女性沒有射液的原因；然而，面對面交合不容易使女性射液的真正原因，可能是陰道前壁刺激的時間不夠長，而不是缺乏刺激。不久前一些利用磁共振造影儀的性交研究顯示，面對面性交會先刺激陰道前壁，與一般人的印象正好相反，可以說提供了間接的刺激。當雙方同時將身體推向對方（必須是同時）時，兩方的性器可以感受到推動身體帶來的壓力與觸覺。透過陰蒂組織、尿道及尿道海綿體，男人可以感受到陰莖在陰道的抽送、被夾握，以及經由前列腺傳來的深壓感覺；而當陰莖抵住子宮頸及陰道前壁，進而頂到前列腺、尿道海綿體、尿道及陰蒂時，女人也會感受到觸覺與壓力的刺激。而且，面對面性交時，男人的身體會摩擦陰蒂頭，因此陰蒂同時受到內外的刺激。這些使用磁共振造影的研究也清楚顯示，隨著刺激加深，陰道前壁會腫脹增長，往陰道腔裡隆起。

　　最後，還有一個女性射液新穎大膽的理論主張：即使不是所有的女性，大部分女性的確會射出前列腺液，但是有些女人的射液方式不是射向體外，而是由尿道往後射入膀胱；換言之，的確是有射液，然而是往後射。往後射液其實在男性也很常見，原因就在骨盆肌肉無力，精液被向後擠入膀胱。這種情況也發生在女性身上嗎？

　　為了證實女性是否會往後射液，研究人員分析了女性性高潮前後的尿液，測試是否含有前列腺特異抗原。這項實驗有二十四名女性參與，研究人員也分析了其中六名女性的射液。在實驗中，所有女性以自慰的方式達到性高潮，她們都有兩天以上的時間沒有和男人發生性行為。實驗結果讓人大感驚奇：性高潮前的尿液都不含前列腺特異抗原，百分之七十五的女性性高潮後的尿液則含有前列腺

5 打開潘朵拉的盒子

特異抗原，這顯示女性前列腺在性興奮與性高潮時會分泌，而且往後射液是相當普遍的情形。從這六名有射液現象的女性所得的液體都含有前列腺特異抗原，平均值是每毫升六點零六毫微克；而高潮後往後射液者所得的尿液中的前列腺特異抗原，平均值是每毫升零點零九毫微克。

把精子噴出去

還有一個大問題尚待解答：女性射出的前列腺液到底有什麼演化目的？女性前列腺液的含鹽量過高，似乎沒有潤滑陰道的作用，而且前列腺液大多是在接近性高潮時才分泌射出，而不是在性興奮一開始時就分泌。女性射液的時間在高潮前、中、後都有可能，射液的時機雖然沒有一定，但是都有肌肉用力擠壓的現象，亦即子宮頸和陰道往下、往前推，有時力道大到可以將探入的陰莖或手指推出去。

女性射液的另一個共同特徵是需要刺激——需要有節奏的深壓刺激，若非陰莖有節奏地抽送，即是直接按摩陰道前壁，躊躇不決的撫摸可是行不通的。男性前列腺需要的刺激方式也是一樣，也就是性交時陰莖抽送，或是用手指、陰莖或任何想得到的「工具」直接刺激直腸。

女性前列腺的作用何在，一個重大的線索就在精液。所有動物的精液都是混合化學物質與精子的黏稠液體，精液中的物質不單來自男性前列腺，也來自其他許多生殖副腺。男性的生殖副腺有前列腺、儲精囊及考伯氏腺，其他物種的生殖副腺數目有些多於人類，有些少於人類。我們現在知道，這些腺體的分泌物以各種方式提升

雄性的生殖成就，精液中某些成分就是要保護精子安然渡過尿道，例如射精前可以中和尿道中尿液帶來的酸性。而糖類等成分則可能是要提高精子的活動力，確保精子順利離開雄性性器。還有一些成分可引發雌性性器收縮，甚至可以刺激雌性排卵，提高雌性的生育能力。

從演化的角度來看，雄性生殖副腺分泌物是雄性的一種策略，為了讓雌性留下並使用自己置入的精子，這是有性生殖物種為求生存而產生的生物適應。然而，如同前文討論過的，所有的雌性動物也都有排出無用精子的獨門妙招；從這一點看來，難道是雌性為了反制雄性生殖副腺分泌物，雌性前列腺因而與雄性生殖副腺有共同演化的關係嗎？雌性前列腺液有助於排出多餘或無用的精子嗎？

性交後性器會噴出液體的不只是女人，許多雌性動物也會。確實如此，大多數哺乳動物、昆蟲、蜘蛛與鳥類雌性對雄性授精的第一個反應，就是用強壯的肌肉將精液噴出去。可是，雌性性器噴出的到底是什麼東西呢？針對雌性性器射液的研究普遍指出，雌性噴出的可能是精液。這類研究大多只分析噴出物是否含有精液，裡頭可能也有雌性前列腺液，但是詳盡分析雌性性器射液成分與來源的研究尚付之闕如。值得玩味的是，有一項研究發現雌性性器射液含有雌性的分泌物。這項針對一種學名為 *Drosophila mettleri* 的果蠅研究指出，母果蠅會分泌物質幫助排出精液（果蠅排出的其實是精包）。雌性大鼠也是如此，牠們的陰道內壁會脫落，以去除精塞。

假使雌性動物的性器噴出物含有雌性性器分泌的液體（也許是前列腺液），這些液體有什麼作用呢？一個很大的可能是，雌性前列腺液有助於沖走精液。看過精液的人都知道，精液又稠又黏，哺乳動物與鳥類的精液又特別黏稠，非常有利於攀附雌性生殖道的縫

251

隙與皺褶。有研究者就主張，精液如此黏稠是雄性為了讓雌性難以排除精液而產生的生物適應；若果真如此，雌性共同演化以製造方便排出精液的「潤滑液」，從演化的角度來看似乎很有道理。雌性前列腺液的鹼性有助於去除黏稠的精液，前列腺液受壓噴出且性器肌肉同時用力往下擠，會讓這種效果更好；其他成分像是果糖與前列腺特異抗原，也可能有助於移除精液的功能。雄性前列腺所含的果糖可能是幫助精子順利離開雄性性器，而前列腺特異抗原則有讓精液液化的功用。

雌性前列腺液或性器液體，有助於排出當前或先前性伴侶無用的精液，這種概念是有性生殖策略的一個研究重點。人類是極少數行連續單偶制的物種之一，其他哺乳動物都享有多重性伴侶之樂。對現在行單偶制的女人而言，前列腺射液對生殖作用可能沒有功用，但是對於有多重性伴侶的雌性動物而言，能否噴出或沖走雄性的精液，直接關係到哪個雄性的精子會讓自己的卵子受精；果真如此，雄性也會為自己牟利，想辦法刺激雌性排出先前交配雄性的精液，再置入自己的精子。研究人員就已經發現，某些物種的雄性交配時或幫雌性刺激性器時，一定要讓雌性排出先前貯藏的精子。

林岩鷚與豆娘就是例子。母林岩鷚為每一窩卵交配數百次，但其實幾次交配就足以讓所有的卵子受精；公鳥要當父親，就必須想辦法讓母鳥排除其他公鳥的精液。公林岩鷚的辦法就是提供充分的林岩鷚式前戲，之後才傳送精子。林岩鷚的前戲就是公鳥啄弄母鳥充血腫脹的泄殖腔（尿道、陰道與肛門的公共腔室）外部，雌性的泄殖腔會擴張，顏色變得更紅，可能也有斷續的收縮動作。在泄殖腔收縮之際，可能是精液的小小液珠就冒了出來，公鳥一見這些液珠，就會先湊前檢視，然後才傳送自己的精子。針對一種豆娘的研

究也顯示，母豆娘的精細性器中，有個帶有小機械性刺激感受器的圓盤，只有公豆娘在交配時用陰莖扭曲這個圓盤後，母豆娘才會噴出先前貯藏的精子。這會不會是母豆娘的「G點」呢？

公林岩鷚與公豆娘企圖讓雌性受精的花招，讓我們想到南太平洋行多偶制的波納佩島人所給的建議：「波納佩島男人如果想讓大老婆懷孕，就要先刺激老婆，等老婆排尿後才交合。」

也許波納佩島人說對了。我們必須等到研究人員深入研究各種雌性動物前列腺，以及其濃厚豐富的氣味液，才能了解雌性前列腺在生殖上的功能，並了解陰道黏膜和分泌液成分，及其與安全性生活及生殖作用的關係；可嘆的是，目前這類研究的景況遠比不上雄性精液的研究。然而，儘管女性性器分泌液的研究極為缺乏，我們還是可以確定一件事：陰道沒有牙齒，沒有鋒利的邊緣或藏著毒蛇。陰道彈性靈活、形狀多變、蜿蜒曲折、變化無窮、湧流滾滾、潤澤潮濕，是徹徹底底的多變。

6
芳香花園

通姦這種性器出軌之術，一向不見容於人類社會。不當性行為所得到的典型懲罰，從直接割除幹了好事的性器，到看似間接的方式——切掉通姦者的鼻子——都有。乍看之下，割鼻子好像跟通姦這種罪行沾不上邊，但是根據史家與人類學家的記載，這其實是與配偶之外的人享受性交愉悅常有的懲罰。

　　羅馬詩人維吉爾（70-19 BCE）曾在史詩《伊尼亞德》中，描述通姦者遭受割鼻的處分；二十世紀初的人類學文獻則記載，阿富汗人和迦納阿善提人的姦婦會被割鼻子；而在薩摩亞群島，一名被戴綠帽的丈夫在嫉妒羞憤之下，咬掉了妻子的鼻子。北美印地安人懲罰姦淫者的方式還不只是割鼻子，連耳朵、嘴唇、頭皮也可能被割下。印度北部拜加族的女人若是紅杏出牆，氣憤的丈夫會割下妻子的鼻子和陰蒂。古代印度對犯了通姦罪的人一律處以割鼻之刑，少了鼻子的人因而非常多，所以印度醫生發展出鼻子重建術。印度古代的醫學書籍就記載了如何利用額頭的皮膚重建新鼻子。

　　在古代，鼻子與性器的關聯不只是通姦與割鼻的懲罰，藝術、文學、科學也經常把兩者放在一起討論。亞里斯多德在《面相學》一書中就指出，一個人是否淫蕩，從鼻子形狀就看得出來。古羅馬人認為從鼻子可以看性器，男人有大鼻子就表示有大陰莖，這樣的說法至今仍然存在。在持這種看法的人眼中，男人的鼻子像陰莖、下巴中間凹陷像陰囊可不是巧合。據說，荒淫放蕩的羅馬皇帝赫利奧加巴盧斯，只歡迎有「大鼻子」的男人加入他的性愛俱樂部，意思就是鼻子達到標準，那話兒才能讓女人滿意。古代有人將男人的鼻子誇張地畫成陰莖模樣，並不讓人意外；直到中世紀和往後數百年，一般仍普遍認為鼻子形狀能顯示陰莖尺寸。

　　儘管德格拉夫等解剖學家指證這種看法有誤，這種概念在十七

世紀還是十分盛行。他在《男性生殖器》中力陳鼻子與性器尺寸無關：「解剖學家解剖屍體時，往往發現情況正好相反。」他進一步闡釋他的論點：「即使真是如此……性能力憑仗的不是大陰莖。」據說，男人的鼻子不但能顯示陰莖尺寸，還能看出性能力好不好。然而，面相學家對於各種形狀所代表的意義莫衷一是；有些人說鼻子越大性能力越強，有些人則說獅子鼻才是性能力強的象徵。

不單是男人的鼻子被拿來評估性能力，女人亦然，而且認為鼻子與性器有關的不只是西方人。中國的面相術就描述，女人與男人的鼻子可用來衡量性能力和愛人的能力，還說鼻子是「生命中樞」。有趣的是，中國面相術還認為，可以從鼻子看出女人性興奮。中國古代房中書《玉房秘訣》指出，女人情慾撩動有五徵，第二個徵象是「乳堅鼻汗」；女人若是鼻口兩張，就表示「陰欲得之」（渴望男人插入陰莖）。

中國古代的反射療法也主張性器與鼻子、上唇相通，這也就是親吻、嗅聞是構成前戲與性快感的一部分原因。印度的密宗經典對鼻子與性器關聯提供了更詳盡的解釋，指出女人的上唇是重要的性感帶，因為上唇與陰蒂有纖細的神經相通。這條稱為「法螺般的神經」蜷曲如螺殼，將高潮能量導向陰蒂。吸吮並親吻女人上唇經常能讓女人達到性高潮，就是這個道理。

西方人也認為女人的性活動寫在鼻子上，不過，中國房中術看的是女人是否性慾高亢，西方男人看的卻是一個女子是否還是處女。讓人驚駭的是，十三世紀面相學作者史考特斯主張，用手指觸摸鼻骨，就曉得女人是不是在性事上有違犯道德之舉。現在也有醫生宣稱，能從鼻子形狀判斷女人是否懷孕。

西方古代的人類胚胎發展理論也討論了鼻子與性器的關聯。依

這個理論所言，太陽系行星宰制了人體器官的發展，每顆行星影響胎兒發展的部位各有不同。火星主宰了胎兒在子宮第三個月與頭部的發展，太陽影響了第四個月及心臟的成長。而或許不讓人意外的是，一向被視為引發性慾、歡愉及快感的金星，則在胎兒五個月大時賦予胎兒性慾及各種慾望。中世紀晚期的暢銷書《女人的秘密》描述：「在第五個月時，金星以其驅使完美的屬性，讓胎兒體外特定器官長成，並長出其他特定的器官。男性有了耳朵、鼻子、嘴巴及陰莖，女性則有了陰戶、乳房等器官。手、腳、手指也叉分成形。」金星之後，則有水星影響聲帶、眉毛、眼睛、毛髮與指甲的生長。

　　文學和語言也免不了論及鼻子與性器的關聯。古羅馬文學經常提到陰莖與鼻子的相似，拉丁文的性器詞彙更是明白顯示女性性器與鼻子特徵的關聯，鼻子的拉丁文 nasus 也是指陰蒂的俗語。正如瓊妮・布連克的圖片書《玉戶》所示，女人的陰蒂頭看起來有點像鼻子，尤其是獅子鼻。其他文化的語言也指出鼻子與陰蒂的關聯。巴西的梅因納庫人稱女人陰蒂為「女陰的鼻子」，他們認為「女陰的鼻子」會四處找尋「食物」──男人的陰莖──就跟掠食者尋找獵物一樣。女性性器的其他部分也等同於前額、嘴唇等臉部器官，而整個女陰則象徵性地被當成一張嘴。

　　梅因納庫人認為性行為就跟吃東西一樣，他們的語言就反映了這樣的概念，例如代表「吃」的動詞也指「做愛」，所以兩性的性器就是異性的食物。梅因納庫人的神話與儀式也指出，陰莖與鼻子非常相似，其他文化的儀式也凸顯了這兩者的關聯。比方說，在古代，男人那話兒若是不舉，性能力欠佳，女人的嘲諷方式就是在男人鼻子上鑽洞，掛上寶螺（女陰與女性性能力的象徵）。

「上行下效」

　　為什麼有這麼多鼻子與性器關聯的說法呢？從鼻子真的可以看出女陰的端倪嗎？在醫學史上，鼻子與性器的可能關聯可是占有輝煌的篇章。希波克拉底醫派主張，鼻子可用來診斷身體其他部位的疾病，尤其是生殖器官。鼻孔更是被視為身體健康的重要指標，男人的鼻孔自然潮濕且精液豐足成水狀就是體魄強健，據說性交能治好流鼻水的毛病。另一方面，宗教作家塞爾蘇斯[1]（150 CE）卻又建議男人，一有感冒、鼻黏膜炎的症狀，就要「避開溫暖的地方和女人」，因為性行為只會讓鼻子發炎的症狀更厲害、更不舒服。

　　有趣的是，希波克拉底醫派認為，相較於男人，鼻子與性器的關聯在女人身上更密切，因為性成熟的女人體內有條管子（hodos，希臘文意指「路」的字），從鼻孔及口腔（頭部開口）連接到性器開口（即陰道）。在希波克拉底醫派的醫生看來，這條管子的兩端都有開口，因此頭部和性器非常相似，而且頭部與性器都有頸部（子宮頸）、口腔（子宮的外口）和唇（陰唇）。陰道是第二張嘴的觀念也見於其他文化中，例如前述的梅因納庫人。我們也別忘了，反射療法主張嘴與性器相通；而西方醫學也認為，即將分娩的婦人鬆弛嘴巴，能幫助陰道產出嬰兒。陰道是女人第二張嘴的概念，也有助於了解「她從兩腿之間發言」這句俗語。

　　希波克拉底這個連接鼻子、嘴巴及性器開口的「管子」理論應

---

1 譯註：這裡可能有誤，這個建議較像是出自西元一世紀同樣名為「塞爾蘇斯」的羅馬百科全書作家的作品《醫學》。

用在許多地方。一端的開口可以用來診斷另一端的問題，管子本身的問題也可以從兩端看出，而且任何一端都可以做為治療的窗口——「由上端」或「由下端」治療都可以。希波克拉底醫派討論了許多鼻子與性器關聯的相關診斷：「乾而阻塞、不直的」鼻孔顯示陰道阻塞而傾斜。女性自然潮濕的鼻孔顯示精液豐沛成水狀，則是健康狀況良好的徵象。

月經是這種管子論深入討論的一大主題。譬如，喉嚨痛顯示月經來了，流鼻血可能顯示初經來潮或即將分娩。由於陰道直通鼻孔，所以經血太少、經期不規律的女人若是流鼻血，便被視為經血改道的證據。《希波克拉底箴言集》這本醫學書指出：「女人經血不足時，流鼻血是好現象。」

希波克拉底主張的女性性器與鼻子相通的概念影響深遠，一千多年後仍是婦科疾病治療的理論基礎，歐洲中世紀最重要的婦科醫學大全《特卓拉》，就是個很好的例子。此書在〈婦女生產護理療程〉一章中建議：「臨產時……引導孕婦閉嘴由鼻子打噴嚏，好讓大部分精力導向子宮……以白松香膠加上阿魏膠和沒藥或芸香製成錠劑，做一次鼻子薰蒸。最重要的是，孕婦要小心寒氣，不要對鼻子行香氣薰蒸法，但是此薰蒸法可安全地用在子宮開口。」

現在看來或許非常不可思議，但是陰道與尿道香薰法的確是中世紀常見的治療方式。女性必須坐在一張有孔的椅子上，椅子下架著冒煙的薰蒸壺（見圖6.1）。婦女經血稀少時，醫師就會採取這種治療法。《特卓拉》指示：

取薑、月桂葉和沙地柏搗碎後放入底下燒著煤炭的素色無雕飾薰壺中，讓女性坐在有孔的椅子上，使其下體接受薰煙，如

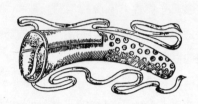

圖6.1　文藝復興時代的陰道薰蒸器：病人坐在小火爐上，讓芳香或難聞的氣味飄進陰道。右邊這個開孔的器具是設計用來撐開陰道，使其充分吸收治療用的薰香。

　　此經血就會回復。一天至少要行三、四次。但是，經常使用這種薰蒸法的女性必須在陰道內部擦涼軟膏，體內才不致過熱。

　　管子理論大概是許多婦科醫學的理論基礎。就拿「漫遊的子宮」這個概念來說，以往醫生認為，女人的子宮會沿著這條管子上上下下，而漫遊的子宮正是「子宮窒息症」（後來改稱「歇斯底里」）等婦疾的致病原因。根據這個理論的解釋，子宮上移至胃部、胸部、心臟和喉嚨是子宮窒息症的成因。《特卓拉》描述子宮窒息症的症狀有：「心臟過冷導致胃口不佳……有時……會失聲，鼻子扭曲，嘴緊抿且咬牙……。」

　　子宮漫遊到身體太上方時，治療方法通常是擦香劑，以便將子

宮哄回正確的位置。《特卓拉》指出：「子宮會跟隨芳香的物質，敬惡臭者而遠之。」所以，上升子宮（子宮窒息症）的療法是在陰道內外擦上鳶尾根、甘菊、麝香或甘松油之類的芳香油，或是讓患者聞「海狸香，松脂，燒焦的毛料、亞麻布及皮革」之類難聞的味道。其他方法還有在鼠蹊和陰部放上吸杯，以及嗅聞催嚏劑。

根據希波克拉底的理論，女性性器通往頭部的管子，似乎也會讓精液在陰道與頭部之間來回流動。古代有個在新婚夜前後測量新娘頸部的做法，藉此確知新婚夫婦是否圓房，大概就是這個原因。脖子變粗就表示小倆口行房了，而這種測量脖子的方法也可以用來抓通姦者。古人認為肉慾之歡會讓人的聲音變得不一樣，所根據的可能就是這項精液理論。古希臘羅馬的作家相信，有性經驗的女孩聲音會變得較低沈。中世紀及文藝復興時代的作家，就曾開心地轉述狄奧根尼‧拉爾提斯[2]在德謨克利特傳記中提到的一個插曲：有人發現希波克拉底的女兒聲音變了，就曉得她前夜失了處女身。這些人也許只是想挖苦希波克拉底。

男人身上也有聲音與性事的關聯。比方說，十七世紀的作家曾經記述，歌唱老師會把男歌手的陰莖包捆起來，不讓他們縱慾，以保護他們的嗓子。二十世紀都還有人抱持性交會影響聲音的看法。一九一三年，《紐約醫學期刊》刊登了〈性器與耳鼻喉的關聯〉這篇文章。作者寫道：「經過一夜繾綣，原本耳鼻喉不適的患者症狀都會加劇。」最近有一項研究指出，百分之三十有聲帶問題的女性小時候都受過性侵害。

---

[2] 三世紀的希臘作家，著有十卷《希臘哲學家傳記》。

香氣與感官享受

在這個「鼻子與性器相關」的理論中，兩者不只是實體相似，可能也有生理上的關聯；更重要的是，鼻子的嗅覺功能也是個重要因素。嗅覺一向被視為性感官，是最親密的感官，也是動物感官。盧梭說嗅覺是「記憶與慾望的感官」。歷史上論及氣味是強烈性刺激的文字無數，人們以香水和詩歌的形式頌揚其催發情慾之效，也常遭哲學家及政府斥為敗壞風俗之源。非洲靈貓的泌尿生殖囊分泌的靈貓香，原是靈貓用以標示領域的蜂蜜狀物質，後來成為非常搶手的春藥原料。中世紀的作家凱斯特勒斯描述：「靈貓香會讓女人春情大動，期待與夫君纏綣不斷。有意沈醉溫柔鄉的男人，若是出奇不意在玉莖抹上這種靈貓香，必能讓女人獲得絕大的歡愉。」

麝香也一向是人們心中的強烈催情物。十九世紀時，法國作家左拉如此談到麝香與女人：「一塊麝香在手，她盡情享受禁絕的歡愉。偷偷嗅聞麝香已成了她的習慣，她讓自己沈醉其中，直到縱慾的顫動淹沒了她。」一位十七世紀作家倒是要人們小心使用太多麝香的後果，他寫到一對戀人在性器上抹滿了麝香，卻發現自己跟兩條交配的狗一樣分不開了。

詩歌裡也常有將氣味與感官享受相提並論的優美段落。詩文也許無法明白直述鼻子與性器的關聯，卻有許多讚頌的空間。這類詩文讀起來引人入勝、催人情慾，彷彿文字就浸漬在充滿情慾、愛與性器官的氣味裡。聖經《雅歌》的〈所羅門之歌〉細述，即將結婚的夫婦沈醉在彼此身上豐富濃郁的香氣，彷彿身上種滿了各式各樣的沒藥和乳香。新娘向新郎熱情描述，自己閉鎖的「庭園」芳澤四

溢而春心蕩漾，召喚著南風和北風：

> 吹在我的園內，使其中的香氣散發出來。
> 願我的良人進入自己園裡，吃它佳美的果子。

女人迷人的香氣，也是十七世紀英國詩人赫里克在〈茉莉亞解開衣襟之際〉、〈愛讓人全身充滿香氣〉這兩首詩裡一再歌頌的主題。他在〈愛讓人全身充滿香氣〉狂熱抒發：

> 我親吻安席雅玉峰的時候
> 嗅到鳳凰巢的味道
> 我親吻安席雅芳唇的時候
> 聞到最神聖的香壇
> 她的玉手、大腿及小腿全是芳香襲人
> 伊西斯女神身上沒有這麼多麝香與龍涎香
> 連朱諾女神與朱庇特大神纏綿時
> 也不會比她芳香

不過，世人可不是都一直正面看待嗅覺與性愛的關聯。早期的哲學家指出，動物交配前習於嗅聞彼此的性器，因而認為嗅覺是低等的感官。他們覺得嗅覺是動物感官，不能像視覺、聽覺那樣讓人類的想像力更上層樓，在藝術和音樂上大放異彩。中世紀的哲學家也認為，嗅覺是粗俗的感官，無助於提升人類的智力發展。古代與現代的政府或許都體認到，必須先控制人的性慾才能控制人，因而視香水為危險靡爛之物，必須禁用或嚴格限制使用。西元前一八八

年，羅馬政府便規定人民在社交場合只能使用極少量的香水。

到了一千六百年後的一七七○年，英國國會擔心，帶著香氣的「巫術」可能會讓心思單純的男人遭人騙婚，因而通過了保護男人不受「使用香水的女人」之害的法案。迄至十八、十九世紀，麝香、龍涎香、靈貓香因其「敗壞風氣之效」而備受敵視。一八五五年倒是有個愛用香水的例子：維多利亞女王訪問巴黎時引起一陣騷動。原因是什麼呢？這位英國君王用了一種含麝香的香水，法國人卻認為，麝香是沙龍社交女人使用的香味，不配出現在有品味的宮廷裡。

哲學家貶低嗅覺，稱嗅覺是與性事扯上關係的動物感官；而其短暫不久留的性質也讓人困擾，於是科學家長久以來對嗅覺研究不屑一顧，也許毫不令人意外。即使時至今日，在人類五種感官中，嗅覺仍是最缺乏研究與經費補助的領域。一直到十九世紀末，才有人開始探討希波克拉底「鼻子與性器相關」的理論可能有事實根據；比方說，達爾文對於動物豐富多樣的臉部與性器形貌大為驚嘆，著述為文讓世人注意到這個事實。他指出公彩面狒狒鼻子與性器模樣非常相似，這種狹鼻猴（舊大陸猴）朱紅色的鼻子跟陰莖、肛門的鮮紅色相呼應，鈷藍色的副鼻梁也和陰囊的淺藍色相對應；而其臉上橘黃色的毛與同樣色系的陰毛，讓這上下一致的顏色配置更是完美。達爾文論及彩面狒狒時說：「最讓我感到不解又好奇的，莫過於有些猴子臀部及相連部位的鮮豔顏色……在我看來……臉上或臀部的鮮豔顏色，或像彩面狒狒一樣兩個部分都有，或許是提高異性吸引力的身體裝飾。」

其他狹鼻猴也有這種鼻子與性器的相似處，有些相似處會隨著生殖狀況而改變。就拿母日本獼猴來說，在五個月長的交配期間，

隨著會陰腫脹，臉部的顏色也會變得更紅。公日本獼猴的臉部皮膚與陰囊、會陰一樣都是紅色，非交配期時，不射精、陰囊不收縮，臉部的顏色也跟著消失。同樣的道理，如果公彩面狒狒的地位低、位於族群邊緣或離群索居，身上的藍色和紅色也就不再鮮豔。相較於顏色搶眼的競爭者，這種「顏色不健全」的雄性自然沒有多少交配的機會，生殖成就也不會高。我們現在也知道，長鼻猴族群中若是沒有雌性，公猴鼻子長成多肉、活像陰莖模樣的時機就會延緩。奇怪的是，有些鳥類跟靈長類一樣，鼻子與生殖器外貌會隨生殖狀況而改變。公鵜鶘就是一個例子，牠們的嘴喙在交配期會長出一個大腫塊，儘管會影響視線而有礙抓魚。

鼻子也有陰蒂？

達爾文觀察到動物鼻子與性器的外觀相似之後，不久就有人發現人類鼻子與性器的內部構造極為相似。一八八四年，美國外科醫師馬肯吉指出，鼻甲外覆的呼吸黏膜與嗅覺黏膜（嗅覺黏膜也內襯於狹窄的鼻中隔兩側）是一種勃起組織，其構造與功能都類似陰蒂和陰莖的海綿體；這也就是說，鼻子也有陰蒂，而且就跟性器的海綿體組織一樣，鼻子的勃起組織在性興奮時也會充血腫脹。所以，人類的鼻子不但看起來像性器，裡頭的組織也會勃起。

事實上，許多人在性興奮、性交及性高潮後會有鼻塞或鼻炎的現象，就是鼻部組織勃起造成的。以鼻子為生的人知道鼻子與性事有關也就不稀奇了，香水測試員、品酒師及製茶師都很清楚「蜜月鼻炎」——性事後鼻子特別敏感的現象。我自己體驗過性高潮後鼻子受到極度刺激的感覺，鼻部組織勃起的概念因而讓我心有戚戚

焉。我有過的經驗是鼻子會顫動著，對於周遭性氣味的感受非常敏銳，覺得要是再多嗅聞一下自己沈醉於中的性愛國度，就要融化在永無止盡的高潮裡了。可惜的是，我並沒有到達仙境，但是這個美好的回憶仍鮮明清晰。

血流增加造成鼻黏膜腫脹與溫度升高。觀察性交前後鼻黏膜狀態的實驗指出，性交過後，鼻黏膜的溫度平均升高攝氏一點五度。低溫對鼻子也有影響，會讓鼻部組織收縮，跟陰蒂、陰莖勃起組織對低溫的反應一樣。鼻部勃起組織的急速收縮，可能也是引起性慾感受、性器勃起、性交與性高潮時產生突發性噴嚏的原因。魏爾在一八七五年出版的《特殊醫學案例》中提到：「性交前常會有打噴嚏的案例。」

馬肯吉在一八八四年寫道：「一名身體健康的男子，每次愛撫妻子時就會打三、四次噴嚏。」另一名研究者在一九一三年指出，有個個案是「看到漂亮女孩就會打噴嚏」。自從我一位朋友坦承自己一有性幻想就會打噴嚏之後，現在我每次看到他打噴嚏就會促狹一笑。不只是打噴嚏與性事有關，氣喘也扯上了關係。一名維多利亞時代的女子患有氣喘且伴隨著「鼻塞症狀」，但自從她不再每晚與丈夫交歡之後，情況顯然有了改善。現在，研究者也發現，面臨對他人行性侵害的壓力，也會造成突發性噴嚏。

鼻子性學的興起

十九世紀末的研究者發現了人類鼻子與性器有生理上的關聯之後，開發了一個新醫學領域——鼻子性學。在這段為時約二十五年的時間內，各種討論鼻子與性器關係的論文專著、演講、報導如雨

後春筍般出現。在鼻子性學的黃金時期，包括佛洛伊德在內的眾多研究者，深入探討鼻子、嗅覺、性器與性行為的關係。一九一二年，時值鼻子性學的研究末期，塞佛特提出鼻子與性器有「反射神經機能」的關係，而這層關係是充分了解人類健康與幸福的關鍵。

　　鼻子性學也發展出一些治療婦疾的怪異方法。十九世紀末，與佛洛伊德密切合作的柏林耳鼻喉專家菲利斯，想找出女人鼻子與性器有關係的確實部位，他主張鼻子的嗅覺黏膜裡有數個「生殖區」，在月經週期和懷孕的特定時期會流血。他還發展出在鼻子生殖區治療各種婦疾的方法，治療方式包括燒灼術，另一種顯然較為舒適的療法則是塗上古柯鹼。在鼻子性學的高峰期，女性若是分娩時陣痛，甚至只是經痛的毛病，治療方式可能就是在鼻腔內塗上古柯鹼。菲利斯還認為，自發性流產是因為鼻內手術意外引起的。

　　菲利斯、馬肯吉等鼻子性學研究者，對於月經週期和懷孕對女性鼻子的影響也深感好奇。他們指出，女性鼻子腫脹發紅、變得更敏感進而鼻塞、最後出血的週期，似乎跟女性平均二十九點五天的月經週期一致。他們認為，女性月經來潮時的鼻出血是替代性月經，也就是經血從另一個開口流出來。他們發現，隨著懷孕的月分增加，有鼻塞或偶爾流鼻血現象的孕婦也越多。

　　不過，鼻子週期性改變的原因，要到一九三〇年代末期才出現科學解釋，研究員在母恆河猴鼻部與性器皮膚的研究中找到了線索。加拿大的耳鼻喉專家摩特莫爾觀察到，恆河猴性器皮膚腫脹變紅往往和鼻黏膜變紅的時間一致。恆河猴等靈長類動物（並非所有的靈長類）一排卵，血液中雌激素含量達到高峰時，肛門與生殖器區便會充血腫脹。研究者終於了解到，血液中雌激素的含量會同時影響雌性的性器與鼻子，古代理論家認為鼻子與性器有關聯的理論

是正確的，或許荷爾蒙正是希波克拉底想像的「管子」。

現在科學家都同意，人類的鼻子和鼻黏膜會受激素濃度的影響，懷孕及青春期的女性血液中雌激素的含量都大為提高，因而經常會有血管舒縮性鼻炎。根據研究，懷孕時血液中的雌激素含量增加，孕婦也常有鼻塞的現象。有趣的是，很多女人指出自己在排卵前後，各種感官意識會特別敏銳（也許是因為後者的關係），而且嗅覺特別敏感——這也是雌激素含量增加對鼻黏膜的影響。實驗室的研究也證實，女性的鼻子在排卵期間特別靈敏。

還有些身體狀況也凸顯出鼻子、性器與荷爾蒙的關係。萎縮性鼻炎的女性患者，常有經期不規則或閉經的情況。卡門氏症候群患者則有嗅覺喪失、性腺發育不全的狀況，女性患者的卵巢裡只有不成熟的卵泡；男性患者則睪丸偏小，不能製造精子，也無法觸摸觀察到前列腺。喪失嗅覺也會為性生活帶來負面影響，四分之一的嗅覺喪失症患者有性功能障礙的問題；顯然，嗅覺對人類性發育與成人性行為不可或缺。

希望遇上……

人類解剖學及生理學的研究，凸顯出鼻子與性器這兩者受到荷爾蒙——在血液中來回傳達訊息的信使分子——影響。為什麼這三者有如此密切的關係呢？為什麼鼻子、嗅覺與人類的性器有關係呢？這個答案要從千百萬前說起。簡單地說，嗅覺是生物回應四周環境中化學物質的能力，所以嗅覺是感受化學刺激的能力；空氣或水中要有化學分子，生物才會有所反應。

嗅覺也是原始的感官。自生命出現之始，便存在著以化學物質

進行溝通的方式，地球上所有的生物，不論大小，都有嗅覺；即使是最簡單、最原始的單細胞生物，沒有神經系統和特化的嗅覺器官，也有回應環境中化學信號的能力（因為有化學感受器）。生物藉由嗅覺這種化學溝通方式來覓食，並且避開有毒物質或掠食者。生物剛發展出有性生殖時（一般相信大概始於十億年前），感受化學刺激的能力是唯一能促成繁殖後代的系統，這就是嗅覺在有性生殖中扮演如此重大、核心角色的根本原因。後來發展出的其他感官分擔了一部分工作，但嗅覺還是占有最重要的地位。

據推測，有性生殖是生物在水中發展出來的；人類的祖先是先在海中繁殖後代，後來才移居陸地。如同前文所指出，對於行體外受精的海生生物而言，在海中交配可是冒著很大的風險。把汪洋大海當成子宮、將精卵釋放到水中的生物還必須面臨另一項風險，產精卵的時間或地點不對，可能一個對象都沒遇上就被沖走了。時間（有性生殖的兩方要能配合）是關鍵，要抓對時間就必須有能力感受並回應周圍的生物；同時，還必須摸清來者是否同種類、是否為異性、是否已達性成熟。如果這三個問題的答案都是肯定的，周遭也沒有危險，雌雄兩性就會有節奏地收縮肌肉，將配子噴出至周圍水域。說來奇怪，促使海鞘等古代生物射出配子的化學物質，現在在人類身上仍有作用，也許方式不同，但是目的相同。人類的促性腺激素也是影響海鞘釋出配子的物質。有些事就是不會改變，既然是好東西，自然就會繼續用下去。

一百多年前，德國的生物學及哲學家海克爾認為，嗅覺是兩性配子結合的原始動力；他的生殖向化性理論主張，生殖腺細胞具有原始意識，會以原始的嗅覺找到彼此。在海克爾看來，生物受異性吸引是受其生殖腺驅使而產生的自覺反應。以海克爾的理論為基

礎，我們現在知道，當生物將精卵釋放至水中時，精卵也會努力找到對方。有一種學名為 *Allomyces macrogynus* 的水黴，其雌雄配子會釋出引導對方到自己這邊來的化學物質。雌配子會分泌一種化合物「誘雄激素」，會吸引精子，讓大量鈣離子進入附近精子的細胞質，進而改變精子的游動方式，往這種化學物質的源頭——雌配子——游來。雄配子也會製造誘雌激素，卵子感受到就會游過來。這種簡單的化學感受系統，就是生物特化的荷爾蒙（生物釋放至體內的信使分子）及費洛蒙（生物釋放至體外的化學溝通物質）溝通系統的前身。

但是別忘了，哺乳動物跟單細胞生物的差別可大了。我們是高度演化的生物，有各種特化的器官、腺體和複雜的溝通系統。鼻子是哺乳動物最主要的化學感受器官，會接受嗅覺資訊並將之直接迅速傳達到大腦。人們常拿自己的化學感受能力跟其他嗅覺特別靈敏的哺乳動物比較，跟獵犬比起來，人類實在太遜了。這樣的說法有問題。沒錯，人類偵測氣味的本領遠遠不及獵犬，但是嗅覺敏感度也不容小覷，至少可分辨十萬種不同的氣味。

人類也是「味道很重」的動物，因為我們的皮膚表面有無數的氣味腺體（見表 6.1）。哺乳動物中，人類具有最多氣味腺體及嗅覺構造，青春期之後，氣味腺體即跟生殖器一樣全力發揮效用。我們避免不了嗅覺。我們可以閉上眼睛、摀住耳朵，卻無法停止嗅覺，每一口氣吸進來都會帶來氣味。人類跟其他哺乳動物一樣，會辨識恐懼的氣息、食物的氣味、性興奮的香氣等等氣味，懂得讓鼻子「帶路」。所以，我們可以不離譜地說，在溝通性行為與社會訊息時，感受化學刺激的能力對人類至關重要，不遜於其對低等生物的重要性。

表6.1　人體主要的氣味腺體部位

主要分布位置	腺體的種類	
	皮脂腺	頂泌腺
頭皮	*	*
臉部	*	*
眼皮	*	*
耳道	*	*
鼻前庭		*
上唇	*	
口腔內壁	*	
腋窩		*
乳頭和乳暈	*	
胸腔中線	*	
腹部肚臍的部位		*
陰阜		*
外陰唇	*	*
內陰唇	*	
包皮／龜頭	*	
陰囊	*	
肛周區／肛門及性器區／會陰		*

人類的皮脂腺製造皮脂——一種油而稠的無色分泌物——青春期之後才開始分泌，所以研究者認為油脂腺跟生殖有關係。性器皮膚是人體皮脂腺密度最高的部位，每一平方公分的皮膚上就有高達九百個皮脂腺。人類的頂泌腺分泌黏而油的物質，這種分泌物有乳灰白、純白、淡紅、淡黃、黑色等各種顏色。頂泌腺跟油脂腺一樣，青春期之後才開始分泌，因此頂泌腺也有生殖上的作用。女人身上的頂泌腺比男人多。

Adapted from Stoddart, D. Michael, The Scented Ape: the Biology and Culture of Human Odour, London: Cambridge University Press, 1990.

女孩是蜜糖和香料製成的嗎？

有兩種氣味我最愛，一種是媽媽烤馬鈴薯肉派的可口香氣，一種是我蜜桃濃郁醉人的氣味。家人之愛與性愛都可以用簡單的化學物質描述。我鍾愛的女陰香氣是我最真實深入的氣味，這是我生育力、性成熟與性愛之樂的氣味。而這也是個多變的氣味，大概從月經週期的第四天至排卵前，我可以聞到自己馥郁、甜美、濃厚、滑順、芬芳的女陰香氣。排卵後的果香味較重。儘管人們鮮少公開談論陰道的氣味，但陰道及其分泌物強烈性感的氣味卻不是秘密，這股撩動情慾的私密氣味與味道，是許多文化長久以來為人歌頌、欲求的感官之樂。

曾有歷史記載，中世紀歐洲的交際花用自己的陰道泌液當成香水，擦在耳後及脖子上吸引客人。據說，西班牙南部的女人也有將陰道蜜汁擦在耳後及太陽穴的習慣，讓自己細緻的香氣與身上茉莉花、橙花、沒藥、伊蘭、紅花緬梔等香味混合在一起。這種做法傳說是源自中國古代的道姑，後來傳給了摩爾人，輾轉傳給西班牙人。名人也有這類的故事，拿破崙要求喬瑟芬在他回家前「不要洗澡」，而英王亨利三世一聞到克里夫斯的瑪麗的內衣之後，終生愛戀這個女人。

印度的房中經典《性典》就細述了女陰所有的感官魅力。《性典》將女人分成四種，盡情讚頌各種女人性器的氣味、滋味與風貌。第一種是蓮女的女陰，看似綻開的蓮花，喜愛陽光照耀，以及強有力的手予以愛撫，她們分泌的愛液有百合花初綻放的香氣。藝女隆起的陰阜圓潤柔軟，還有蜜糖香的陰道，據說她們的愛液嘗起

來也像蜂蜜；藝女的泌液特別熱，豐沛的愛液還會發出聲響。仙女或螺女的陰道終年濕潤，喜歡愛人親吻舔舐，螺女的愛液有鹹味。最後一種是象女，喜愛陰蒂刺激，她們的泌液有「動物發情的味道」，就像母象發情時額頭側邊流出的濃郁液體。

女性性器與氣味的密切關係，可以從中文指稱女陰的「麝香枕」和「牡丹」兩詞看出來，十八世紀的英格蘭人也用「蜂蜜罐」、「玫瑰」、「松葉牡丹」等詞指稱陰道。蜂蜜與陰道的關聯處處可見，不僅《性典》談到陰道有蜂蜜氣味，也有其他記載提到女人月經週期的特定時候，陰道泌液嘗起來像蜂蜜，因此蜂蜜是婚禮不可少的元素絕非巧合。例如在印度教的婚宴上，會把蜂蜜塗在新娘陰道裡，我們說新婚夫婦要度「蜜月」（honeymoon）也是一個例子。蜂蜜有春藥之名，還有，我們也叫自己至愛的人「寶貝」（honey）。

愛神木（桃金孃，myrtle）是史有記載另一種令人想起女陰的馥郁植物。「愛神木之果」一直是陰蒂與內陰唇的別稱，而一世紀的希臘醫師魯弗斯也稱外陰唇為「愛神木之唇」。愛神木開粉紅花或白花，結藍黑色的芬芳漿果，也是希臘愛之女神──愛芙羅黛蒂（即維納斯）──的聖木。傳說愛芙羅黛蒂乘著海螺殼從海浪中赤裸現身，只見羊人色瞇瞇地盯著她瞧，愛芙羅黛蒂就以桃金孃的枝葉遮住性器。桃金孃在海邊長得最好，希臘人認為桃金孃是芳香之物的最佳代表，而希臘文稱桃金孃的字murto與「香水」有同樣的字根。以桃金孃和愛芙羅黛蒂的關係，人們視桃金孃為強烈春藥並不讓人意外。希臘醫生迪奧斯科里斯在《藥物論》中就描述，將桃金孃提煉的油泡成茶，具有提神、催情與抗菌的作用。

「飄著百合花香」

你會如何描述女陰醉人的香氣呢？是像百合花香、蓮花香，還是像蜂蜜香呢？還是像詩人赫里克說愛人身上的「麝香與龍涎香」呢？我覺得將女人香氣寫得最美的是法國作家洛威，他寫道，有一回臥著，臉頰貼著一名年輕女子的腹部，感覺周圍「飄著百合花香」。百合（lily）[3]、蓮（lotus）都是常見的女陰象徵，在東方文化尤其普遍。比方說，梵文指蓮花的字是padma，這個字也用來指稱女陰。中國的性學古籍稱女陰為「金蓮」，而拉丁文指蓮花的字nymphaea也是內陰唇的名稱。

有些記載則指出蓮花與女陰有奇異的關聯。在希臘神話中，吃了蓮花這種「果子」會讓人慵懶失神、記不得事，整天懶洋洋地躺著。這種「果子」究竟是什麼，神話沒告訴我們；然而，如果果子是女陰的代稱，吃蓮花這整件事就有了新意義。古怪的是，古埃及人還有嗅蓮花這種娛樂活動，無數的藝術作品描繪男男女女將鼻子湊近藍睡蓮發出香氣的花心（見圖6.2）。這似乎是古埃及人某種尋歡儀式，史學家可困惑了好多年。

近來有科學家提出一個有趣的理論，主張藍睡蓮的香氣有催情作用，因為藍睡蓮與威而剛有類似的藥理作用，兩者都含有一種化學物質（藍睡蓮的是天然成分，威而剛則是人工合成的），能增加性器的血流量。不論是真的蓮花還是女陰的蓮花香，確實都是強烈的春藥，而且蓮花與女陰的氣味還真相似。這大概就是印度人、波

---

3 譯註：lily泛稱蓮花、百合或石蒜。lotus泛指水生睡蓮科或萍蓬草植物。

圖 6.2 埃及底比斯的納特之墓裡，有一幅壁畫描繪十八王朝時的一場宴會。賓客頂著有沒藥香錐的假髮，嗅著藍睡蓮催情的香氣。

斯人、埃及人和日本人都尊蓮花為聖花的原因。

如果要我選第三種最喜歡的氣味，我會選香草。香草的香味屬於龍涎香或麝香類（後文會談七大氣味分類），人們常用屬於麝香類的香味來描述香草氣味，應該不讓人意外，我們可以說龍涎香類的香氣是女人私密的氣味。麝香、百合或蓮、龍涎香和香草，都是柔順、豐富、能引發感官刺激的香味，真正的龍涎香是抹香鯨腸道內的脂狀分泌物。龍涎香芳香迷人，希臘人稱其為「elektron」（帶電子的）；在希臘人心目中，龍涎香既是凡人的仙丹，也是眾神的滋養品。

香草的氣味確實是一種龍涎香，人們常說女性性器有香草味，文字用語也顯出兩者的關聯。香草（香子蘭）其實是一種會攀爬的熱帶蘭，開黃綠色花朵，長而肥厚的莢果中有種子，人們拿香草的莢果和種子做為食物的調味料。西班牙殖民者稱這種拉丁美洲蘭花

為 vainilla，因為長長的莢果中間有條縫，看起來就像女陰（不過，記載中沒提到香草的氣味是否讓他們想起了什麼）。vainilla 是意指陰道及劍鞘的西班牙文暱稱，所以香草（vanilla）的字面意思就是「小陰道」。

十八世紀瑞典植物學家林奈，發明了一套涵蓋所有女陰氣味的系統，他把女陰氣味依其討人喜歡的程度分成七種，分別是芳香味（例如番紅花和野橙）、羊臊味（乳酪、肉類和尿液的味道）、馥郁味（如前文討論的，龍涎香或麝香類的氣味）、惡臭味（譬如又稱「朱庇特的堅果」、「朱庇特的龜頭」[4] 的胡桃）、噁心味（例如阿魏膠）、辛香味（例如香櫞、茴香、肉桂和丁香）和蒜味（大蒜也是一種 lily）。

林奈談起氣味可不害羞，他說五月樹（即山楂）開的五月花聞起來像女性性器。中世紀以來一直有人這麼說，慶祝者在五月的一個早晨摘下五月花掛在身上，一整天圍著五月柱跳舞慶祝性愛之歡。林奈也認為好幾種玫瑰聞起來像女陰，粉紅色和紅色玫瑰確實也是西方常見的女陰象徵。可惜又奇怪的是，林奈選擇直接在學名冠上女陰一字的植物——晚藜（*Chenopodium vulvaria*，俗名臭鵝腳）——據說有魚腥味。健康乾淨的女陰不會有魚腥味，會有魚腥味是因為細菌生態不平衡；陰莖的細菌生態不平衡時，也會有發臭的乳酪味。

生性保守的林奈愛用植物的「陰道」和「陰莖」——雌蕊、雄蕊——描述植物，以「婚姻狀態」描述植物的交配方式也很出名。他依「婚姻方式」將植物分成幾種，例如單雄蕊式（一夫、一個陰

---

4 譯註：朱庇特（Jupiter 或 Jove）是相當於希臘神話中宙斯的羅馬神。

莖或一個雄蕊）、雙雄蕊式（二夫、兩個陰莖或兩個雄蕊）或更多雄蕊；或者公開或秘密「結婚」。他稱自己的妻子為「我的單雄蕊百合」，西方人以「百合」指稱女陰，東方人則以此為女陰的象徵。

香料盒

那麼，為什麼女陰聞起來是這等氣味？答案有兩個，一個有關女性性器所有的分泌液及其來源，另一個則著重女性氣味對他人的影響，亦即傳達了什麼重要訊息。首先來談女陰的綜合泌液到底是什麼成分。女人的性器香味是來自女陰各處的綜合液，子宮頸、子宮、輸卵管、陰道壁、前列腺等各部分都有所貢獻。法國人用「香味燉鍋」形容女陰的綜合香味，聽來真是可口。

女性性器也有許多分泌黏液、特化的腺體構造，位於外陰唇下半部深處、靠近前庭球與海綿球體肌的巴氏腺（又稱大前庭腺）就是一種。巴氏腺會透過長一點五至兩公分的腺管分泌液體，腺管開口位於陰道開口下端兩側，以及陰道前庭五點鐘和七點鐘的方向。陰道前庭四周還分布了小前庭腺，數量因人而異，平均在二到十之間，不過有些女人有上百個小前庭腺，有些女人則完全沒有小前庭腺。這些較小的腺體也會分泌液體，而散布性器各處的頂泌腺，也對性器的綜合氣味有所貢獻。

女性的內陰唇也會散發氣味。儘管沒有毛囊，內陰唇倒是有很多皮脂腺（此皮膚腺體會由周圍皮膚及毛囊泌出潤滑與保護性的油脂）。內陰唇的皮脂腺分泌白色油性物質，男性包皮也會分泌類似的物質。小時候，我對內陰唇的分泌物很好奇，雖然當時不曉得這是什麼，也沒問其他人。根據研究，深色毛髮女性的內陰唇，比淺

279
▼

色毛髮的姊妹擁有更多腺體，但是原因不明。外陰唇也有密集的皮脂腺，為女性性器氣味再添一「味」。女人若是讓陰毛自然繁茂生長，女陰這塊三角高地就會散發濃烈的香氣。十九世紀的法國詩人波特萊爾這麼描述：

> 懶洋洋、濃密的烏黑毛緣
> 是有生命的香盒與香爐
> 散發出伊人濃烈、狂放的香氣

　　一般認為，巴氏腺是女性性器氣味的主要來源，但是目前缺乏支持此說的證據。我們已知的是，巴氏腺受卵巢荷爾蒙的調節，分泌出鹼性的透明黏液，性興奮時會增加分泌量。其他雌性動物也有這種分泌黏液的腺體。在鴨嘴獸這種單孔目動物身上，巴氏腺的腺管開口位於陰蒂基部；母負鼠的腺體分泌物流入泌尿生殖竇的管道；而母斑點鬣狗的陰蒂大又長，又有尿道貫穿，其發達的巴氏腺是從尿道靠近陰蒂頂端的部分開口。雄性哺乳動物的對等構造則稱為考伯氏腺或尿道球腺。

　　許多雌性哺乳動物也有陰蒂腺體分泌物。母大鼠陰蒂腺體的主要腺管分布於陰蒂表面，將分泌物釋入尿道與陰道。研究顯示，陰蒂和尿道分泌物的氣味對公鼠非常有吸引力。陰蒂腺體與雄性陰莖兩側成對的陰莖包皮腺體其實是同源器官，包皮腺體是很多雄性哺乳動物氣味分泌物的重要來源。比方說，公喜馬拉雅麝香鹿的麝香是一種膠凍狀紅色分泌物，就是由包皮腺體分泌的。

　　然而，相較於雄性生殖副腺已知的資訊，我們對雌性生殖副腺實在所知甚少。科學界對女性前列腺是否存在及其功能的無知，以

及近年來發現女性其實有更多性器腺體，正顯示這種知識貧乏的狀況。一九九一年，幾位科學家發現了一種新的女性性器腺體，至今無法歸類。這些肛門生殖區腺體（陰戶腺體）深入真皮層（皮膚最底層），較外泌性腺體和頂泌腺都深了兩倍，而且無法歸入外泌性腺體、頂泌腺或乳腺。超微構造的研究顯示，這些腺體構造與分泌物都極為獨特，研究者暫時將它們歸為汗腺，但是不清楚這些腺體的功能。發現者認為這些腺體非常特殊，暗示它們可能有生殖上的作用，也許可以製造氣味。

這些腺體的型態構造與乳腺相似，其中有些構造較為複雜，看起來就像耳垂。更奇怪的是，有人主張此陰戶腺體是罕見的身體狀況造成的，也就是陰戶皮膚長出會泌乳的乳腺。外生殖器長了像乳頭的組織這種奇異難解的身體狀況，可能是昔日有些女人被冠上女巫之名而喪命的原因。中世紀歐洲大舉迫害女巫時，許多具有所謂「女巫記號」或「惡魔的乳頭」的中、老年婦女，就是因為陰戶有這樣的特徵。一名女巫搜捕人在報告上寫著：「瑪麗的私處有乳頭，看起來跟痔瘡不一樣。」

秀出生育力

女性性器的確氣味獨特，還具有氣味腺體與腺管系統，可發出吸引異性的氣味信號。但是，這些系統果真是如此發揮功用嗎？畢竟，擁有硬體設備並不表示能確實使用。還有，女性的「女陰香氣」會對他人造成什麼影響？越來越多研究結果指出，女性的私密氣味會引發回應，甚至有驚人的效果。研究者很早就發現，哺乳動物交配前大多有用鼻子嗅聞異性生殖器的習慣。達爾文曾在無意公

諸於世的筆記本上寫道：「我們無需對雄性動物嗅聞雌性陰戶之舉感到奇怪，只要想想我們自己那話兒是什麼氣味就好。陰戶的氣味也是一樣的。」

大多數雄性靈長類動物顯然很注意雌性生殖器的氣味與味道，每個月有幾天的時間，牠們會不斷嗅聞、舔舐並觸碰雌性同類的生殖器。雄性靈長類動物這種檢視行為有些只發生在雌性的發情期，但是公蜘蛛猴等靈長類動物，則不論雌性是在月經週期哪一個階段都會嗅個不停，有些靈長類動物則是兩性都有嗅聞舔舐彼此生殖器的習慣。白臉猴、獼猴、狒狒、大猩猩、紅毛猩猩及黑猩猩交配時，還會更加仔細檢視雌性的陰戶，可能還會把一或兩根指頭伸進陰道，然後嗅聞舔舐指頭。紅鹿、麋鹿及北美馴鹿等雄性哺乳動物特別愛舔雌性的陰戶，跟某些昆蟲一樣。口交還是灰頭狐蝠之類蝙蝠交配的主戲，公蝙蝠會用力舔母蝙蝠的生殖器，還會舔很久。可惜的是，我們並不清楚公蝙蝠找的是氣味刺激、特定的訊息，還是什麼東西。

有些研究指出，雌性性器分泌物透露雌性是否性成熟的訊息。針對公恆河猴所做的實驗顯示，母猴的生殖狀況（是否排卵）可以從陰戶的氣味聞出來，而母猴排卵時也是公猴射精次數最頻繁的時候。雌性小鼠與猴類的生殖器，都會分泌出能左右雄性交配行為的物質；針對小鼠的研究還顯示，排卵母鼠的氣味只會吸引已有交配經驗的公鼠前來交配，處男小鼠似乎感受不到氣味的召喚。陰蒂腺體分泌物也是母大鼠的名片，這些齧齒類動物的陰蒂腺體會分泌出吸引異性的氣味，裡頭有一種化學物質 6,11-dihydrodibenz-b,e-oxepin-11-one 更是讓公鼠招架不住。很神奇的是，性成熟母大鼠的氣味就足以讓公鼠勃起，用不著身體刺激。

綠花椰菜的魅力

科學家研究最詳盡的陰戶分泌物就屬母敘利亞倉鼠了，母倉鼠的生殖器分泌物既能吸引公鼠，也能讓公鼠性興奮。在排卵前一晚，母倉鼠會以豐沛水狀的性器分泌物在自己的領域劃界，吸引公鼠到自己的地穴來。母倉鼠的性器泌液裡主要吸引異性的化學分子，可能是二甲基二硫。二甲基二硫是自然界常見的化學物質，聞起來有點像綠花椰菜，是促使幼大鼠依附母鼠乳頭的化學分子，也是人類牙齒疾病主要的惡臭味成分。母倉鼠性器黏液的成分不僅止於此，公鼠求偶後期的行為及交配，是由一種名為aphrodisin的疏水性分子結合蛋白引發的，而公鼠在交配前舔舐母鼠生殖器時，會大量接觸到這種物質。有意思的是，公鼠一定要直接接觸到aphrodisin，才會有跨騎母鼠及推送骨盆的行為。

我們對母倉鼠的性器泌液瞭若指掌，卻還不曉得女人性器分泌物的何種成分會傳達女性的生殖狀況。研究顯示，女性陰道黏液的化學組成會隨月經週期改變，研究者尤其注意脂肪酸的濃度改變，這些脂肪酸是由陰道固有細菌的活動產生的。母恆河猴排卵前，短鏈揮發性脂肪酸的濃度會升高幾近兩倍；女性性器分泌物也有同樣與其他同類的化合物，濃度會在排卵前達到高峰。

一般而言，女性性器綜合黏液每毫升含有以下的脂肪酸（又稱為促情素）含量：

　　十微克的乙酸
　　七微克的丙酸

零點五微克的異丁酸

六點五微克的正丁酸

兩微克的異戊酸

零點五微克的異己酸

　　但是，每個女人的脂肪酸濃度有很大的差異。一項研究發現，百分之六十三點五的女性陰道分泌物有上述所有的脂肪酸，百分之二點五的女性完全檢驗不出脂肪酸，而百分之三十四的女性只有乙酸。值得重視的是，這項研究也顯示出，服用口服避孕藥的女性，陰道分泌物裡的脂肪酸濃度大為偏低，而且在月經中期濃度也不會提高。這並不令人訝異，因為陰道的脂肪酸濃度受內生性雌激素調節，服用避孕藥的女性受到人工合成的雌激素影響，自然的荷爾蒙平衡會受到破壞。因此，女性服用避孕藥時，性器分泌物的氣味會稍有不同。

　　有些探討男性對女性性器氣味感受的研究則得到相反的結果，這類實驗以女性排卵期的性器氣味為研究重點。一項研究使用人工合成的靈長類陰道脂肪酸，製造類似月經不同週期性器分泌物的促情素。讓人有點意外的是，受測的男性覺得這些氣味並不好聞，但是我們必須明白，要了解氣味與性事，環境（例如化學環境）是最重要的關鍵。雖然男性受測者不喜歡人造促情素的氣味，但是若讓受測者一邊聞一邊看女性的照片，原本被認為不怎麼迷人的女性卻突然魅力大增。

　　催情素的氣味似乎讓男人對女人的魅力判斷沒了標準，不但如此，聞起來像女人排卵時分泌物的催情素，還會讓男人的睪固酮濃度大幅上升，這顯示女人發出的化學信號可能有調節睪丸作用的能

力。這項實驗和其他研究都顯示，雖然大部分男性認為自己不曉得女性在排卵，但是他們的身體卻曉得，因為他們有睪固酮濃度增加的生理反應。

其他更近期的研究顯示，男性可以從氣味得知伴侶正在排卵；同樣重要的是，男性認為女性在排卵期的性器氣味較迷人。值得注意的是，這項研究跟其他研究有兩大不同：第一，實驗使用的氣味是天然的。第二，分泌這些氣味的女人跟受測的男性有長期的伴侶關係。在實驗中，受測的男性認為，女性在排卵期的氣味比其他月經週期的氣味好聞，較能引發性刺激，而且氣味存在的時間較長，還會引發希望接受到更多化學刺激的慾望。我認為，這一點顯示男性雖然未曾意識到，但確實能夠分辨女性是否正在排卵，知道女人這時候的性器氣味特別迷人。

展現女性生育力的性器香氣最後的威力測試，自然是能否增加男性的性活動。針對恆河猴的實驗得到非常肯定的答案，將催情素塗在母猴上，公猴與之交配的頻率會大為增加。不過，針對人類的實驗得到的結果則是不確定，在皮膚上塗有人工合成催情素的女性，跟伴侶的性交頻率並沒有增加。持平而言，這個實驗結果讓我們知道，人類情感生活與性生活的複雜程度，超過了所謂催情物質的影響力，這或許也讓我們對合成的促情素有所了解。

氣味渠道

在我們探討雌性動物為何要以性器氣味展現生育力之前，先談談其他性器氣味。陰道分泌物並非雌性哺乳動物展現生殖狀況的唯一方式，生殖狀況是指雌性是否即將排卵或已經懷孕。哺乳動物身

上充滿了各種氣味與體液，人類也不例外。研究者發現，尿液、唾液、汗液、淚液等體液，在不同的哺乳動物身上都各有催情作用。尿液是原始的氣味渠道，非常重要。尿液是腎臟大量生產的混合物，會因流經的地方——尤其是前列腺等生殖副腺——而染上氣味。

尿液可以傳達的個體訊息非常驚人，健康狀況、承受的壓力高低、生殖狀況、社會地位、代謝異常等，都可以從尿液樣本讀出來。人類經常將尿液視為無用的排泄物，覺得越快沖掉越好，不會認為尿液是重要的性器液體。女人的尿液可了不得，等待妊娠試驗結果的女人都曉得。在傳達女人生殖狀況一事上，尿液與陰道分泌物不相上下，各種簡易的排卵測試法檢驗的就是尿液（另外還有一種排卵偵測儀器看起來像手錶，可以測量受荷爾蒙濃度影響的汗液酸度）。

尿液時而醉人的多變氣味也有催情的作用——可不是沒人注意到這個事實。馬克薩斯社會喜愛的女陰特質裡，就有催情尿液這一項；人類學家發現，馬克薩斯人不讓女孩子吃某些水果，以免破壞尿液的香氣。印度有一種婚禮習俗目的是要抓住新郎的心，使用的就是新娘的尿液氣味。這項習俗只有女人知道，新娘會要求不知情的新郎，嗅聞泡過自己尿液的線編成的燈蕊。要讓自己的男人死心塌地嗎？傳統巫術也教女人在男人咖啡裡下「尿」。我沒試過這一招，但是有人建議過我。

尿液充滿生殖狀況的訊息，但是雌性動物會用尿液傳達這些訊息嗎？雄性哺乳動物會用尿液和生殖副腺泌液標示領域的習性，已是眾所皆知，那雌性動物呢？很讓人失望的是，儘管雌性哺乳動物也常用尿液與特有的分泌液標示領域，過去相關的研究記載卻少得可憐。不過，隨著有愈來愈多研究探討雌性哺乳動物性行為這個層

面，雌性動物以體液的氣味將自己的生殖狀況與社會地位昭告天下，其重要性也就越見分明。「撒尿秀自己」的行為在虎、豬、馬、貓熊、猴類等雌性動物都見得到。

母歐亞野豬發情時會頻繁撒尿，好讓周遭的公豬都曉得自己在受孕期。公豬收到母豬的訊息後，會循著氣味找到母豬。公豬必須先找到母豬的尿液，嗅聞舔舐後，在上面撒一泡尿，然後才開始交配。母馬和母鹿也用尿液召喚交配對象，這些雌性動物發情期的尿液對雄性的影響實在驚人——公馬和公鹿會把頭往後甩，翹起上唇，這種翹上唇收縮肌肉的動作讓牠們吸入更多雌性尿液的氣味。這種表情稱為「弗勒門姿勢」（flehmen，源自指稱哄誘、勾引的德文），其他哺乳動物也會有這種表情。

以馬為例，母馬的尿液氣味會引誘公馬接近，進而舔舐刺激母馬的生殖器。母家鼠的尿液能讓公鼠體內的睪固酮量急遽增加，進而讓雄性生龍活虎起來。雌性靈長類動物的尿液也有這種作用。受季節影響（白天的日照量較少時）的公狐猴睪固酮濃度較低、社會及交配行為都較不活躍；但是只要聞到母狐猴的尿液，就能讓公狐猴的睪固酮濃度上升，重新享有活躍的社交與性生活。

對於幾種雌性哺乳動物如何以尿液傳達訊息，科學家有相當的研究，母亞洲象就是其中一種。母象的發情週期很長，大概是十六至十八週，但是繁殖期卻很短，可能只有幾天、甚至幾小時的時間。因此，有效傳達母象發情的訊息事關生殖能否成功。尿液解決了時間有限的問題。母亞洲象發情時，尿液會釋出(Z)-7-dodecenyl acetate 這種化學物質；這既是引誘公象的物質，也是繁殖時間到來的信號。

不過，研究者還不清楚這種化學信號是從母象體內哪裡來的。

287

母象的泌尿生殖道長（從陰戶到卵巢長約一百二十至三百五十八公分）而曲折，布滿了各種分泌黏液的腺體，這種化學物質可能就是從其中一種腺體而來，也可能是從腎臟沖下泌尿生殖道的大量尿液中而來。也有研究者主張，母象的陰道或／及泌尿生殖道的分泌物有助於傳播母象發情的訊息。母象在排卵期時，會用牠有毛的尾巴尾端擦抹陰道分泌物，然後高舉在空中——像是揮旗子一樣——將自己發情的訊息傳到遠處。這種宣告「來這兒，我準備好了」的創意之舉，我喜歡。

適應環境而演化的陰蒂？

有些女人偶爾會羨慕男人可以站著小便，女人的性器就沒有這麼方便。有一種雌性靈長類動物倒是有個法寶。也許讀者還記得，母蜘蛛猴的陰蒂長度是靈長類之冠，有人說母蜘蛛猴這個可勃起的下垂器官看起來就像陰莖。可是，蜘蛛猴陰蒂表面有寬而淺的溝槽，由陰蒂基部排出的尿液就順此流下；而這些溝槽的上皮襯裡也非常特殊，看來滑順，很像黏膜。蜘蛛猴喜歡在巴西原始森林高高的樹冠上四處來去，發情的母蜘蛛猴會用尿液（牠們的名片）在樹枝上做記號，並且高聲呼喚公猴，這種撒尿找情郎的方法似乎很管用。母蜘蛛猴有非常活躍的性生活，性伴侶無數，有人認為牠們的性生活如此頻繁，或許就是因為用陰蒂排尿。

雌性性器用來排尿之說並不是什麼新奇的概念，也有人用此說來解釋陰莖。比方說，雄山羊會將包皮外翻，形成有毛邊的下垂管子，尿液因而灑得更遠更廣。然而，除了蜘蛛猴之外，我們不曉得其他雌性靈長類是否也如此利用外生殖器。在廣鼻猴（新大陸猴）

亞目中，蜘蛛猴、毛蜘蛛猴、絨毛猴及捲尾猴這四類雌性動物有較大的陰蒂，白喉捲尾猴的陰蒂長十八公釐，而長毛蜘蛛猴的陰蒂在體外的部分長四十七公釐（體內部分則無數據）。這些雌性動物的陰蒂為何較長還有待研究，也許是幫助散布尿液，或是提供更多的快感，或者兩個目的兼具。

女人的內陰唇也有讓人不解的構造。有一說主張，內陰唇的分泌物是女人綜合氣味裡的一個成分，尤其是在性興奮、表面大幅腫脹時；可是，我覺得內陰唇溝槽似的構造應該也是為了方便尿液、前列腺泌液或其他陰道分泌物等液體流動。我一定不是第一個有這種想法的人，前面就已經討論過，從一世紀到十六世紀，有很長一段期間，人們以希臘文指稱「水澤女神」的字指稱內陰唇。

最後，簡短談一下有麝香味的性器泌液，這是個世人待解之謎。乍看之下，印度香米、晚上開花的長葉馬府油樹、綠豆和母虎可能沒有相似處可言，然而這四種相異物有個共通點，都有乙醯基吡咯啉這種看似無害化學分子。乙醯基吡咯啉有令人難忘的強烈氣味，正是印度香米特有的濃郁香味、綠豆香氛（有意思的是，綠豆還含有一種母大鼠陰道分泌物中做為雄鼠誘引劑的化合物）、長葉馬府油樹花的香氣與母虎「情書」的源頭。母虎及公虎常朝後上方射出有氣味、富含酯類的乳白液體以標示領域，這種分泌液的氣味非常強烈。因此，梵文指稱「虎」的字 vyagra 是源自「聞」這個動詞（製造威而剛〔Viagra〕這種增加性器血流藥物的輝瑞大藥廠是否曉得這一點，就不得而知了）。

然而，研究者發現，母虎標示領域的射液裡頭含有脂肪酸、胺類和醛基，乙醯基吡咯啉使其有特殊香味，但還不清楚其來源與性質。這種液體由尿道施壓射出，帶有尿液的成分，但不是尿液，也

不是肛門囊的分泌物。我們也不清楚母虎射液的確實目的，雖然母虎射液之頻繁及其標示作用，似乎顯示這是一種生殖狀況信號或領域標誌。母虎是否有某種生殖副腺能分泌這種射液呢？母虎射出乳白香液的畫面，立刻讓我聯想到女人噴出晶瑩乳白前列腺液的模樣。聞過女人奇特、催情又濃烈的前列腺液之後，我敢打賭，女人前列腺液的作用之一就是用氣味催情。也許母虎也有前列腺呢！

傳話給姊妹

　　毫無疑問，雌性性器的氣味會影響雄性，但是「雌性之水」的影響力不僅止於此。雌性生殖狀況對同性也是重要的訊息，事實上，許多雌性哺乳動物生活在友善的社會及生活環境時，會利用其他雌性個體的氣味信號，調整自己的生殖狀況。這很可能是因為，在朋友支持、時節良好的情況下，要比在孤立無援、艱苦的環境中生育子代更能確保物種的生存。很重要的是，一個族群的雌性協調子代出世的第一步，就是要讓月經經期同步化，亦即一隻雌性動物的體味，會讓同族群其他雌性的發情或月經週期一致化（舊大陸猴及猿類有月經，有幾種原猴和新大陸靈長類動物也有些微類似的失血現象）。

　　許多研究證據指出雌性動物有同步排卵的奇特現象，以及各種生殖器分泌物如何造成這種現象。比方說，針對食蟹獼猴、黑猩猩及狒狒等舊大陸靈長類動物的研究發現，陰道分泌物會造成月經週期同步化。在荷蘭種乳牛身上，尿液及子宮頸黏液的混合液有調節月經週期的效用。研究人員針對齧齒類動物，尤其是大鼠及黃金鼠的尿液對發情週期的調節作用，研究得最為透澈。這類研究顯示

出，當雌性動物把排卵訊息傳達給其他雌性時，發出的氣味訊息種類及造成的影響，會因發情週期的階段不同而有所不同。尿液的氣味有延緩或縮短發情週期（讓發情週期同步化的現象較快發生）的影響力，以雌性大鼠為例，一隻母鼠排卵前的尿液氣味會讓其他雌性的週期縮短，而排卵時的尿液氣味則會延長週期。平均而言，只需要三個週期（一個週期是四至六天），一隻雌性大鼠就能讓其他母鼠有發情週期同步化的現象。

女人也常有同步行經的現象。儘管長久以來不時有人提到這個現象，還有心理學教授麥克林塔克在一九七一年所做的著名實驗，但是科學界一直要到一九九八年才認同，月經週期同步化確實是人類以氣味傳達生殖狀況的一個例子。正是麥克林塔克在二十世紀末的後續研究，才讓世人更加確定女性以體味溝通生殖狀況。一項實驗將女性在月經週期不同階段的腋下汗液（不用尿液或陰道分泌物，想必是不想薰昏這些參與實驗的女性）抹在其他女性的上唇，結果顯示這些女性的月經週期受到影響，由此可見女人可調整排卵時間以同步行經。

實驗的結果驚人。女性在濾泡期（排卵日前十二至十四天的時間）的腋下汗液，可縮短其他女性的月經週期一點七天，誤差值在零點九天之內；而黃體期（排卵後到月經來潮的前一天）的腋下汗液，則會延長月經週期一點四天，誤差值在零點五天之內。雖然受測的女性覺得腋窩的綜合分泌物聞起來沒有味道，卻足以延長或縮短月經週期；女性之間這些悄無聲息的化學溝通，造成的就是月經週期同步化。

這一項和其他月經週期同步化的研究顯示了兩個重點。第一，好朋友較容易有排卵同步化的現象。單是同處一室並不足以造成影

響，可能是因為友誼代表安全，而安全的時候就是生殖的好時機。另一方面，若是敵人環伺或是與不甚信任的人共處，就意謂著潛在的危險：「小心，跟這些臭女人同時排卵，讓自己的小孩跟這些女人和她們的小孩在一起，可不是好主意。」

第二，有些雌性似乎是排卵同步化的主控者，她們會迫使其他雌性的週期跟自己同步。這些主控者稱為「時間賦予者」。研究人員在狨猴、恆河猴、侏儒鬚猴等數種靈長類動物，以及小鼠、倉鼠和銀背胡狼族群中，發現這種以荷爾蒙影響姊妹排卵週期的優勢雌性。侏儒獴等哺乳動物的族群中，只有優勢雌性有排卵週期。更甚者，在某些動物的族群裡，一個雌性能讓其他所有雌性停止排卵；例如，蜂后的氣味威力十足，能讓其他雌蜂的卵巢停止生長。

這些生殖週期同步化的研究透露了令人憂心的一點，因為遭人欺壓、覺得有壓力而不快樂，或是受同儕欺負而感覺自己次要、彷彿二等公民的雌性，可能會延緩或停止排卵。除了同儕同步行經的影響之外，這些抑制排卵的因素，被認為是二十一世紀工作超時、工資過低且缺乏肯定的女性世代不孕的原因。研究指出，百分之八十的女性不孕都是壓力造成的。

男人的氣味

女人的氣味對男人的影響力如此之大，男性一定很高興能聽到雄性的體香也很厲害。雄性分泌物氣味被研究最多的是尿液，雄家鼠的尿液被研究得尤其徹底。值得注意的是，雄鼠的氣味信號對於調節雌鼠的三大生殖事件——性成熟、發情及懷胎——具有重大影響。如果將一隻雄鼠放在一群雌鼠中，大部分的雌鼠三天後就會發

情，而雄鼠的氣味將促使雌鼠同步排卵；即使是尚未性成熟的雌鼠，也會受到雄鼠氣味的影響。研究人員發現，雄鼠尿液中有兩種化合物——異丁胺及異戊胺——會加速性成熟。雄鼠的氣味對於懷孕母鼠的影響則更戲劇化，一道陌生雄鼠的尿液味就足以讓剛懷孕的雌鼠流產，甚至幾滴尿液就能加速年輕雌鼠的子宮成長。其他齧齒類動物的雄性氣味也有如此效果。

雌性齧齒動物對異性氣味會有生殖上的反應絕非孤例，許多女人都曉得，男人的尿液、氣息、精液或汗液的氣味也有相當的魅力。研究顯示，四十天內至少曾跟男人共度兩晚的女人，排卵率比獨睡的女人高得多。其他研究也顯示，相較於跟男人相處時間較少的女人，一星期與男人共度三晚以上的女人月經週期較短。

針對男性氣味對女性月經週期的影響，在一項更詳盡的研究中，實驗者將男性腋窩的汗液塗抹在女人的上唇，然後觀察受測女性的月經週期。得到的結果讓人吃驚，而且與女性月經週期同步化的實驗結果相吻合。男性的氣味看來可調節卵巢功能，使其發揮最佳功能，這一點從月經週期就看得出來。一些在實驗開始時經期不規律（亦即經期長或短於二十九點五天）的女性，到最後經期變成二十九點五天整，或是非常接近。

在生殖上，男性氣味對女性排卵週期的影響具有重大意義，因為女性的生育力與週期密切相關。女性達到最佳受孕率時，月經週期正好是在二十九點五天，誤差值在三天內；不孕的女性週期通常在二十六天以下，或三十三天以上。經期不規律時，較有可能是無排卵週期。女性有男性為伴、與男性有親密關係時較有可能排卵，這是很有道理的。如果周圍沒有男人，何必花功夫排卵又浪費卵子呢？把卵子省下來，留給將來合適的對象，才是明智之舉。

或許真是巧合也說不定，女性最佳受孕率的週期是二十九點五天，碰巧與月亮圓缺的週期一樣。更離奇的是，若是有男性為伴，女性通常在滿月時月經來潮，在新月時排卵；反之，獨身或是與女性相處時間居多的女人，通常是在新月時月經來潮，若有排卵，則通常在滿月時。科學還無法解釋，月亮週期與女性的生殖週期為何一樣長，以及排卵、月經來潮的時間為何都在新月及滿月這兩個時候。也許是某種生物反應，許多動物的生殖週期就是配合月亮週期以獲得最佳生育率。我們現在曉得，女人的子宮內膜並非隨時都適合受精卵著床，但子宮內膜是不是在新月時最適合受精卵著床則有待研究。有意思的是，有個古老的園藝守則建議：要種東西，就在新月時播種。

迷人的節奏

雄性影響雌性卵巢功能的方式還有最後一個——就是充分利用陰莖。這是很有意思的一件事，交配時的身體刺激會促使雌性排卵。這一點對很多動物都不是新鮮事，許多雌性動物，包括昆蟲、蜱類及貓、兔、雪貂、水貂等哺乳動物，都屬於刺激反射性排卵（又稱交配誘發性排卵）動物。這些雌性動物必須有充分的性刺激才會排卵，而這種機制能保存新陳代謝的能量，將能量投注在成長和生存上，避免無謂的排卵。另一方面，自發性排卵的雌性動物則是依循環的荷爾蒙濃度週期波動排卵，人類、恆河猴、綿羊、豬、牛、齧齒類等動物都是自發性排卵。

科學家尚未全盤了解排卵作用，尤其是自發性排卵。為什麼排卵週期只影響部分卵子？而且，排卵真正發生的那一刻，也就是迫

使卵泡破裂、輕輕擠壓出卵子的那個作用是怎麼回事，我們也不清楚。已知的是，成長的卵泡內有漸漸累積的壓力，而激素是促發卵泡擠出卵子的關鍵，主要是黃體激素及濾泡刺激素濃度遽增，黃體激素增加又連帶引發大量的酶產生，而酶使得成熟卵泡的膠原殼破裂。然而，我們還是尚未通盤了解自發性排卵作用。

有一點很重要，自發性排卵作用並不像我們以前認為的那麼規律。很多女人的月經週期並不規律，也經常是無排卵週期。可嘆的是，我們也不清楚無排卵週期的普遍程度。無排卵週期往往不受注意，因為卵巢排卵時，女性通常不會感覺到（但是有些女人，包括我自己在內，可以感覺到「排卵痛」〔月經間痛〕——卵巢強烈緊縮）。正因為不曉得女性發生無排卵週期的比率，所以我們也不清楚女性發生排卵週期的比率。女人和其他自發性排卵的雌性動物每個月都會排出一顆卵嗎？八成不是。

在這裡插播一則訊息給想要了解排卵痛的女性。首先，妳必須找到卵巢，最好的方法就是將雙手平放在肚子上，兩支拇指平行成一直線，拇指尖於肚臍處相碰，也就是用兩隻手形成一個尖端朝下的三角形——兩支拇指就是這個倒轉三角形上方的直線，兩支食指則在下方的頂點相觸。最後，兩支小指的指尖就在左右兩個卵巢的位置。運用這種方法，排卵痛就會較容易感覺到。

性行為也是影響女性是否排卵的一個因素，似乎性生活愈活躍，排卵的可能性愈高。研究顯示，與男性有頻繁性行為的女性，百分之九十以上的月經週期有排卵，而月經週期也接近二十九點五天；沒有性行為或偶爾為之的女性，則有百分之五十的月經週期沒有排卵。其他屬於自發性排卵的雌性動物也有這種現象。研究人員從綿羊、豬、大鼠、小鼠等動物身上發現，交配或類似交配行為的

身體刺激，例如陰道刺激或陰蒂刺激（牛會這麼做），會讓雌性提早排卵。很多意外懷孕都是因為人們誤以為，在女性月經週期後期發生性行為絕對不會懷孕。這些因意外懷孕而為人父母者大概就曉得，性交會引發排卵，造成懷孕。

性交的身體刺激以幾種方式促使排卵作用發生（見圖6.3）。科學家認為，交配以及陰道／子宮頸受刺激所造成的黃體激素遽增，是促成大多數雌性哺乳動物釋出卵子的主要因素。性交也有可能引發卵巢收縮，直接影響排卵發生。當卵巢收縮的強度超過成熟卵泡壁的抗拉強度及卵泡內的液壓時，卵子就被排出來了。研究人員透過刺激反射性排卵的動物（貓）和女人（自發性排卵），都觀察到這種卵巢收縮的現象。

假使雄性的性技巧高超，能促使雌性的卵巢收縮，同時可能大量分泌黃體激素，雌性可能就會排卵。針對幾種動物的研究顯示，交配的方式、時間長度及頻繁度，是影響排卵發生的關鍵因素。以草原田鼠為例，雄鼠抽送陰莖的次數越多，母鼠越可能排卵。雄性提供的性刺激程度，也可能大為影響雌性排出的卵子數目；以大鼠為例，雄鼠抽送陰莖的次數愈多，雌鼠排出的卵子也愈多。看來，雄性的性技巧好不好，可能對雌性生殖道是否運送其精子（如同第三章所述）和雌性是否排卵大有影響。

小鼠的交配選擇

最後，讓我們回頭談鼻子。研究人員在小鼠身上發現了氣味的驚人作用，小鼠光憑彼此的氣味就知道這個對象好不好。小鼠有這種能耐，是因為其尿液氣味會因「主要組織相容性複合體」基因

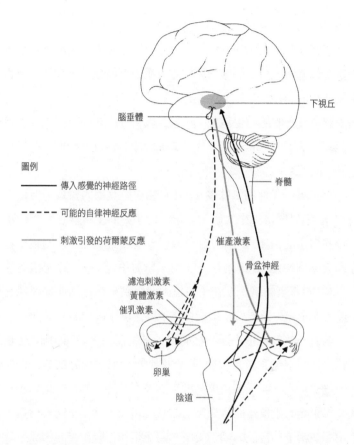

圖例

────── 傳入感覺的神經路徑

─ ─ ─ ─ 可能的自律神經反應

────── 刺激引發的荷爾蒙反應

下視丘

腦垂體

脊髓

催產激素

骨盆神經

濾泡刺激素
黃體激素
催乳激素

卵巢

陰道

圖 6.3 性交刺激促使哺乳動物排卵的幾種途徑。性交刺激若非誘發排卵,即是促使排卵提早發生(Adapted from Jöchle 1975 and Eberhard 1996)。

(major histocompatability complex,以下簡稱 MHC)不同而有所差異。小鼠憑著氣味選出的交配對象,都是跟自己有非常不同的 MHC 基因(等位基因[5]);這也就是說,小鼠嗅出跟自己有 MHC 基

─────────

5 譯註:染色體上同一個位置(基因座)上的不同基因型。

因型的對象，然後與之交配。為什麼小鼠會有這種行為呢？

答案就在於 MHC 的作用。MHC 基因為免疫系統的蛋白質合成指定遺傳密碼，生物個體藉此細胞反應機制辨識外來物是否有害。生物個體的 MHC 基因越多樣化，免疫系統就越靈活，辨識與應付病菌感染危機的能力也越強。小鼠靠嗅覺指引，選出基因互補且較可能繁育健康、適於存活子代的交配對象，也就是採取「多樣化就是好」的策略。

小鼠可由異性的氣味嗅出 MHC 和自己互補的對象，但是小鼠的 MHC 不只聞得出來；研究顯示，母小鼠的生殖器也有辦法辨識出哪些精子的 MHC 基因與自己相容。基因與雌性互補的精子——亦即有不同 MHC 基因的精子（第三章討論過）——比起與雌性有相似 MHC 基因的精子，在生殖道內會受到更快速的運送待遇。母小鼠的鼻子和生殖器就是這樣合作無間，聯手找出 Mr. Right。

還有一些動物跟小鼠一樣有這種神奇能力，能藉 MHC 之類的物質來選擇交配對象。MHC 對脊椎動物和無脊椎動物的免疫功能扮演重要角色，而細菌和植物則有其吸引及篩選異性的化學感受系統。母果蠅的生殖器能辨識精子的基因組成，給予不同的待遇，決定用哪些精子和自己的卵子受精。開花植物也有複雜的辨識系統，如果雌株發現花粉的基因與雌細胞太相似，就會中止花柱柱頭（雌細胞）與花粉（雄細胞）的受粉作用。連綠花椰菜都有五十種不同的基因型，以避免子代的基因過於相近。

讓鼻子帶路

人類選擇配偶又是什麼情況呢？人類的鼻子有那麼靈敏、能辨

讀他人的MHC基因、然後依照得到的資訊採取行動嗎？人類能辨認兄弟姊妹、小孩及異性的氣味，但是人類的嗅覺能辨識的東西不僅止於此。正如小鼠能從尿液中辨識MHC基因型有所差異的人，人類的鼻子也辨認得出兩隻基因組成相同、只有一個MHC基因座的基因型不同的小鼠。小鼠能嗅出合適的交配對象，人類也有這種能力。人類的體味也受到基因組成的影響，而女人似乎連一個基因的差異都嗅得出來。值得注意的也許是，從嗅覺的各個面向來看，女性的嗅覺都較男性靈敏，可以聞出很淡的氣味，也能分辨種類較多、層次較豐富的氣味。

在一項MHC的實驗中，受測的女性必須嗅聞男性連穿兩晚的T恤，然後評判其吸引力高低。女性覺得最有吸引力的氣味，結果都是來自與自己基因差異最大的男性。在另一項嗅聞男性T恤的實驗中，受測的女性必須評定自己較喜歡和哪些氣味的主人長時間共處。這一次，女性選擇MHC中有較多等位基因（尤其是來自父親的基因）與自己相同的男性的氣味。女性似乎也能分辨出熟悉、安全及可靠（父親的氣味）的氣味，陌生男性的汗液味，以及新奇、不熟悉（MHC基因型差異大的男性）且吸引人的氣味。

哈特教派這個在共有農場一同工作、只與同社群通婚、而且不採用任何避孕法也不離婚的北美宗教社群，為人類MHC基因對配偶選擇的影響提供了更多證據。他們為愛結婚，相守到老。研究人員分析哈特教徒的MHC基因及配偶選擇，在統計上發現他們大多明顯傾向於避免與自己有相似MHC基因的人結婚。然而，哈特教派社群的研究數據，也對MHC基因相近到何種程度就會影響生育力（可能影響不只一個生育階段）提供了重要資訊。哈特教徒流產的例子不但多，MHC基因相似比率較高的配偶兩次成功受孕的間

隔時間也較長。他們沒有避孕的習慣,受孕的間隔時間較長可能是因為懷孕早期的胚胎流失,甚至還沒發覺懷孕就流掉了。

我們現在從不同族群的研究中發現,相較於控制組的夫妻,一再有自發性流產的夫妻往往有較為相似的MHC基因;這些夫妻產下的新生兒體重通常較輕,長大後也較容易有健康上的問題。有個理論主張,與MHC基因有關的自發性流產,可能是因為胚胎的基因組成透露出危險訊息,女性生殖器因而自動終止懷孕,就像人體排斥移植器官一樣。MHC基因較相近的夫妻接受人工受精也較容易失敗。

人體氣味與個人基因組成及生育力密切相關之說,在許多文化也找得到類似的概念。印度安達曼群島的安吉人以氣味當身分識別證,安吉人和日本人說到自己時,都用食指指著鼻尖。馬來半島的特米爾人則將人的氣味等同於生命力。古代的西方人稱生育力強的男性的體味及其呼吸的氣息為其「精氣」,認為這些氣味是從精液散發出來的。有些墨西哥人直到今日都還認為,要判定一個男人能否跟女人生孩子,呼吸的氣息比精子還重要。最後這個概念不但得到MHC基因的研究支持,還另有研究顯示,對女人來說,一個男人的氣味是他們決定是否與之有性行為的首要因素。

研究也顯示出,難聞的體味(不管是什麼原因)是性興奮無法發生的最重要感官因素。不僅如此,研究人員還發現,人體的氣味不但是男女是否願意交往的關鍵,也是能否持續的重要因素。看來,要是兩人不喜歡彼此的氣味,就難以擁有親密關係。有些語言有這種「要喜歡某人必須先喜歡其氣味」的概念,例如在德文裡,不喜歡某人的說法「Ich kann ihn nicht riechen」字面意思就是「我受不了他的味道」。

女性的確可以從男性呼吸的氣味得知基因是否相容，以其為選擇伴侶的依據。讓人憂慮的是，研究顯示服避孕藥的女人嗅覺就沒這麼靈光。避孕丸會干擾女性與男性之間的性擇化學作用，破壞大自然花了幾百萬年建立起來的機制。結果就是服避孕丸的女性較可能選中MHC基因與自己相近的男性，而非MHC基因差異較大、能散發提升女性受孕率氣味的男性。我們還不清楚，服避孕藥的女性及其配偶是否有不孕及流產的傾向，或是這類夫妻的孩子容易有健康上的問題，這些主題還有待研究；可是，我們已知MHC基因相容的男性配偶對女性生育力及後代健康非常重要，避孕藥對女性嗅覺的影響不禁令人擔憂。

反對體味會透露男性生育力之論者則提出一大質疑，就是人類會擦香水，這一點跟其他動物都不一樣。人類擦香水的習慣有幾千年的歷史，照理說，這個習慣應該會破壞辨識嗅覺信號的機制。然而，近來針對人類MHC基因和氣味的研究卻有出人意料的弔詭結果，女人和男人選擇的香水味反而在無意間強化了MHC基因造成的體味。

令人驚奇的是，研究者請受測的男女從一般香水成分中選擇自己喜歡的香味時，MHC基因相似的人會選擇類似的香味。看來，人們選用的香水反而意外透露了自己想要隱藏的體味，正如聖經中的情詩《雅歌》所言：「你的名字有如倒出來的香液。」這些研究結果也解釋了，我和兩個姊妹成年後為何都不約而同地選了同樣的香水最愛——昭告天下我們擁有相似的基因組成。或許，這也解釋了為什麼我在十七歲時很愛香草的味道，為什麼我的小姪女十七歲時也最愛香草味。

既有的研究證據指出，人類的鼻子及其靈敏的嗅覺，是人類尋

找基因相容的配偶、確保生殖成功及物種生存不可或缺的器官。嗅出 Mr. Right 對女性如此重要，也許有助於解釋，不論年紀大小，女性的嗅覺都比男性靈敏。「跟著鼻子走」這句古諺確實是個好建議，但是女人要幫未來的孩子找優質爸爸並不是光靠嗅覺，鼻子必須與生殖器合作無間，檢視篩選出 Mr. Right 的精子。女人的鼻子嗅出 Mr. Right，生殖器秤其斤兩。鼻子與女陰聯手發揮功用，為女性爭取最佳生殖成就，兩者的關聯如此深植人心就一點都不讓人意外了。

7
高潮的作用

是喜悅還是苦惱？是狂喜還是極度痛苦？貝尼尼描繪的這個時刻是撩人的強烈歡愉。聖女大德蘭仰身傾倒，心醉神迷於此片刻，完全拜服於神視中。她雙眼緊閉，雙唇微開呻吟著，臉龐充滿激動，叢叢的衣褶如水流般從她的身體流洩而下，撫貼著身體的曲線；同時，金色光束從天堂傾洩，天主的天使正準備以尖端燃著火焰的矛射穿她的心，一次又一次。《聖女大德蘭的狂喜》（見圖7.1）——貝尼尼雕塑的這位西班牙阿維拉的聖人像——與她的主親密交融，既壯觀耀眼又讓人有點不自在，不知情的觀者看了可能會嚇一大跳。

　　在許多人眼裡，貝尼尼這位十七世紀藝術家所刻畫的聖女大德蘭，充滿了神聖莊嚴的狂喜，卻又幾乎有褻瀆之嫌。有些人則覺得，這件作品是性高潮永恆象徵的精采描寫。聖女大德蘭自述與基督神秘交融的時刻，用詞熱情洋溢。她在一五六五年所寫的《生命》一書中如此描述：「強烈的痛苦讓我失聲叫了起來，伴隨痛苦而來的卻是無限甜蜜，讓人但願這一刻能長久下去。這不是肉體上的痛苦，而是精神上的痛苦，但是又深切影響肉體。這是天主對靈魂最溫柔的愛撫。」

圖3.3　貝尼尼的作品《聖女大德蘭的狂喜》：聖女因性高潮而呻吟嗎？

既然聖女大德蘭無法將這種強烈的體驗充分形諸筆墨，觀者對此雕像觀感分歧也許就不讓人意外，性高潮這件事沒有人能形容準確。話說回來，人們在描述性高潮時，想表達的又是什麼？性高潮是歡愉、激情的高峰，抑或只是幾秒鐘甜蜜、湧動與強烈的痛苦？這是超越自我意識之超凡入聖、狂喜的短暫片刻，還是只是生殖器區讓人叫好的肌肉收縮？性高潮似乎充滿矛盾，語言學的研究告訴我們，orgasm（性高潮）這個字源自於以orgon為字根的希臘文orgasmos，orgon有成熟、腫脹、情慾蠢動等帶有性或生殖器意涵的意思。梵文指稱性高潮的字urira有「元氣」、「力氣」的意思，讓人有性能量的聯想；但是，論及性高潮引發的情感與豐富體驗，這些字卻又無法表達出來。

　　其他形容性高潮的英文詞彙——climax（達到高潮）、come（丟了）、spend oneself（洩了）、the big O（啊～啊～啊～）——相較於真正的性高潮也相形遜色。拉丁文的性詞彙以「到達」、「達到目標」、「完成某事」比喻性高潮；法文則更上一層樓，以la petite morte（小死）表達性高潮意識改變的狀態，以jouir這個字面意思是「享受某事」的動詞表達性高潮的愉悅。然而，法文以vider ses burettes形容女性性高潮就有點讓人不解，這個詞的字面意思是「清空她的burettes」，而burettes是天主教彌撒儀式中裝酒或聖水的容器，在古法語中則用來指寬口壺，也許這個詞跟女性射液的現象有關。德文則以höchste Wallung（氣泡翻騰）形容性高潮，表現出此一樂事的歡騰景象。

　　性高潮筆墨難狀的問題在其他文化中也有。人類學研究指出，芒蓋亞人以nene（完美）指稱性高潮，nene的同義字nanawe有「奢華舒適」或「因談話或音樂而覺得愉快」之意。在特洛布里安群

島，性高潮與射精的詞彙似乎通用。ipipisi momona形容性高潮的瞬間，但字面意思是「性液噴出／精液射出」，ipipisi momona也指兩性夜間的性高潮，指稱射精的字是isulumomoni，字面意思是「性液滿溢」。

馬克薩斯群島的玻里尼西亞人，使用不同的字彙描述性高潮的不同層面，或依不同態度使用不同的字。首先，他們用manini這個意指「甜美」的字形容性高潮。manini形容的是性高潮愉快、釋放、幸福的感覺，他們還有描述性高潮時性器官狀態的字。hakate'a這個字的字面意思是「製造精液」，也就是射精的意思，但是也有類似manini的弦外之意。這兩個描述性高潮的字都不文雅，正式的文句要用pao這個意指「結束」的字指稱性高潮，我覺得這種差別就像在英文中orgasm（達到高潮）及 ejaculate （射了）、come（丟了）的用法。有點讓人擔心的是，傳教士的性觀感對馬克薩斯人的影響，從性詞彙的改變就看得出來。馬克薩斯群島南部的住民現在用pe （墮落）和hau hau（壞）形容性高潮，Ua pe nei au這句話的意思就是「我墮落了，我達到高潮了」，讓人聽了不知該做何反應。

人人都能享有性高潮

如何描述、命名、記量性高潮，進而深入了解性高潮，始終是人們心癢癢、躍躍欲試的一件事。多少醫學、道德、哲學界人士與純粹好奇者為了「什麼是性高潮」、「為什麼有性高潮」、「為什麼性高潮這麼讓人享受」，以及涉及女陰探討的「性高潮讓我們對生殖器有什麼了解」這些問題精研苦思，古代西方的醫師也不例外。

蓋倫在《人體各部位的作用》中如此說道：「我現在必須談談，人在活動生殖器前為何會有強烈的慾望，以及活動生殖器為何會帶來極度的愉悅。」蓋倫承繼希波克拉底的理論，認為男女兩性都會製造可繁育後代的精液，主張性高潮是人類排出生殖液的徵兆；換句話說，他們認為性高潮是兩性生殖器排出精子的方式。

依此所謂的「兩種精子論」，性高潮的解釋如下：兩性都能從性高潮中得到極度的愉悅，而性高潮與生殖成功息息相關；兩性都會排出生殖液，性高潮產生的愉悅感覺，來自此排出物的好品質及快速排出的動作；女性既會分泌生殖液，也會吸入男性的生殖液，並且會保存混合後的生殖液。根據這個理論，男女性交的性高潮是生殖成功必要的步驟；如果女性沒有性高潮，就沒有釋出精子，因此就無法受孕。在這種觀點下，兩性的生殖器和兩性的愉悅對生殖作用關係重大。

不是所有西方自然哲學家都同意蓋倫與希波克拉底的性高潮觀點，亞里斯多德就有截然不同的見解。兩種精子論主張兩性都會排出生殖液，都會經歷性高潮；亞里斯多德則認為，性高潮與噴出精子完全無關，進而強調性高潮不是兩性射精的徵象。他把性高潮稱為「性交中的強烈歡愉」，認為這是出自「性交時的強烈摩擦。因此，如果性交的次數多了，歡愉的程度會降低」。在他看來，性高潮跟排出生殖液沒有關係。

亞里斯多德認為「性高潮與排出精子無關」，證據就是他觀察到女人不需性高潮就能受孕（但他強調這是例外，不是常規）；他還指出，少年與老年男性可以不用射精就達到性高潮。值得重視的是，亞里斯多德也討論了女性性器在性高潮時發生的變化，指出女性性高潮時，子宮頸有如「吸杯」，似乎可吸取精液。亞里斯多德

對此提出很好的解釋：「當這種現象發生時，男性的精液會比較容易被吸入子宮。」我們將在後文討論這一點。在他看來，女性性高潮可能不是受孕的必要步驟，但是性高潮和性器因而發生的改變確實有助於受孕。

亞里斯多德的性高潮理論在西方世界並沒有獲得廣大的回響，一直到十八世紀中，希波克拉底對女性性高潮的見解都是主流概念。一七四五年，法國科學家莫波徒伊在其著作《愛神之軀》中仍然暢言，女性性高潮是「延續人類生存、其樂無窮且創造新生命的歡愉」，就是個例子。

有性高潮才能受孕

在我看來，女人要有性高潮才能受孕，是女陰及女性情慾歡愉史上非常重要的概念，因為這個理論深切影響了西方女性及其性器官所受的待遇——由於女性性高潮被視為懷胎的必要過程，所以，人們對女性性歡愉及如何引發快感的討論也抱持正面的觀點。既然與生育後代密切關聯，宗教當局便認可女性的情慾之歡，醫生也可以提供女性達到性高潮的方法。結果就是，女性性歡愉不但被人接受，甚至在教會與科學界等權威單位看來也合乎道德。

昔日醫師談到懷孕的良方時，會強調女性性交時經歷高潮顫動的重要性。拜占庭帝國查士丁尼大帝的御醫阿米達的艾提厄斯建議，如果「女性性交時感到顫動……就是懷孕了」。此外，如何引發女性達到性高潮，也被視為醫生的專業。二世紀時，索蘭納斯在他重要的醫學著作《婦科學》中囑咐，適當的食物與按摩是達到性高潮必要的前奏曲。他談到如何以挑動情慾的食物誘發女人「對性

309
▼

交的內在衝動」，而按摩「可幫助食物發揮作用，〔而且〕也有助於接受並保存精子」。這類懷孕建議流傳久遠，直到十七世紀都還有人建議「甜蜜的擁抱、挑逗的言語和熱情的親吻」。史上也記載，一七四〇年代哈布斯堡家族的年輕公主德蕾莎婚後久久不孕，她的醫生建議：「我認為必須在性交前刺激女王陛下的陰戶。」這個方法似乎奏效了，德蕾莎後來生了十幾個小孩。

根據兩種精子論，懷孕要成功，女性不但要有性高潮，而且發生的時機也很重要。希波克拉底跟後輩亞里斯多德一樣，也注意到女性生殖器在性高潮時的變化。他認為女性高潮射精後，子宮就會收縮閉合，使得慢一步達到性高潮的男性的精子無法進入，受孕需要兩性同步性高潮的理論由此應運而生。如果女人先達到性高潮，會因子宮已收縮閉合而無法受孕；如果男人先達到性高潮，他的精液會澆熄「女性的熱與歡愉」。然而，若是兩者同時達到高潮，希波克拉底想像這就彷彿是把酒灑在火焰上，火焰更形旺盛，女人子宮的熱會更加熾烈。最後，同步高潮後的顫動關上子宮，一切就大功告成了！

長久下來，各方對如何讓女人和男人同時達到高潮的方法五花八門。有人說最好在白天或晚上的特定時刻交合，有人說吃春藥，還有人說要用對性技巧。中世紀的《女人的秘密》建議：「男人應在午夜過後或黎明前幫女人為性交熱身。他要打趣說笑，親吻擁抱，用手指摩擦女人的下體。這些都是要激起女人性交的慾望，好讓男女兩人的精子可以同時進入子宮。」這位不具名的男性作者還指出：「女人開始嗯嗯啊啊出聲時，男人就該勃起與之交合。」這本書最後還說了什麼呢？「如果男人有陰莖被吸入陰戶深處的感覺，就是女人受孕的跡象了。」

由於人們認為女性性器在高潮時的變化是受孕的必要過程，因此，促進懷孕的性愛指導觸及的範圍也非常廣泛。十六世紀的法國醫生帕雷建議，男人不要在女人高潮後子宮張開時急著起身，「免得張開的子宮暴露在空氣下」，讓剛獲取的精子變涼，因而有礙受孕。看來，如果男人想要讓女人受孕，性事就應該是讓女人非常享受的事，甜言蜜語、美酒佳餚、深情親吻、挑逗性按摩、同步高潮和之後長長的親密擁抱，可都少不了。聽起來很好。

　　可惜的是，受孕需要女性性高潮及同步高潮的說法後來被推翻了。亞里斯多德的理論不是沒有人知道，醫學界也一直流傳著女性性高潮不是受孕徵兆的說法。十二世紀的阿拉伯哲學家、同時也是一部重要醫藥大全的作者阿威羅伊曾提到，有個女人因浴池中的精液而受孕。當義大利生物學家斯帕蘭札尼在一七七〇年代成功地為一隻水獵犬施行人工授精後，「受孕需要雌性性高潮」時代的喪鐘就此響起；至少，研究者由此例得到一個結論：狗和其他動物不需性高潮就能受孕。一名醫生簡短犀利地評論道，注射筒不能「傳達或帶來喜悅」。那麼，性高潮和受孕在女人身上又是什麼關係呢？「受孕需要女性性高潮」還要更長的時間才被完全淘汰，但是醫學界到十九世紀初就達成共識──女性性高潮對受孕並非必要。這個發展真是教人失望啊！

　　某些具有探究精神的人就發現性高潮與受孕的關係，梅寶・陶德就是個例子。這名十九世紀的美國人後來成為詩人艾蜜莉・狄金森哥哥的情婦，她在日記中詳細記載性生活、性高潮（每一次經驗，包括自慰）及月經週期等種種細節。一八七九年五月十五日，「小病〔月經〕後的第八天」，她決定將性高潮理論付諸實驗。她寫道：「唯一可能受孕的時候可能是在達到高潮時──一旦高潮結

束，我想子宮會收縮，然後那些寶貴的液體就無法讓我受孕了。」

她拿跟丈夫的交合當實驗，刻意在丈夫達到高潮前達到性高潮。她如此描述：「並非出於野火燎原的激情，而是出自對自己理論的信念，我讓自己身體接受那寶貴的液體，歡愉顛峰過後等待了六至八個片刻，最後當我完全滿足、平靜下來時，我立即起身。往後的幾次交合，我就讓那些液體流掉。」梅寶・陶德的個人受孕實驗，成果就是她唯一的小孩米莉森。

有益健康的性高潮——性高潮企業的出現

到了十八、十九世紀之際，儘管人們不再認為女性性高潮與受孕有關，醫學界仍然力行兩種精子論中的一個論點，這種做法甚至在十九、二十世紀之交成了重要的醫療法。這個論點主張，女性性高潮對女性健康很重要。希波克拉底認為，性高潮能排出兩性體內保存的精子，如果沒有定期經由性高潮排出這些精子，精子過剩會造成體液失衡，讓人生病。誠如《特卓拉》的〈婦疾治療篇〉所說：「女人若是有淫慾卻沒有性交，沒有讓自己滿足，疾病會由此而生。」我們將在後文看到，性高潮對女性身體心理健康不可或缺的說法，將會對醫學界如何看待女性身體、定義「婦疾」及治療方式造成絕大的影響。

自蓋倫以降，醫學文獻詳細記載了醫生如何用引發性高潮的方式，治療各種籠統混稱的「婦疾」。以前的醫生認為，這些或稱「子宮窒息症」、「母親窒息症」或「歇斯底里」（hysteria，字面意思是子宮的疾病）的婦疾，都是子宮因精子滯留而腫脹、遊蕩體內

以求排出精子造成的。性高潮是導出精子的一種療法，但是醫務人員引發性高潮的方法各有不同。比方說，醫生會建議患歇斯底里的女性：如果已婚，便應「與丈夫強烈相交」以達性高潮；如果未婚、喪偶或是身為修女，則建議騎馬，以盪鞦韆、坐搖椅或吊床的方式搖動骨盆，或是讓醫生或產婆按摩陰道。

　　長久下來，陰道或陰戶按摩成了男醫師和產婆為服務病患必備的職業技能。蓋倫說明，按摩女性的生殖器時，要按摩到讓她有跟性交時一樣「又痛又舒服」的感覺，而且排出大量濃稠的精液。各家提供的性高潮療法五花八門並不讓人意外。義大利醫師達葛拉迪採用的方法是按摩女性的胸部，將大蓋杯蓋在胸部，然後「產婆手指抹上芳香油，以打轉的方式深入陰戶」。依達葛拉迪所言，病患覺得「又痛又舒服」就是治療成功，這種描述跟聖女大德蘭的狂喜體驗如出一轍。

　　男醫師覺得這類療法需要女助手。十七世紀初，荷蘭醫師范弗瑞斯特在其深具影響力的醫藥大全上建議，醫生處理精子滯留所引起的窒息症案例時：「筆者認為有必要請產婆協助，產婆可以用手指沾百合、纈草、番紅花之類的植物提煉油，深入生殖器按摩，女病患能因此達到發作。」

　　這些討論陰道按摩的醫學文獻不僅有性高潮的描述，也讓人得以一窺過去兩千年人們對陰道的認識與相關的疾病治療。陰道按摩法幾乎都使用催情的宜人香氣和特定的刺激方式，以下這份文獻建議刺激子宮頸：「讓產婆在手指塗上……麝香、龍涎香、靈貓香之類混合香粉，然後用手指摩擦或撥彈子宮頸頂端，即子宮入口。」

　　值得重視的是，這些敘述不但談到陰道按摩的技術，也談到女性生殖器的反應。阿米達的艾提厄斯（502-75 CE）曾描述女性性

高潮時子宮會收縮，全身肌肉痙攣，陰道還會分泌液體。十世紀的阿拉伯作家拉齊在其一部實用醫學教科書中說明，用沾油的手指按摩子宮開口時，「彷彿有東西被往上拉」的感覺。

然而，有一點值得注意的是，有些醫生基於道德與實務上的理由，不贊同以按摩陰道引發性高潮的療法。論及女性生殖器按摩的敘述大多避而不用「性高潮」這個字眼，這些提供性高潮服務的醫生喜歡以抒發女性的「歇斯底里發作」稱之。一八八三年，法國醫師特西皮赫只說，歇斯底里痙攣發作的情況「有時跟性高潮很像」。

有些醫生在著作中提及醫學界普遍施用這種抒發療法，英格蘭醫生海摩爾就是一個例子。海摩爾在寫於一六六〇年的《歇斯底里與慮病症》一書中用了 orgasmum 這個字，這個字在拉丁文就只有一個意思。他還描述女性生殖器受到刺激時，生殖器的血流會增加，性高潮時的收縮則會讓血液回到身體各處。相較於大部分醫師作者，這位十七世紀的醫生描述引發性高潮的陰道按摩技巧時，用詞也較為淺白風趣。他寫道：「這就像男孩玩的那種遊戲：一手摸肚子，另一手拍頭。」將近兩百五十年後，一九〇六年，另一位英國醫師瓦里恩感嘆陰道按摩費力又費時。他抱怨，人工按摩「辛苦工作一小時，得到的結果還不如用另外那個短短五到十分鐘」。

「所有女人都肯定的好幫手」

「另外那個」是指當時剛發明的醫療器具按摩棒。誠如緬因斯在《性高潮的科技：「歇斯底里」、按摩棒及女人的性滿足》中的精闢論述，按摩棒療法是所有勞累醫生夢寐以求之物。多虧了英國醫師兼發明家葛蘭維爾的發明，自一八八三年之後，各種蒸汽帶動、

水力帶動、腳踏控制及電動的按摩棒紛紛出籠，讓醫師病患都輕鬆多了（見圖7.2）。這會兒，只要開關一開，女性性高潮就來了，按摩棒的生意也蒸蒸日上。根據估計，在一八七三年，美國「有四分之三的醫療行為都是針對婦女疾病的治療」，「醫師要感謝體弱的婦女」，每年可從她們身上賺得大約一億五千萬美元。想想十九世紀末陰道按摩是主要的醫療行為，有些醫生還建議女性每週做一次「治療」，這個數字就毫不讓人意外了。真是賺錢的東西。

電動按摩棒對「歇斯底里」婦女的治療方式造成的衝擊，美國醫生莫內爾在其一九○三年談論按摩棒醫療用途的書中做了總結。他寫道：「〔婦科的〕骨盆按摩法有其優秀的鼓吹者和非常好的成效，但是要醫生親自用手指做這項技術性工作，大多數人就無法受益。」但是他又說：「〔電動的〕特殊器具為原本不實際的療法，提供了實際的價值與便利。」

圖7.2 按摩棒出現：一種二十世紀早期的按摩棒

按摩棒在一般家庭與醫師診療間愈來愈常見。在一八九〇年代的美國，女性花五美元就買得到廣告上說「適合週末出遊用」的輕便按摩棒，而不用每次花兩美元的診療費讓醫師來那麼一下。讓人開心的是，按摩棒是繼縫紉機、電風扇、熱水壺和烤麵包機之後第五樣電動家庭用品。自從可以在家使用按摩棒之後，自古以來的陰道醫療按摩法就漸漸被淘汰，男醫師的手也有更多空閒做其他醫療工作。可惜的是，我們不知道十九、二十世紀之交賣出多少按摩棒，但是從美國、英國和加拿大一九二〇年代以前的諸多郵購目錄雜誌上的廣告看來（見圖7.3），一定賣得不錯。

一九一三年四月號的《現代普麗西拉》婦女雜誌中，推銷著「每分鐘可提供三萬次令人興奮、提振精神、效果深入之震動的機器」。不令人意外的是，不論是針對醫生或女性，按摩棒的廣告都絕口不提性高潮或性愉悅，只提及震動的「健康功效」。一八八三年有一篇名為〈婦女健康〉的文章推薦，按摩棒是治療「骨盆充血」（生殖器充血）的良方。我們並不清楚，為何二十世紀上半葉醫學界及民眾不再愛用按摩棒，有人主張可能是因按摩棒出現在一九二〇年代早期的色情電影中，強調了按摩棒在情慾上的用途，讓醫界及公眾對按摩棒的「健康」效用有所質疑。可悲的是，當時的道德觀不贊同女性滿足自己的情慾。

反諷的是，西方性高潮企業勃興的時期，正是許多醫師學者開始發言著述主張女人缺乏熱情、沒有情慾的時候。當某些男醫師以健康為由為女性提供性高潮時，有些醫師卻力陳有性慾的女人是瘋狂、危險、不道德和不正常的。一八九六年，德國醫師克拉夫特—埃賓在《性心理變態》一書中說了一句名言：「然而，女人在身體心理正常且受良好教育的情況下，不會有性慾。」他還補上一句

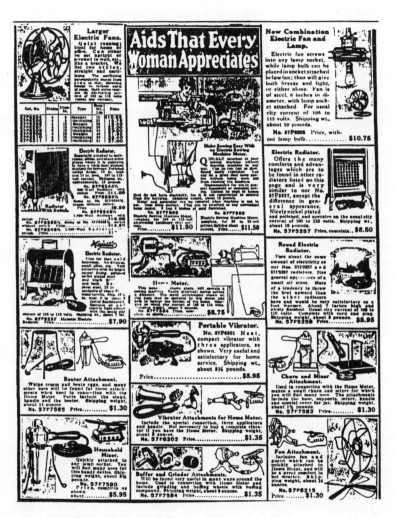

圖7.3 〈所有女人都肯定的好幫手〉：席爾斯—洛巴克公司一九一八年電器產品目錄上的一頁廣告

▼

7 高潮的作用

話：「若非如此，婚姻及家庭生活將會名存實亡。」這種看法似乎透露了女人盡情享受情慾會造成社會大亂的恐懼。

在醫學史上這段極其偽善的時期，以下幾名男醫生所言只是少數幾個例子：

> 女人不像男人那般性慾豐沛……通常沒有所謂的肉慾激情。（查爾斯·泰勒，一八八二年）

> 年輕女孩喜愛性慾之事是病態的表現……有半數女人無法感受性興奮。（赫曼·菲林，一八九三年）

> 只有在罕見的情況下，女人才會經歷一點點男人常有的慾求，大多數的女人都是性冷感。（喬治·納菲斯，十九世紀的美國醫師）

同時，英國醫師艾克頓於一八七一年為文指出，有些女人的確能感受性興奮，但這是「不幸的例外」，而且有發展出「拜訪過瘋人院的人見過的那種精神錯亂」的強烈傾向。

醫療用按摩是好事，女人自慰是壞事

同樣讓人驚訝氣憤的是，就在男醫師向女人收費、在診療室幫女人達到性高潮時，其他男醫師則發表論文，討論女人用手或按摩棒幫自己達到性高潮的「問題」。一八九二年一期《神經與精神疾病期刊》上有一篇文章〈婚姻生活不協調的神經精神因素〉，標題

的意思是女人為何不跟丈夫行房。這篇論文主張：「婚姻生活不協調的原因，主要是機械性、不正當的刺激〔按摩棒及自慰〕，提供較夫妻正當的交合更大的滿足。」

還有些醫學期刊詳細列出男醫師應如何判斷女病患有「自慰之疾」。史密斯在一九○三年的《太平洋醫學期刊》上就有〈女性自慰的徵兆〉這麼一篇文章，指導醫生該如何偵測女性是否自慰。依據史密斯的看法，兩片陰唇大小不一就是個徵兆，對性刺激異常敏感也是個徵兆。至於該如何判定女性對性刺激異常敏感，這份醫學期刊建議在女性尿道通「微弱的電流」，亦即使用電擊。

西方女人似乎怎麼做都得不到好評——缺乏情慾會被認為比男人低等，享受並展現性歡愉又會被說成不正常。許多醫生顯然也很困惑。十九世紀末，德國婦科專家阿德勒寫道，多達百分之四十的女性有性慾缺失的問題；然而，所謂「性慾缺失」的女性，包括自稱自慰達到性高潮的女人、有強烈性慾卻無法滿足的女人，還有一個自述醫師檢查時會感到性高潮的女人也被算在內。阿德勒對女性性慾缺失的看法確實奇怪，但這還不是最奇怪的。一八九九年版的《默克醫學診斷及治療手冊》上，有一頁建議用陰道按摩治療歇斯底里症，另一頁卻又建議用硫酸治療女性性慾異常亢進症。這讓人想到，也有人提出在陰蒂上倒石碳酸「治療」女性自慰這種野蠻的主張。

當時醫學界對女性性高潮及性愉悅的見解分歧，原因之一可能是專家提供的訊息相互矛盾。一方面，科學家說女性性高潮對生殖作用並非必要；既然女性的情慾之歡與生育無關，衛道之士及信仰虔誠的男性因而認為女性享受情慾是不正當的。但是另一方面，直到十九世紀末，還是有科學家主張女性性高潮對健康不可或缺，而

醫生當然有醫學倫理上的責任要把工作做好。然而，女性性高潮最後的下場就跟陰蒂一樣，一旦與生殖作用沒有直接明顯的關聯，醫生和科學家就可以理所當然地將這個難解的問題丟到一旁，而他們也的確這麼做了；儘管不久前他們還考慮到健康的理由，普遍提供幫女性達到性高潮的服務。

要談西方國家迷戀性高潮及健康關係的歷史，絕對不能不提賴希（1897-1975 CE）的故事。賴希是一位維也納醫生，跟佛洛伊德是同時代的人，他在一九三九年移居美國。探究性高潮與健康的關係是賴希一生的熱情所趨，他在一九二七年的著作《性高潮的作用：生命力的性排解問題》中主張，健康──尤其是心理健康──有賴於他所謂的「性高潮潛力」，意指一個人毫無拘束經歷性高潮的程度。他認為人類的情緒會貯存在肌肉裡，性高潮時，肌肉的收縮及放鬆能釋放出這些情緒，讓人維持健康狀態。換句話說，性高潮調節身體的情緒能量，將積壓過多會造成神經官能症的肉慾壓力釋放出來。依照賴希的理論，性高潮是自由流動身體各處的性力或生命力（他稱為orgone）。

問題就在，無法充分享受性高潮時，心理或生理的壓力積聚在體內會讓人生病。賴希如此闡釋這個論點：

> 從小被教導對生命及性抱持負面態度的人會有快感焦慮，快感焦慮會儲存於肌肉中。影響神經機能的快感焦慮，是造成人類否定生命及造就獨裁者的基礎，是對獨立、自由生活產生恐懼的根源。

賴希重視性歡愉，但是他的理論並未普遍被人贊同，可能是因

為他提倡想幹那檔子事就幹而受人非議。他年輕時拍了一部宣傳影片《生物的奧秘》，鼓吹他所謂的性高潮療法，影片中宣稱：

> 人類一生平均有四千次性高潮。別關上這個快樂和生命力的震動馬達……性器相交的生物性充電與放電會引發性高潮的本能反應，以及極度愉悅的肌肉收縮。遵守社會道德可能會造成胃潰瘍，還有呼吸道、心臟血管等疾病。愛人同志們，為了健康著想——想幹那檔子事就幹吧！

在當時避談性、性高潮和只贊同婚姻內性行為、為生育後代而發生性行為的西方世界中，賴希的觀點備受駁斥與嘲笑。在他生前，他的書被焚燒了兩次，第一次是一九三三年在德國被納粹燒的。後來到了美國，他認為性高潮可以改善疾病的主張，讓藥物管理單位找上他的麻煩，他是二次世界大戰戰後唯一被美國政府焚書的西方作家。法院禁止他再「提出任何論及性力存在的陳述或表示」，但是他因違反這道禁令而入獄。一九五六年被焚書後的隔年，他死於獄中。

反諷的是，和美國醫生以健康為由幫女性達到性高潮的時代只不過時隔五十年，賴希就因公開宣揚同樣的事遭到迫害。賴希的故事還有一段有意思的後續情節。西方科學研究現在指出，性高潮可能對健康有幫助。針對男性的研究指出，一星期有兩次以上性高潮的男性，比一星期只有一次或沒有性高潮的人更長壽；而針對患有冠狀動脈疾病男女的研究也發現，滿足的性生活可能有益心臟健康。賴希也許說對了，性高潮的作用是讓身體心理都健康；可惜得很，科學界現在還沒有定論。不過，性高潮這麼舒服，我倒是很樂

意相信，一天一次性高潮，疾病死亡都不來。

生命的仙丹

在一探今日科學界對女性性高潮及其與女性性器關聯的觀點之前，讀者也許會好奇基督宗教世界以外的地區有什麼看法？他們如何解讀性高潮？而且，同樣視性愛為神聖的文化，是否對女性性高潮有不同的見解？中國的道教、源自印度北部的密宗等東方信仰也認為，女性性高潮對於維持健康非常必要。我們先來談密宗。密宗認為性高潮是收縮與擴張、陰與陽兩種力量的調和，教導佛（涅槃）存女陰中的密宗非常重視男女交合的雙修儀式。密宗主張，男女交合時，男性的目標是用女性的性能量（精神能量）滋補自己，從而延年益壽。但是這裡有個癥結點：光是性交並不夠，男人若要「性榨取」成功，必須讓女伴獨自達到性高潮（但男性自己不射精）。

密宗認為女性性高潮非常重要還有另外一個原因，他們相信女性性高潮時，陰道會排出能提振精神的「陰精」。某些密宗教派主張，性交儀式的目的是製造出女性的陰精，然後收集起來讓男性吃下。他們用葉子收取女性陰道的分泌物，摻水後喝下性器分泌液調成的雞尾酒。嫻熟密宗性技巧的男人可以用陰莖直接吸取陰精，這就是所謂的「男根吸精法」。

中國的道教也認為，女性性高潮可延年益壽。道教提倡，人要接近道，最好的方法就是性交；所謂的「道」，就是絕對真實、能量、運動及陰陽調和、不斷變化結合的永恆變動。中國這門傳統哲學有條要義就說：「陰陽調和謂之道。」此外，道教的房中術主張陰陽失調會導致死亡，因此性交是調養身體的長壽良方。

男人要藉性交而長壽，就是要固精不洩而吸取女人的陰精（採陰補陽）。道教認為，女性要達到性高潮才會分泌真陰，就跟密宗的理論一樣；不過，道教的解釋稍有不同。根據道教房中書《修真演義》，這種延年益壽的物質可以從女人的嘴巴、胸部和陰道這三個地方採得，名為「三峰大藥」。這本書如此描述陰道泌液：「曰紫芝峰，號白虎洞，又曰玄關，藥名黑鉛，又名月華，在女人陰宮，其津滑，其關常閉而不開……惟知道者，對景忘情，有欲無欲，乃能得之，所以發白再黑，返老還童，長生不老也。」

　　那麼，女人呢？女性性高潮可造福男性，對女性健康也有益嗎？道教的答案絕對是肯定的。事實上，依照道教理論所言，女人處在雙贏局面，不但可以從自己的性高潮得滋補以延壽，也可以取男性的元精補身（採陽補陰）；相較之下，男性只能從女性的性高潮獲益。道教主張，女人讓性能量或靈能（在密宗裡以「靈蛇」象徵）從女陰上升、循脊椎上升至腦部而得的性高潮可延年益壽，這種滋養全身的性高潮與至高之道、宇宙合而為一，而有「谷之高潮」之名，可提升意識的層次。道教提倡，女性可以培養陰道及尿道這兩種性器肌肉的敏感度與關聯感，讓自己體驗這種可轉換意識的奧妙性高潮。

誰的性高潮較棒？

　　有意思的是，東西方的女性性高潮理論，在健康效益之外都還有另一個共通點，它們都討論了我們大概都想過的一個問題：誰的性高潮較棒？或說，誰在性愛中得到較大的滿足？答案似乎非常一致——女人。希臘神話、印度教、伊斯蘭教、道教、基督宗教及西

方醫學都認為，女人從雲雨之歡得到較多的歡愉。道教主張，女人的陰氣像水（坎），徐緩冷涼，廣大無窮盡；男人的陽氣像火（離），燥熱而快現，容易用盡。根據道教理論解釋，女人因為陰氣多，因而較容易讓性能量由性器上升；也就是說，由於女人較能專注內在，察覺自己的感覺，所以較有辦法達到性高潮。

在希臘神話中，提瑞西亞斯的故事談到女人從交合中得到較多快樂。提瑞西亞斯這個男人曾有七年的時間是女兒身，而且還是有名的交際花。有一天，宙斯和妻子希拉爭論行房時誰比較快樂、誰的高潮較棒。由於提瑞西亞斯經歷過兩性的性體驗，於是宙斯召他來解決他們夫婦的爭執，提瑞西亞斯的回答很簡單：

> 若將愛慾之歡以十分計，
> 女人得九，男人只得一。

提瑞西亞斯主張女人較「性」福，而許多文化也找得到極為類似的故事。根據傳說，伊斯蘭教什葉派創立者阿里做過類似評述：「全能之神造了十份的性慾，然後祂把其中九份給了女人，剩下一份給男人。」

在印度史詩《摩訶婆羅多》中，國王波戈斯筏那的故事也跟提瑞西亞斯的神話有許多雷同之處。波戈斯筏那是一位權傾天下的國王，是男人中的男人，但是他惹火了因陀羅神，因陀羅神就把他變成女人。成了女人的波戈斯筏那不能治理王國，而且被迫離群索居。幾年後，因陀羅神原諒了他，讓他選擇要繼續當女人或是回復男人身。波戈斯筏那這麼回答：「與男人交合時，女人總是獲得較多快感……所以我選擇當女人。我覺得女人在愛中比男人快樂，這

是真的，這是眾神禮物中最好的一個。我很滿意當女人。」

其他包括史詩《羅摩衍那》等印度傳說也有類似的討論，指出女人比男人更能享受性愛，而且有無窮盡的性慾。有句印度諺語就說，女人的食量是男人的兩倍，女人的狡猾或害羞程度是男人的四倍，女人的大膽果斷是男人的六倍，女人對愛的狂熱及獲得的喜悅則是男人的八倍。若是回到西元前三世紀，舊約聖經既指出女陰撩動慾望，又警告世人：「有三樣東西不知足……地獄、陰戶之口和焦渴的土地。」

雙重快樂等於雙重麻煩？

為什麼這些不同的文明認為女人的肉慾之歡或達到高潮的能力優於男人呢？講究解析的西方醫學對此大膽提出解釋。這個問題其實勾起許多科學家的好奇心，讓男人大為驚恐，可能也讓他們有點嫉妒。比方說，十一世紀的醫生、可能也是西方最早的性學家「非洲人康斯坦丁」[1]，在《論性交》這本醫學著作中指出：「女性由性交所得的快樂大於男性，因為男性只能從射精得到快感。女性由排出自己的精子，以及由充滿熱烈慾望的陰戶接受男性的精子，經歷雙重的快樂。」換句話說，女人有雙重快樂，是因排出本身的精子和接受男性溫暖精子的興奮。

過去的西方醫學對於女人得到雙重快樂的說法有不少討論，性

---

[1] 譯註：1020-1087 CE，生於突尼斯，在當地習醫，後來在義大利克西諾山成為天主教本篤會修士，是將古希臘及伊斯蘭世界經典醫學著作由阿拉伯文迻譯成拉丁文的重要譯者，本身也有醫學著作。

高潮及受孕兩種精子論（男女都會射出精子）的提倡者是主要發言者；然而，即使是主張只有男人射精的醫學研究者，也認同女人的性慾歡愉較為強烈。主張一種精子論的中世紀醫師大亞伯特就認為，女人能獲得較大的快樂是因為「男性精子觸及子宮，或陰莖觸及女性性器官」。另一方面，阿維森納則大膽主張女人有三重性歡愉。他說，女人「從性交中可得三種快樂：一是本身精子的運動，二是男性精子的運動，三是性交時的摩擦或運動。」

性榨取

讓女人沮喪的是，東方世界在女性性高潮討論中的「性榨取」概念也出現在西方，但是略有不同。以往也有不少西方男醫師的作品提到，女人如何藉由女陰利用男性享樂。比方說，十六世紀的荷蘭醫生蘭尼厄斯，曾為文述及女人有較強烈的性興奮，並且描述「女人吸取男人的精子，並且將自己的精子拋灑其上」，以及女人何以從性交「得到較多的快樂與歡愉」。可是，在當時有性別歧視的社會中，權威人士認為性只是為了繁育後代，因此女人利用男性享樂的概念讓男人覺得非常憤慨。看來，女人享受較多性快感的說法並不受男性歡迎，反而讓男人覺得備受威脅。

人們把女人跟吸血鬼[2]聯想在一起大概不讓人意外，有人說，女人可以用性交「吸取男人的精力，就跟吸血鬼一樣」。現在，vamp（蕩婦）這個字當然只用在女人身上，而蕩婦也正是指用美

---

2 譯註：sexual vampirism（性榨取）的 vampirism 源自 vampire（吸血鬼）一字，後文的 vamp（蕩婦）一字則是 vampire 的縮略。

色引誘並利用男人的女人。女人慾求無盡、有若吸血鬼的形象，也是中世紀早期醫書《女人的秘密》一再強調的重點，這本書一直到十八世紀都有很多讀者。《女人的秘密》原本是寫來讓獨身修士了解俗世之事，書中帶著警示的意味說：

> 女人的性交次數愈多，身體愈強健，因為男人性交時的動作讓女體變熱。再者，男性的精子因為跟空氣有同樣的性質而暖熱，女人接受後會全身暖和，體質也因熱而益加強健。另一方面，男人的性交愈頻繁，身體就會愈衰弱，因為身體會變得非常乾涸。

《女人的秘密》是一部極度厭惡女人的著作，一再強調女人的邪惡天性，並且讓西方醫學界對女性較男性強烈而豐沛的性歡愉產生負面觀感。這本書告誡世人，女人「比起男人有更多性慾，因為壞東西會被好東西吸引」。此外，「男人應該像躲避毒蛇、惡魔般小心女人。如果能讓我全盤說出我對女人的了解，全世界都會大吃一驚」。有人就主張，這本談女人和女性生殖器不良作用的書籍，對於十五世紀以之為據迫害女巫的《女巫之鎚》有非常深厚的影響。《女巫之鎚》就有這麼一句詆毀女人的名言：「巫術皆源自肉慾，女人在這方面尤其貪得無厭。」

為女性性高潮下定義

世人在兩千年的時間中為女性性高潮提出無數種解釋，從世上最快活的一件事、是女性排出精子的必要過程、是增壽能量之源，

一直到子虛烏有之事等，各種說法不一而足。女性性高潮當然存在，它被定義為一種感知（接受到神經傳達來的感覺）和運動（肌肉運動），大腦和身體在此合作無間，男性性高潮也是如此。沒有肌肉運動就沒有性高潮，但若是無法感知高潮時肌肉運動所產生的感覺，同樣無法體驗性高潮。我們也可以這麼說，要有「張力」，才有「釋放」。

正如陰蒂或前列腺的結構與功能等等女性生殖器知識，世人必須到晚近才一睹真相並加以確認，女性性高潮的情況也是如此。說得更明白些，到現在我們都還不甚清楚女性性高潮這種歡快現象的生理過程與作用。科學界遲於了解這個現象有很多原因。有些原因跟女性生殖器知識發現受阻的理由一樣，亦即西方國家不願補助以性為主題、特別是針對女性性行為及生殖器的研究計畫；然而，有些原因則較不具性別歧視或道德意味。比方說，以往要觀察女性性高潮的生理特徵並不容易；但是話說回來，儘管不易觀察，性高潮的生理特徵的確存在，長久以來也一直有人為文述及。這些生理特徵為認識女陰提供了一個很好的依據，而且重要的是，這個依據對於了解女性性器官及性高潮的作用助益良多。

兩千多年前，亞里斯多德曾指出，女性達到高潮時，子宮頸有如「吸杯」般吸入精子。還有人說女性高潮時的身體現象為「子宮的運動」。法國醫生盧波在其一八五五年論及女性性反應週期的文章中，也談到子宮頸與子宮的運動。盧波跟亞里斯多德一樣，都主張高潮時子宮頸會吸入精子而有助於受孕，他在一八七六年還發表了一篇專業文章，首次指出女性性高潮與骨盆肌肉強烈收縮有關。

關於女性性器官在性高潮時的反應，有些觀察是意外得來的。以下這段敘述，是美國醫生貝克對性高潮時子宮頸口的結構及形狀

改變的觀察，這是他在一八七二年為一名女病患診療時目睹的情形。這名病患在貝克碰觸其性器前事先告知，她天性熱情，光是用手指觸碰就可能會達到性高潮。利用這個機會，貝克提供了科學界早期對女性生殖器在性興奮及高潮時反應的詳細報告：

> 我用左手〔小心地〕撥開陰唇，子宮頸口因此看得一清二楚。接著用右手食指在子宮頸和陰戶間快速來回掠過三、四次，性高潮幾乎就在同時發生……我的手可感到高潮的興奮，子宮頸口擴張到一吋寬。從目測看來，大概收縮了五、六次，每次都將子宮頸的外口強烈往內縮，而且看來似乎是有規律的節奏。同時，子宮頸不像之前那麼結實，摸起來相當柔軟。這些現象全發生在短短十二秒之內，而且就像前述是立刻發生的。性高潮即將發生時，子宮頸及子宮頸口瞬間充血腫脹，變成青紫色；然而，一旦反應結束，子宮頸口霎時關上，子宮頸又再次變得結實，充血的現象也消退了，所有涉及的器官也恢復正常狀態。

很奇怪的是，有些關於子宮及子宮頸性高潮時反應的描述，是出自以陰道按摩治療「歇斯底里」婦女的醫生。一八九一年，瑞典醫師林布蘭姆幾乎天天為病患提供「骨盆按摩」的服務，他注意到性高潮會改變子宮收縮的節奏。爾後，其他醫生也注意到同樣的現象，發現性高潮會提高子宮肌肉收縮的強度與次數。

我們現在知道，子宮這個肌肉器官其實從不休息。外觀有如顛倒的梨子或牛頭、裡頭則像倒三角形的子宮，會每隔二至二十分鐘做持續、節奏性的收縮舒張，正如林布蘭姆和其他醫生所見。月經

來潮期間，子宮收縮會更強烈更頻繁，但可能發生痙攣（有研究者就主張，子宮痙攣性收縮是造成經痛的原因）。快速動眼期的睡眠時，子宮收縮的頻率也會增加；有些女人會有夜間勃起的經驗，就是因為生殖器血流增加。

我們並不清楚，女人的子宮為何終其一生要不斷做節奏性的收縮；然而，子宮是複雜無比的肌肉構造，強健又敏感，恰如其在生殖作用上的角色。子宮必須能夠維持新生命，還要有強壯的肌肉力量將龐大的胎兒推出狹窄的通道。因此，子宮的肌肉是人體最強壯的肌肉之一也就不足為奇。或許就是因為子宮肌肉對生殖作用如此重要，所以不能冒全然放鬆而退化的風險。女人的輸卵管終生不斷地收縮鬆弛（平均每分鐘三次），陰道肌肉不斷地收縮鬆弛可能也是出於同樣的原因。根據研究，不論是在睡眠、沒有受性刺激的情況下，也不論懷孕與否，女人陰道靠近子宮頸的部分，每八至十分鐘都會自發性地收縮。

肌肉時刻

即使在未受性刺激的情況下，女人的生殖器也從來不會完全呈靜態，但是性高潮時的肌肉反應則是非常戲劇化，這整個平滑肌和橫紋肌構成的器官，會因強烈非自主、節奏性的收縮放鬆而顫動。我們現在曉得，女人經歷性高潮時，子宮、子宮頸、陰道、尿道、前列腺及肛門的肌肉會有快速強烈、節奏性的收縮現象（圖7.4顯示性高潮時的肌肉收縮如何影響陰道及肛門的壓力），性高潮發生時，女人的骨盆肌肉會產生協調的波動。性高潮要發生，就一定要有肌肉反應，研究者就指出肌肉反應是性高潮的生理依據。生殖器

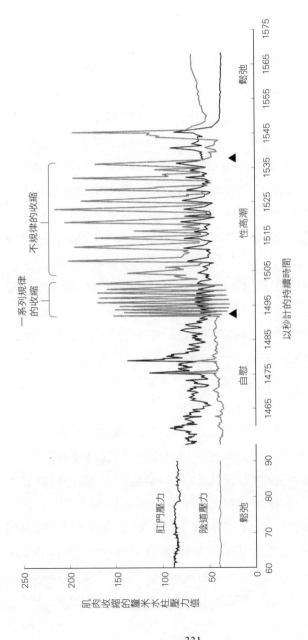

圖 7.4 性高潮時的肌肉收縮：這是一名女性在自慰過程中陰道及肛門壓力收變的電腦繪圖，三角形表示性高潮開始和結束的時候（Adapted from Bohlen, 1982）。

肌肉收縮放鬆的美妙震動現象，就是性高潮的特徵。

針對女性性高潮的科學研究顯示，骨盆肌肉收縮的頻率因人而異；有些報告指出每隔一秒有五到十五次收縮，其他報告則指出每隔零點八秒有四到八次收縮。這沒有一定的標準，收縮可能規律，也可能不規律，也可能兩種現象都有。古怪的是，研究指出，每個女人骨盆肌肉收縮的頻率、波形與肌力都有固定模式。性高潮時，肌肉規律收縮放鬆的現象也出現在人體其他部位，有時性高潮發生時，震動的現象會循著脊椎往上傳到頭部，讓人想起靈蛇循脊椎上爬的東方概念。男人性高潮的特徵也是肌肉收縮，男體肌肉收縮的部分包括尿道、前列腺、睪丸和肛門括約肌，大概每隔零點八秒收縮三、四次。

二十世紀下半葉的研究，進一步發現了兩性性高潮的有趣事實。引發性高潮所需的時間因人、情緒、情況等諸多因素而有所差異，但是根據實驗室所做的實驗發現，有一名女性十五秒就達到高潮，是目前最快的記錄。性高潮持續的時間似乎也沒有一定，研究報告指出，女性性高潮時肌肉收縮的延續時間從十三至五十一秒不等，而受訪女性自述的持續時間則從七至一百零七秒不等。男性性高潮通常在十至十三秒之間。此外，也有研究指出，骨盆肌肉越強壯，性高潮時肌肉收縮的強度、次數和持續時間都較強較多。有意思的是，性高潮真的可以轉換意識；而腦電圖的研究則發現，女性經歷強烈性高潮時的腦波模式，與深度冥想者相仿。

性高潮複雜無比且影響深遠，因此，引發肌肉和性器官以外的各種身體反應並不足為奇。我們現在知道，性高潮可引起心血管、呼吸和內分泌（荷爾蒙）系統的強烈反應，而這些現象也被視為性高潮的特徵。比方說，男女的心跳及呼吸速率通常會加倍，血壓會

比正常值高三分之一，瞳孔也會放大，很多人也會因性高潮時驚人、劇烈、震撼的感覺，不自覺地發出聲音和露出「高潮表情」。有實驗觀察到，四分之三的女人高潮時胸部會泛紅，但是只有四分之一的男人有這種現象。

「啊～啊～啊～」的故事

　　科學家對多重性高潮的現象也有所研究。一項實驗報告指出，一名女子在一小時內經歷了一百三十四次高潮，煞是壯觀，這也是目前最高的記錄。女性達到性高潮的能力，會影響引發高潮所需的時間，這大概不讓人意外。在一項比較多重性高潮與單次性高潮女性的研究中，研究者發現，平均說來，有多重性高潮的女人需要八分鐘達到高潮，而單次性高潮的女人則需要二十七分鐘。有趣的是，有多重性高潮的女性，平均只要一、兩分鐘就能達到第二次高潮，彷彿第一次高潮已經幫身體做好準備。第二次高潮之後，接下來的高潮發生的間隔時間會更短，一般是三十秒，有時甚至只需要十五秒。

　　兩性性高潮最大的差異就是，女性較可能有多重性高潮。這是因為男性若要享受性高潮，就必須鍛鍊並強化生殖器的肌肉，才能控制射精。如果男性有意願，可以控制骨盆肌肉，讓自己在高潮時不射精；能達到高潮而不射精的男性就指出，擁有這種能力較有可能享受多重性高潮。在此必須指出，儘管一般認為射精是男性性高潮必有的部分，但其實這是不正確的。射精及性高潮是各自獨立的生理機制：性高潮必須有感知和肌肉活動，射精則只是反射作用，反射運動不需大腦感知就能發生（從脊髓損傷的人類和動物身上就

▼

能看到這類例子）。

　　不過，對於想要體驗多重性高潮的男性，這裡有個好消息。雖然男性的多重性高潮大多是強壯的骨盆肌肉阻止射精的結果，科學研究卻也發現有一小群男性有多重射精性高潮——既有多重性高潮，而且每次高潮都會射精。這些男人可以分成三類：有些是一向都享有多重射精性高潮，有些是自己鍛鍊而成，有些則是偶然意外發生。在一項實驗室的研究中，一名三十五歲男子在第一次（在自慰十八分鐘後發生）和最後一次高潮之間的三十六分鐘內，經歷了六次射精性高潮。儘管男人有這些了不起的成果，但是要論及多重性高潮，女人還是比較厲害。就像我們前面提到的，實驗室的研究記錄指出，女性多重性高潮的最高記錄是一百三十四次，男人在同樣的時間內就只有十六次。奇怪的是，這兩個數字的比率，相當接近提瑞西亞斯就男女兩性誰在性愛中得到的歡樂較多這個問題所言的：「女人得九，男人只得一。」

與生俱來的能力嗎？

　　近來關於性高潮特徵的一大驚人發現，就是這些生殖器肌肉收縮是人類生命初期——還在子宮的胎兒階段——就經歷的一種感覺。以下關於胎內女性性高潮的報告出自《美國婦產醫學期刊》，是兩位義大利醫生在產前例行的超音波檢查時觀察到的：

　　　　我們最近觀察到一個三十二週大的女胎兒用右手的指頭觸碰
　　陰戶，這個愛撫的動作主要發生在陰蒂部位。這個動作持續三
　　十、四十秒後停了下來，但是幾分鐘後又繼續進行。而且，就

在女胎兒一再重複輕柔的觸摸時，骨盆和腿部也有短暫、快速的運動。再度暫停後，除了觸摸的行為，胎兒還收縮身體及四肢的肌肉，接著全身發生痙攣現象。最後，她放鬆平靜了下來，整個觀察過程大概是二十分鐘左右。胎兒的母親是活潑而感興趣的證人，而且樂於與觀察者討論其胎兒的經驗。

這兩位作者在報告中為其驚人發現下了這個結論：「這個觀察似乎顯示，不但懷孕第三期的女性胎兒有刺激反射作用，而且胎兒也能有性高潮反射作用。」若說男胎兒在子宮內也有自我取樂的行為，這或許是意料中事。確實如此，許多即將為人父母者都目睹過腹中兒子手握勃起的陰莖，不斷重複自慰動作，而且時間可高達十五分鐘。

人類怎麼這麼能享受性高潮呢？原因之一可能與引發性高潮及愉悅感覺的感覺神經路徑有關。性高潮並非無中生有，而是必須營造堆疊出來的（奇異又奇妙的是，達到性高潮的過程可以跟性高潮本身一樣讓人享受）。性興奮通常發生在數條神經受到活化時，由親吻、愛撫等行為引發的神經刺激，會加深刺激和興奮的程度，直到達至引發不同運動系統的閾值——這時，爆發性、節奏性的肌肉收縮才會發生。性刺激的節奏是另一個引發性高潮的關鍵因素，因為節奏有助於同時活化更多神經，引發最後的性高潮快感。

性高潮發生時，通常是三條生殖器神經中的幾條受到活化。這三條神經是陰部神經、骨盆神經和下腹神經，統稱生殖脊神經，意思就是這些神經由生殖器出發，然後由不同部位進入脊髓。這意謂著，在女人身上，若是撫摸陰蒂和陰道開口附近的性敏感肌膚（包括陰唇及會陰），很可能就會活化陰部神經；但若是刺激陰道、尿

道、前列腺或子宮頸，則是骨盆神經會受到活化。可是，神經活化有重疊的情形，因為下腹神經可以傳達子宮和部分陰道的感覺刺激，子宮頸內的骨盆神經與下腹神經的感覺區域也有重疊的情形。而在男人身上，陰部神經支配陰莖和陰囊的皮膚，下腹神經傳達睪丸及肛門的感覺刺激，而骨盆神經則支配前列腺。

多樣化是生活的情趣

　　女性性高潮有兩件各家爭論不休的事：一個是性高潮是否不只一種，一個則是性高潮的種類是否有優劣之分。關於第二個問題，我認為性高潮就是性高潮，如果舒服，盡量享受就好，不用談別的；而且，不要受流行的理論影響，用自己喜歡的方式享受性高潮。但是第一個問題又該怎麼回答，性高潮有陰道高潮、陰蒂高潮和G點高潮之分嗎？

　　嚴格說來，這個答案是「是的」，但真正的情形其實很複雜。女人的性器官因為有不同的神經路徑分布，性高潮確實能以幾種不同的方式發生。只要有節奏地輕撫陰蒂，就能帶來性高潮，但是集中尿道或前列腺（G點）的震動刺激、子宮頸受到陰莖抽送的刺激、或單純緊縮陰道肌肉，也能引發性高潮。只要了解神經路徑與性高潮的關係，就知道肛交為何能引發女人性高潮，因為下腹神經也支配直腸。如果我是一個有分類癖的人，我會說最棒的性高潮是陰蒂高潮，第二是G點，第三是子宮頸，第四是陰道，第五則是肛門高潮。不過，很重要的一點是，真的說起來，大多數女人都是同時經歷幾種性高潮，因為真要濃情蜜意起來，不大可能只單獨刺激到一條神經路徑。所以，大部分性高潮其實都是美妙的高潮混合，

但這又有什麼不好呢？

　　近來在女性性高潮研究上的一個重大發現，就是科學家益加重視涉及性高潮的神經路徑。一九九○年代初，研究人員就發現，陰部神經及下腹神經會傳達生殖器的感覺，對引發兩性的性高潮非常重要。最近的研究又發現，女性還有另一條跟性高潮有關的神經路徑。看來，至少就女性而言，性高潮的方式較以往想像的還多。

　　研究人員先是從一九六○、七○年代關於完全性脊髓損傷（判定的標準是，脊髓受傷的部位以下無法感應針扎或輕觸，而且無法做自主運動或直腸沒有感覺）的女性在睡眠中經歷性高潮的軼事報告中發現，女性性高潮可能還有更多需要了解的事。醫學界以「幽靈高潮」稱之，並且將這些完全性脊髓損傷女性的性高潮感覺斥為無稽之談。

　　然而，愈來愈多證據顯示，還有另一條神經路徑也能引發性高潮。另外有些身體癱瘓、自胸部以下沒有感覺的女性也表示，她們的內生殖器仍有感覺，性交時會有「腹部發熱」的感覺，或是月經來潮時會感到子宮疼痛。這類生殖器感覺報告給了醫學界一個謎題，他們知道性高潮和生殖器感覺傳導的路徑都涉及生殖脊神經，所以脊髓損傷會阻礙性高潮及生殖器感覺的訊號輸入，而讓傷者無法感覺到生殖器。在所有已知的神經無法傳達感覺的情形下，受到完全性脊髓損傷的女性怎麼可能感覺並享受性高潮呢？也許是因為有相反的證據存在，所以醫學界一概將這些報告視為女人的幻想或子虛烏有之事。

　　然而，到了一九九○年代，生殖脊神經功能失常的女性可感覺生殖器及性高潮的軼事報告，有了科學研究結果的支持。這些先驅研究顯示，這些女性雖然受到完全性脊髓損傷，但是以震動器刺激

陰道及子宮頸時，卻能引發感知及性高潮的非自主反應。也就是說，這些女人感知到自己經歷性高潮，對於性高潮感覺的描述與身體健全的女性沒有兩樣；而她們也表示感覺得到震動器，經歷到「腹部深處」子宮頸「抽吸的舒服感覺」，而且陰道受到刺激時，「體內深處有感覺」。除此之外，實驗也觀察到，她們有性高潮典型的非自主反應（自律神經反應）：瞳孔放大、心跳加速、血壓升高。這些女人的確經歷了性高潮，但這是怎麼發生的呢？

漫遊者返鄉

答案就在「迷走神經」（vagus nerve）。延展各處、似乎不按牌理出牌的迷走神經分支眾多，也支配人體各主要器官。vagus 源自拉丁文「漫遊」一字，而迷走神經也名符其實，從腦幹發出，往下經過脖子，然後迂迴穿行人體各處；既通過胸腔內的心臟與肺臟，分支到眼睛的瞳孔及唾液腺，也和腹部、內臟、膀胱及腎上腺相連，卻又完全避開脊髓。最後，對女人是一大福音的是，迷走神經系統曲折繞行全身的路徑，以子宮和子宮頸為終點。

正是因為迷走神經與子宮及子宮頸的關聯，完全性脊髓損傷的女性才有辦法感知陰道及子宮頸受到刺激，進而享受性高潮的愉悅。迷走神經纖維將生殖器的感覺傳達到腦部，而且因為不經過脊髓，所以這個神經系統不受脊髓受傷影響（根據估計，有百分之五十受到脊髓損傷的女性能體驗性高潮）。我們並不清楚，迷走神經在男性身上是否也用同樣的方式運作，但有跡象顯示可能是如此。

由於知道了迷走神經對傳導生殖器感覺及引發女性性高潮的重要性，一些科學家重新思考生殖器感覺、性高潮和性高潮發生機制

等等主題。屬於腦神經的迷走神經[3]對動物非常重要，不論是最原始的脊椎動物或高等的哺乳動物，迷走神經跟呼吸、吞嚥、嘔吐及消化等各種動物身體的基本功能息息相關。而且很重要的一點是，從演化的角度來看，迷走神經非常古老，在七鰓鰻等原始脊椎動物身上就找得到。迷走神經散處身體各處，歷史悠久，而且現今支配生殖器感覺及性高潮。總括這一切事實，迷走神經可能是感覺生殖器及性高潮時肌肉收縮舒張的原始系統。

在黑暗中看見

我們已經見識過陰道是非常聰明的器官，能以精確無比的方式分類並篩選精子。可是，我們能說陰道也有超感官知覺嗎？從迷走神經與女性性高潮關係的發現看來，答案似乎是「是的」。研究中發現，生殖脊神經功能失常（受到完全性脊髓損傷）、卻能感知性器官感覺及性高潮的女性可分為兩類。第一類女人表示，她們可以有意識地感覺到靠在陰道內或子宮頸上的震動器，而且正是這種迷走神經傳來的感覺引發性高潮。

但是，第二類女人也經歷性高潮，而她們的性高潮更是讓人不解。用震動器刺激這些女人的陰道內部或子宮頸時，她們雖然沒有意識到生殖器的感覺，卻能經歷性高潮。她們的陰道以某種方式感覺到生殖器受到的震動刺激（即使大腦沒有意識到），並產生性高潮反應。怎麼可能有這樣的事情呢？有一種說法是，也許陰道有所謂的「盲視」現象。

---

3 譯註：迷走神經又稱為「第十對腦神經」。

所謂盲視，是指視覺皮層受傷的人在沒有意識到視覺體驗的情形下，卻能對視覺刺激有適當反應；也就是說，雖然他們根本看不見，卻反應得就好像看得見。一些脊髓受損女性雖然感覺不到性器官受到的刺激，卻反應得好像感覺得到。難道女性生殖器這種性高潮經驗跟視覺系統的盲視現象道理一樣嗎？再者，是迷走神經的訊號輸入造成生殖器的盲視現象嗎？陰道盲視現象的相關研究還在非常初期的階段，可想而知，這個問題還沒有定論。除此之外，還有些問題也尚待回答。陰道盲視現象似乎顯示，女性生殖器的性高潮反應非常活躍，為什麼會是這樣？女性性高潮，或說女性以特有肌肉運動對生殖器所受刺激予以反應的能力，對於演化或生殖成功果真不可或缺嗎？

　　說來奇怪，引發人類性高潮的，不單是來自生殖器神經（不論是陰部、骨盆、下腹或迷走神經）的刺激反應，也可以由生殖器神經以外的神經引發。實驗室的研究發現，刺激生殖器以外的部位也能引發性高潮，對乳房、嘴唇、膝蓋、耳朵、肩膀、下巴和胸腔提供節奏性、挑逗性的刺激都是例子。人類性行為研究先驅麥斯特斯與薇吉妮亞‧強森，觀察到從頸後背、下背、腳底和手掌引發的高潮，因而認為人體全身都是性敏感帶。針對脊髓受損的男女所做的軼事報告也指出，若是刺激脊髓受損的部位，或附近發展出的極為敏感的皮膚區，也會引發性高潮。

　　針對這類性高潮例子的實驗室研究證實，性高潮的確會發生。在一個案例中，研究人員以震動器刺激一名女性脖子及肩膀極為敏感的皮膚區，結果造成性高潮典型的血壓上升，以及據稱「震顫和突然出現」的性高潮。這名女子還說，她「感覺全身都在陰道裡」。非生殖器的性高潮顯示，除了生殖器，性高潮也能經由身體

其他部位的感覺刺激產生。除此之外，關於女性的研究也顯示一個奇異的事實：光憑影像就能引發性高潮。這一類女人不需身體上的刺激，光憑幻想就能帶她們到那欲仙欲死之境——儘管她們身在實驗室中。

關於動物與性高潮

　　女人的性高潮如此多樣又活躍，讓人不禁好奇其他雌性動物是否也有性高潮。儘管以往充滿爭議，研究者如今大多同意雌性動物有性高潮。事實上，有許多研究資料顯示，許多動物達到高潮時的生理反應跟人類一模一樣；比方說，不論雌雄，靈長類動物性高潮時生殖器肌肉都會強烈、快速又有節奏地收縮。一些研究指出，有數種雌性靈長類動物由交配或自慰達到性高潮時，除了典型撼動子宮、陰道及子宮的肌肉收縮，也伴隨著陰道充血、陰蒂勃起、全身肌肉緊繃、心跳速率急遽加快和毛髮直立的生理現象。生殖器肌肉的收縮會同時引發行為反應，例如交配叫聲（有節奏的吐氣叫聲），雌性回頭看並將手伸向雄性，以及最後的高潮表情，或稱O形嘴表情。

　　令人驚奇的是，根據一份詳細記載子宮收縮情況的資料指出，母截尾猴露出高潮表情前的八至十秒時，子宮收縮的強度及壓力都突然提高，然後高潮時的子宮收縮舒張又持續多達十五秒。值得注意的是，母猴在同一時間露出高潮表情，而子宮收縮的強度也達到顛峰。這副張嘴的表情可持續長達三十秒，之後骨盆肌肉收縮的強度才慢慢減弱到性高潮前的程度。

　　還有其他許多資料指出，雌性動物在交配行為發生時及結束

後，都有肌肉的反射運動；而在玩弄自己或雌性同伴性器官等非以生殖為目的的性活動中，研究者也觀察到同樣的生理現象。交配時，雌性大鼠經刺激陰戶和尿道後，骨盆肌肉會產生有節奏性的反射運動，就跟公鼠的反應一樣。母牛的陰蒂經按摩後，會發生子宮、子宮頸及陰道肌肉收縮的性高潮反應；只要按摩母牛的子宮頸幾分鐘，就會觀察到子宮頸張開及抽動。家貓高潮時，不但有典型的肌肉收縮，還會尖聲叫出自己的感覺；而在農家裡，母豬達到高潮時，陰道會緊握住公豬的陰莖，好像要用力到滿意為止。養馬的人也提過，牝馬交配達到高潮時，肌肉有強烈的收縮反應。

事實上，似乎沒有哪一種行體內受精的雌性動物，不對性刺激報以那種典型的生殖器肌肉收縮。科學家已經對小鼠、天竺鼠、狗和許多動物做過研究，全都指出雌性有陰道強烈收縮的現象。一項針對母狗的研究以饒富趣味的口吻指出，母狗陰道肌肉痙攣得非常厲害，幸好公狗陰莖有陰莖骨保護，否則「尿道腔可能會閉死」。有個理論就主張，雄性動物的陰莖骨，就是為了防止陰莖被雌性生殖器肌肉強烈的收縮夾傷。最後，誠如前文已強調過的，雌性骨盆肌肉強烈、有節奏的運動，也是昆蟲交配時普遍可見的現象。看來，生殖器肌肉收縮是雌性動物性高潮的重要要素，我們將在後文看到這是有原因的。

動物享受性高潮嗎？

在接下去討論之前，讓我們先來談談動物和性高潮。動物享受性高潮的顫動嗎？儘管，寧願假想其他動物不喜歡性高潮的大有人在，但是有許多證據顯示牠們可享受得很。研究顯示，不論是野生

或圈養，許多哺乳類動物顯然樂於從事交配、同性嬉戲或自慰的性活動，雌性動物不但會撫弄外生殖器，也會自創刺激生殖器內部的方法（參見第四章）。母黑猩猩及紅毛猩猩會拿葉梗或樹枝插入陰道來回抽送，還會用口水當潤滑劑，有時也會在臨時打造的情趣用品上來回推送身體。研究者還曾觀察過，母黑猩猩把植物仔細咬成適合插送及刺激性器官的長度。在實驗室的實驗中，研究人員目睹，母截尾猴在生殖器收縮達到高峰時露出高潮表情。還有研究顯示，雌性靈長類動物受到震動器抽插陰道的刺激或性高潮（骨盆肌肉有強烈收縮的現象）時，會把手往後伸，以增強震動器刺激的強度。牠們似乎是想要得到更大的滿足，這又該如何解釋呢？

讓人訝異的是，雌海豚在刺激生殖器取樂的方式上非常有創意。海豚在雌性對雌性的性遊戲中，會把鰭或尾巴插入另一隻海豚的生殖裂裡。另一種方式是「喙交推進」：一隻海豚把嘴插入另一隻雌海豚的生殖裂裡，一邊刺激，一邊游動將第二隻海豚往前推進。研究人員也曾觀察到，雌海豚以生殖器肌肉夾住小橡皮球，然後用這顆小球摩擦生殖器或加以擠壓。

雌性性高潮的作用

女人享受性高潮，雌性動物也享受性高潮。如同前文所見，雌性性高潮時都有那種特有的生殖器肌肉收縮。可是，雌性性高潮究竟有什麼功用？雖然近幾世紀的研究者主張，雌性性歡愉（不論是性高潮或強烈性刺激）跟有性生殖毫無關聯，但我認為，嚴格說來這種觀點並不正確，而且有很多原因可證明。首先，大多數雌性動物都需要特定程度的生殖器刺激，生殖作用才能順利發生。如同前

述，雌性生殖器的設計能有效要求雄性該如何配合，才能取得插入和受精的機會。即使雄性得以插入，還必須迎合雌性生殖器的新要求，自己的精子才有和卵子會面的機會；如果雄性達不到這些要求，雌性大可排出、消化掉或殺死精子。

對雄性而言，這種情勢意謂著，假使自己表現不佳，無法在適當的時間地點提供雌性必要的內外生殖器刺激，就別想當爸爸了；而且，可能連第二次機會都沒有，因為大部分雌性動物習於與多雄交配，其他雄性很快就會取代牠。更殘酷的是，如果雄性學不會如何取悅雌性，就別談什麼生殖成就了；在動物和昆蟲界，雄性想強行插入、丟下精子就走人，這種生殖策略根本行不通。這就是為何為雌性性器官提供「正確」的刺激方式，或使其達到性高潮，對雄性的生殖成就非常必要。

雄性必須提供雌性精確的生殖器刺激才能順利交配，兔、貓、雪貂、水貂、松鼠和田鼠之類的哺乳動物，都是很好的明證。這些動物都屬於刺激反射性（交配誘發性）排卵，亦即受到一定程度的生殖器刺激，才會有排卵這種反射反應。從這個角度來看，刺激反射性排卵跟射精（雄性受刺激而釋放精子）非常相似；比方說，雌性草原田鼠排卵的機率跟雄鼠抽送陰莖的次數有關，次數愈多，愈可能排卵。

以兔為例，研究人員也觀察到引發母兔排卵需要什麼樣的生殖器刺激。首先，公兔的陰莖必須在母兔的陰戶幅度一致地快速來回摩擦七十下，速度太慢或缺乏節奏都不會成功。公兔能否插入就取決於此一節奏性刺激法，而且，這些刺激也可能開啟一連串造成排卵的必要荷爾蒙作用。一旦陰莖插入母兔的陰道，公兔還必須提供陰道及子宮頸足夠的刺激，才能引發促使排卵發生的荷爾蒙作用。

整體而言，兔子的性交程序顯示了雄性刺激雌性內外生殖器的重要性；或可說，提供前戲及幹那檔子事的重要性。

嚴格說來，女人不是自發性排卵

其他如牛、豬、羊、大鼠、小鼠、倉鼠和人類等哺乳動物，被歸類為自發性排卵，亦即這些動物的雌性「通常」依荷爾蒙濃度的週期變化而排卵。重點就在「通常」兩字。牛、豬、羊、大鼠、小鼠、倉鼠和人類也會有刺激反射性排卵，會對一定程度的生殖器刺激做出反應。因此，這些動物的雄性是否熟悉性交程序，可是攸關自己能否達到最佳生殖成就。引發這些雌性動物排卵的，通常是生殖器的刺激，但也可能是嗅覺、視覺、聽覺或情緒上的刺激。如果母牛得不到「足夠」的生殖器刺激，受孕率就會大減。母羊也有相同的情形，飼養羊的人想要大幅提高母羊的受孕率時，會用結紮的公羊為母羊提供性歡愉；單單把精子置入母羊的陰道，並不保證繁育會成功，也不保證人工受精的生意會獲利。

大鼠的例子更是凸顯特定的生殖器刺激對生殖作用的必要性。公鼠射精前，插入陰莖的次數與節奏（陰莖插入而被陰道包覆的次數，以及兩次插入之間的時間控制），會直接影響母鼠是否受孕。如果插入次數少於三次（理想的次數是十到十五次），即使公鼠將精子射入陰道，母鼠也不會受孕。值得注意的是，公鼠無法讓母鼠受孕，跟提供的性器官刺激程度及節奏有直接關係。

從一些大鼠神經內分泌系統的研究，我們可以了解情況為何如此。我們曉得，雌大鼠的骨盆神經感應到陰莖插入造成的陰道刺激，如果刺激足夠，會造成母鼠分泌催乳激素，催乳激素進而促使

345
▼

卵巢分泌黃體酮。黃體酮會刺激子宮內膜增厚，為受精卵著床做好準備。陰道及子宮頸若沒有得到足夠的節奏性刺激，卵巢就不會分泌足夠的黃體酮，亦即子宮沒有反應，受精卵可能無法順利長大。

我們在前文討論過，女人也可能因為強烈的生殖器刺激和性高潮而排卵；然而，我們並不清楚，究竟是性器官刺激及高潮後，性腺分泌的荷爾蒙濃度增加而引發排卵，還是性高潮時的肌肉收縮促使準備就緒、抗拉力甚強的卵巢提早排卵。也許兩個原因都有。卵巢也受迷走神經支配，而迷走神經引發的性高潮也許對卵巢及卵子釋出造成很大的影響。再者，卵巢也有平滑肌，會影響平滑肌的化合物也可能影響卵子釋出的時機。這個發生的細節還有待研究，但可以確定的是，性高潮的確對女人排卵的時機有影響。有意思的是，十九世紀時，排卵的那一剎那——卵泡完全腫脹而即將擠出內容物——被稱為「排卵時的腫脹」（l'orgasme de l'ovulation），這個詞跟希臘文orgasm最初的意思一樣——成熟或腫脹。另外在十九世紀的醫學文獻上，orgasm也可以指腫脹得非常厲害，或是一個器官受到強大的壓力。

大地撼動之時

雌性生殖器刺激及／或性高潮除了會影響排卵的時機、排出的卵子數，以及受精卵能否於子宮著床，還會以其他方式影響性交的結果。如同前文所述，刺激性高潮及／或生殖器，會對雌性生殖器肌肉造成顯著的影響——增加波動、節奏性肌肉收縮放鬆的強度與頻率。這種生殖器肌肉震動的現象出現在許多體內受精的動物上，從人類、黑猩猩、牛、羊、大鼠、小鼠、雞、林岩鷚、蜂類到甲蟲

的雌性都能見到，或許所有行體內受精的雌性動物都有這種現象。而且就像前面討論過的，雌性主導了大部分精子輸送的過程。

在有性生殖研究上具有重大意義的是，越來越多研究指出，雌性生殖器的肌肉收縮力，在其生殖系統傳送精子上扮演重大的角色。如果陰道和子宮的壓力正好，骨盆肌肉的收縮力道也對，讓肌肉收縮的波動由子宮頸一路傳到卵巢，再加上子宮頸在關鍵時機擴張，生殖道內的精子被拉向卵子的可能性就大為提高，而不是遭到被送走的命運，有些研究——尤其是牛和豬的研究——就凸顯出這種運作方式。

不論在排卵週期的什麼時候，母牛和母豬的子宮肌肉層都一直有自發性收縮的現象。在發情期以外的時間，肌肉收縮從子宮角末端的管子發生，朝子宮頸傳去，亦即會將生殖器內的精子往外推。然而在發情期時，肌肉收縮的方向會倒反過來，由子宮頸傳向輸卵管；若是這時生殖器內有精子，就搭上了直接通往卵子的輸送帶。母牛和母豬若是在發情期達到性高潮，由於這時肌肉收縮的強度與頻率增加，加強了肌肉波動的方向性，就能提高精子受儲藏和受精的可能。

針對其他動物的研究也凸顯出，生殖器刺激及／或性高潮如何影響這些涉及精子傳送的肌肉收縮運動。以牝馬為例，交配時的生殖器刺激，造成生殖器強烈收縮及子宮內為負壓，使得陰道內的液體會被「吸入」子宮。而在母倉鼠身上，「交配引發的劇烈陰道收縮」造成精子被快速（九十一秒內）送往子宮。針對母小鼠的研究則指出，子宮頸強烈收縮，似乎使得精液較不容易由子宮頸倒流回陰道。以大鼠而言，公鼠的陰莖必須插入母鼠陰道兩次以上，母鼠的生殖器才會傳送精子。

另一方面，如果雄性射精前沒有為雌性提供足夠的刺激，精子可能會立刻被消化掉或排掉。如同前文所指出，母豆娘傾向於將提供較多性刺激的雄性之精子儲藏起來，排掉提供較少性刺激的雄性之精子（平均而言，差別大概是四十一比十七分鐘）。值得注意的是，研究也顯示，刺激母豆娘生殖道上的感覺器，確實會造成精子貯藏囊肌肉的反射性收縮；而針對母羊的研究則指出，不舒服的性刺激也會影響精子運送，減少精子到達子宮的數目。

在女人身上也行得通嗎？

　　在女人身上又是什麼情形呢？研究顯示，影響女人傳送及貯藏精子數目有兩大原因——就是性高潮時的肌肉收縮是否發生，以及何時發生。有趣的是，研究指出，相較於沒有達到高潮或達到高潮的時間比男人太早或太晚，女人在男人達到高潮的前一分鐘到後三分鐘內達到高潮，會保留較多精子。據估計，這個數目差別大概有一千萬。

　　研究人員認為，運送及貯藏精子的動作會發生，是因為女人達到性高潮時的肌肉收縮，造成子宮內及陰道的壓力上升；可是，性高潮結束後，子宮內的壓力會急遽降低，造成子宮及陰道間的壓力梯度變化。因此，如果女人達到高潮時精子就在子宮頸的黏液內，這個壓力梯度會造成精子被送往子宮的速度加快。子宮頸及其黏液在這個過程扮演重要的角色，就在性高潮即將發生前，子宮頸會往陰道腔內伸得更長，將黏液從外口擠出。假使性交發生在女人的易受孕期，這些黏液會將精子完全包在晶瑩的黏液團裡，而且在性高潮發生後，由於生殖器壓力劇烈改變，保鏢黏液和其中的精子會被

往上吸入子宮頸，再吸進子宮。

　　為什麼足夠的生殖器刺激及性高潮會造成肌肉運動和精子運送呢？研究者認為，催產激素這種腦垂體激素可以提供部分解釋。催產激素有很多作用，其中一項是可以引發平滑肌收縮，這在女性性器官的討論上非常重要，因為子宮、子宮頸、卵巢、陰道和前列腺都是由平滑肌組成。女人的性器官受到刺激時，催產激素的分泌量會增加，而且隨著刺激加強，肌肉的張力也會增加。性高潮時的子宮頸和陰道肌肉強烈收縮、子宮頸擴張，以及瞳孔放大，都跟催產激素大量分泌有密切的關聯。值得注意的是，性高潮時肌肉收縮的強度，都跟催產激素的濃度成正比。

　　在許多哺乳動物中，比如牛、羊、鹿、兔的雌性，催產激素分泌量急遽增加時，都有子宮或子宮頸強烈收縮的現象。oxytocin（催產激素）源自於意指「迅速分娩」的希臘文，因其對雌性生殖器最戲劇化的功能——引發分娩時子宮平滑肌的強烈收縮——而得名。也正是因為催產激素對分娩有此助益，才會有人建議孕婦多享受性愛高潮。催產激素的另一項驚人效用，就是引發雌性哺乳動物泌乳。令人驚奇的是，母牛的陰道對刺激非常敏感，光是對著陰道吹氣，母牛就會分泌催產激素並增加泌乳；而對著母牛陰道吹氣，也正是酪農業者為提高牛乳產量沿用至今的古老方法。

編排性愛程序

　　在某些物種中，雌性的生殖器肌肉還擔負了生殖作用上的一項重任。這些雌性生殖器肌肉不但主宰精子運送的方向，還能確保精子傳送發生；也就是說，雌性生殖器有節奏的強烈肌肉震動能引發

雄性射精。雌性蜜蜂就是一個例子，而一種棲於沼澤的昆蟲，其雌性生殖器肌肉強壯到足以把精子從雄性的陰莖吸出來。人工授精的技術也利用了這個概念：有些雄性要受到雌性陰道收縮造成的生理刺激才會射精。比方說，公豬和公狗的陰莖要受到有節奏的脈動刺激（多虧了雌性力道十足的陰道）才會射精。

有關各種雌性動物的陰道肌肉在生殖器受到刺激及／或性高潮時如何運作，還只是處於非常初期的研究階段，因此還有待更深入的研究，我們才能知道這種「讓雄性射精的技巧」普遍到什麼程度。這類研究目前都只是以昆蟲或哺乳動物為研究對象，但是在大部分物種中，雌性的生殖器肌肉都強健無比，大概都有辦法勝任必要的陰莖夾技。

有些雌性靈長類動物有足以讓雄性射精的陰道肌肉，女人也包括在內。如果一個女人的陰道肌肉發達，就有可能緊握、包覆並擠壓陰莖，讓自己獲得快感、達到性高潮，同時讓男性射精；在這種情況下，男人不需要費力氣。而且，女人性高潮時急速強烈的骨盆肌肉收縮，常是能讓男人達到高潮並射精的額外身體（及挑逗性）反應。女性性高潮引發男性射精的時機，也符合子宮及陰道壓力改變使得肌肉收縮而將精子往上吸的理論。

有一份關於兩隻截尾猴在連續三次交配中生理反應的詳細研究資料（見圖7.5），為雌性性高潮生殖器肌肉收縮及時引發雄性射精的理論，提供了很好的佐證。從母猴有意與公猴交配，到第一次交配時母猴比公猴早七秒達到性高潮，到第二和第三次交配時兩者同時達到性高潮，到交配後的毛髮梳理期，這份資料讓我們看到兩隻截尾猴彼此的性反應可以如此協調一致；不但高潮表情同時出現，而且就在雄性射精前，子宮收縮的強度與頻率都霎時遽增。有意思

的是，在第二次和第三次交配時，母猴有「往回看並往後伸手」的動作，似乎是要指示或暗示公猴推送骨盆及射精。母猴是在傳達訊息希望雙方同時達到性高潮嗎？

事實上，越來越多證據顯示，靈長類動物交配時，母猴與公猴做的溝通可不少——臉部的（轉頭、往後看、高潮表情）、聲音的（交配叫聲）或肢體的（往後伸手及抓住）動作都有。有研究者主張，對於協調公猴推送骨盆及射精，還有母猴的肌肉反應及達到性高潮，這些溝通都非常重要，而且母猴是主導者。比方說，母恆河猴在達到性高潮的肌肉收縮前，會往後伸手抓住公猴，因而似乎引發了公猴射精。除此之外，以慢動作播放巴諾布猿交配的影片時，會發現公猿推送骨盆的速度及強度，是隨母猿表情及／或聲音加以調整。巴諾布猿也會以肢體動作傳達交配時的資訊。讓人驚奇的是，有證據指出，巴諾布猿發展出特有的性交手語，在性交時以此指示並協調彼此的動作。

沒錯，女人要受孕不一定要有性高潮，但我認為性高潮對排卵、受精卵著床及精子傳送、精子運送會造成影響的事實，說明了這個讓人舒暢的肌肉及神經現象的起源。我猜想，雌性性高潮（生殖器肌肉有節奏、波動、強烈的收縮舒張）是從雌性控制、協調生殖器內精卵運送的需求演化而來。在各種荷爾蒙分泌的聯合作用下，雌性生殖器在性高潮時的肌肉收縮，的確得以主導精卵運送，而每個細節也往往相當精確。從生殖作用的角度來看，雌性能在體內精確控制精卵運動，對自己絕對有利。如果雌性能夠自由選擇交配對象，並且能夠充分運用生殖器，就能與基因最相容的伴侶生下後代，達到最佳的生殖成就。

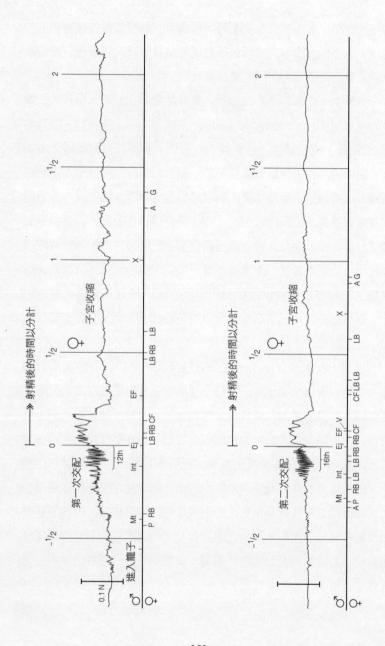

352
▼
女陰

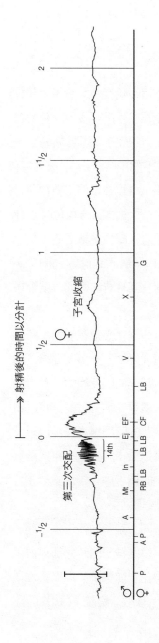

──→ 射精後的時間以分計

子宮收縮

♀

第三次交配

14th

♂ P A Mt In Ej EF V X G
♀ A P RB LB LB LB CF LB

圖7.5 性愛和性高潮的程序:在連續三次交配中,一隻母獼猴的行為及子宮收縮的情況,與一隻公截尾獼猴的行為之對
照圖。子宮收縮力以「牛頓」(N)計(Adapted from Slob AK, 1986)。

母猴的行為有:

P = 有意交配
A = 接近
RB = 手往後伸向公猴
LB = 回頭看公猴
C = 高潮的表情
G = 梳理公猴的毛髮

公猴的行為有:

A = 接近
Mt = 跨騎
Int = 陰莖插入
Th = 推送骨盆的次數
Ej = 射精的表情
V = 叫聲
X = 抽回陰莖

陰莖做為體內求偶工具

　　行文至此，本書已從性愉悅及生殖作用的角度，討論了大部分雌性性器「存在的理由」，尤其深入探討了「為什麼體內受精動物的雌性必須擁有非常敏感、肌肉強韌、又能充分發揮功能的生殖器」。可是，女陰的故事要說得完整，絕不能不談談陰莖——大部分雄性動物身上與雌性性器對等之物。如果雌性性器的主要角色是與基因最相容的雄性達到最佳生殖成就，那麼陰莖的角色又是什麼？有些人可能會說，陰莖純粹是將精子放入雌性生殖器的工具，這個硬挺的插入器就是要迅速有效地將精子射入正確的孔洞；不過，只要看看不同物種在兩性交配的過程及其耗費的時間，就曉得事情一定沒這麼簡單。

　　動物的交配過程往往複雜且耗時，有些雄性必須花費數小時刺激雌性的性器官或其他部分，陰莖才有用武之地。摩擦、愛撫、親吻、撫摸、震動、用鼻愛撫、搖晃身體、甚至歌唱及餵食，都可能是雄性求偶的必要手段。而且，若說插入陰莖的唯一目的是置放精子，則一旦陰莖深入雌性體內，許多雄性花的時間根本長得沒有道理。以蜘蛛猴為例，公猴騎乘的時間可長達三十五分鐘，粗尾嬰猴則可交配兩小時以上。而在黃色寬足袋鼬的例子中，雄性必須在五小時左右的馬拉松交配中，每隔四分鐘插送陰莖一次。

　　不單是哺乳動物的雄性會延緩射精時間，許多物種也是如此。雄采采蠅的交配時間平均長六十九分鐘，傳送精子的時間卻只占了三十秒。許多種蜘蛛都把大部分交配精力花在前戲上，以皿網蛛科的大山圓頂蛛為例，雄蛛會耗費二到六小時用「觸肢」（蜘蛛的陰

莖）刺激雌蛛的生殖口，之後才把精子放在觸肢上，嘗試授精（可花上半小時到一點四小時）。即便射了精，許多雄性動物還必須繼續刺激雌性；以粗尾嬰猴來說，公猴射精後陰莖還必須插入達兩百六十分鐘，但似乎只要偶爾插送一下就好。

事實上，研究者漸漸傾向認為，陰莖的作用在於影響精子即將落入的陰道環境，因為大多數雌性習於與多雄交配，雄性要解決的重要問題不是「我能把精子置入這個雌性嗎」，而是「我能說服這個雌性用我的精子，而不用其他雄性的嗎」、「我能用生殖器刺激及陰莖提供的快感，說服這個雌性接受我的精子，往內運送與卵結合，而非排出或殺死我的精子」。陰莖的主要角色其實是做為體內求偶工具，提供雌性性器最好、最利於引發交配的刺激。最好——應該也就是最愉悅——的生殖器刺激，似乎就是雄性說服雌性自己適合擔任父親的方法。

針對陰莖形狀、運作方式及其與陰道、子宮頸構造如何配合的研究，以及分析陰莖漸形複雜的構造如何與雌性日益複雜的交配習性配合，都支持「雄性陰莖的構造是以提供雌性性器最充分的刺激為目的」這種說法。比方說，公豬的螺旋形陰莖及螺絲尖頂端，似乎跟母豬的螺旋形子宮頸搭配得天衣無縫，而且陰莖末端的構造似乎能有效促使母豬接受更多精子。人工授精的研究顯示，人工陰莖若是有類似螺絲尖的頂端，精液倒流的量會減少。公牛陰莖尾端尾巴似的細絲可能也有同樣的功能，射精時會往前拋，似乎就是設計來刺激母牛生殖器的。圖7.6是三種獼猴的雌雄生殖器，顯示了陰道、子宮頸及陰莖如何對應。

不論是蕈狀的龜頭、陰莖頂端四周的摺邊垂片，或是隆起、凸塊、棘刺、小齒等陰莖表面精巧的裝飾，這些陰莖配備似乎都是雄

355

▼

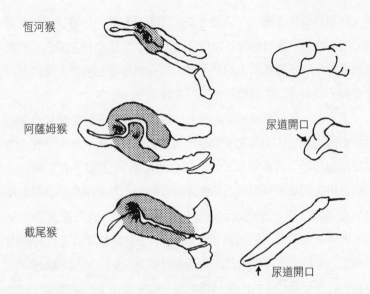

恆河猴

阿薩姆猴

尿道開口

截尾猴

↑ 尿道開口

圖7.6 相配合以提供最充分的刺激：獼猴的兩性生殖器形狀比較圖，雌性生殖器的陰影部分代表子宮頸的範圍（Adapted from Dixson AF, 1998）。

性為了能多加刺激雌性陰道的方式，希望能因此讓自己的精子多一層勝算。有趣的是，陰莖構造與雌性交配習性之關聯的分析研究也顯示，雌性交配行為愈多樣，陰莖這個體內求偶工具也愈複雜精巧；而到目前為止，針對蜂類、蝴蝶、甲蟲、靈長類等各種動物的研究結果，也全都支持這個理論。看來，雌性的交配習性決定並形塑了雄性陰莖的構造，亦即雌性的交配行為驅使陰莖演化。雌性性器官的構造及其提供的愉悅，設定了物種交配程序的要素。

最棒的興奮劑

探尋雌性性歡愉及性高潮重要性的科學研究有個有趣的註腳，

而且解釋了為何性高潮可以解決頭痛的問題。要知道，性高潮的止痛效果很好，意思就是可以提高女性的疼痛閾值（不斷施加的外力達到疼痛感的臨界點）。但是有一點很重要，女性性高潮在止痛的同時，又不影響女性對觸覺或壓力刺激的反應，因為性高潮沒有麻醉性，不會讓感覺遲鈍。研究顯示，可引發性高潮的陰道及子宮頸刺激，會將女性的疼痛閾值提高一倍。

　　研究也顯示，不但性高潮有這種效果，陰道刺激也有；然而，止痛程度要視陰道感受到的愉悅多寡而定，愉悅的陰道及子宮頸刺激可提升疼痛閾值達百分之七十五。能引發性高潮的陰道刺激有止痛效果的現象，也見於其他物種，大鼠和貓就是例子。這些動物的研究顯示，止痛效果就是經由兩條生殖脊神經（骨盆及下腹神經）傳達的；以母大鼠為例，交配時的陰道刺激產生的止痛效果，比每公斤十五毫克的硫酸嗎啡注射液劑量還強。

　　陰道刺激和性高潮有止痛效果？一種解釋指向大多數雌性動物有多雄交配的習性，有人認為，這種止痛機制可確保多次交配不會讓雌性生殖器不舒服；然而，從生殖的角度而言，雌性生殖器必須感覺和反應都非常敏銳。想想看，如果交配時的強烈感覺刺激造成性器官過於敏感，雌雄兩性可能就不願意那麼親密，或是交配時間不願意那麼長，生殖作用就難以成功，物種生存就有麻煩了。所以，雌性性愉悅可能是生殖器生理及物種演化的一大生物適應。

　　過去幾個世紀，對雌性生殖器一種很普遍的看法就是，它只是個被動的精子容器，對性歡愉及生殖作用都沒有作用，但願本書已經證明這個觀念是錯的。雌性性器官的感覺和反應都敏銳，因為它在有性生殖和兩性的性歡愉上都扮演非常重要的角色。

享樂原則

結束本書之前，我想談談人類享受性歡愉及性高潮的能力。每個人從胎兒時期就有享受歡愉的能力，性歡愉也不例外，子宮內的胎兒能達到性高潮就是明證。然而，值得注意的是，世人漸漸明白，人們對性歡愉（或任何一種歡愉）的感受，其實包括了兩個部分：一是身體經歷的生理過程，一是對這個過程的主觀認知。也就是說，一個人對性愉悅的認知，可能是取決於以往經歷的性歡愉（或缺乏性歡愉）、社會的常規與價值觀，以及性興奮和性高潮引發的眾多流動血管中的化學物質。

首先，我們來討論經驗如何影響性歡愉的享受。一個人若是一生都被教導要忽視性歡愉，或僅僅是孩童時期被如此教導，或是從沒聽過任何「權威」主張應該重視性歡愉，可能會因此對生殖器及情慾感覺的累積與釋放都反應遲鈍。有些人是幸運兒，被教導過情慾感覺很重要且值得享受。還有些人則是從以往的經驗學會忽略或壓抑這些感覺，並且給予這些肉體情慾之事負面評價。從對性高潮的反應就可以知道，人們對歡愉的認知非常主觀。有人說性高潮的感覺很可怕，有人則認為性高潮是世上最刺激、最舒服、最滿足的體驗。性高潮引發的各種化學物質作用，在所有人身上可能都一樣，但是情緒反應則因個人的人生經驗而異。

大腦其實是作用非常強大的性器官，也許是人體最有力的性器官；如果一個人從過去學到忽略性刺激是「較安全」、「較好」的事，大腦就會輕易忽略性刺激的信號。確實如此，研究顯示，女人可以「沒注意到」或不理會性刺激的感覺與性高潮。女人要忽略或

壓抑性興奮的感覺似乎較容易，因為女人沒有明顯的外表徵象可以表現出身體的感覺；男人則不一樣，可勃起的陰莖是很方便的訊息回饋儀，提醒他們自己有什麼感覺，要「忽略」生殖器的感覺也較為困難。

第二，社會如何影響個人看待性歡愉及性高潮的態度。在西方世界和大多數社會中，直到晚近，生殖器及性歡愉的知識都籠罩在層層的宗教及科學意識型態下，這些意識型態大多是誤導且有害的，女性性器官及性歡愉的知識受害尤深。因此，不是所有的女人都能盡情享受女陰，我覺得一點都不讓人意外。比較不同文化對性及性愉悅資訊之態度的人類學研究資料一再指出，不同文化對性高潮的反應差異極大。在缺乏性教育且主張性交是為了生育後代、而非為了歡愉的社會中，有性高潮和性愉悅經驗的女人相當少；然而，在從小便教導女孩男孩欣賞自己和他人性器官、同時也重視性歡愉的社會中，性高潮的體驗則是家常便飯。

一九四八年，人類學家瑪格麗特・米德在觀察過幾個太平洋島嶼的社會後，敏銳指出了幾個影響女人享受性歡愉及性高潮的文化因素，這些因素也適用於男人。米德寫道，女人若要得到性滿足：

1. 她必須生活在尊重女性情慾的文化裡。
2. 她生活的文化必須能讓她了解自己性器官的所有構造。
3. 她生活的文化必須教導能讓她經歷性高潮的性技巧。

對女人和男人都是一大福音的是，儘管進展緩慢，西方世界已經逐漸了解這種性教育的三大重點。有關女性性器官及其在性歡愉和生殖作用的角色，我們已經可以接觸到越來越多正確的資訊；而

且，不論從科學或文化的角度，世人也開始看重女陰——正如那些古老的神話教導我們的。遠遠不同於十六世紀的聖女大德蘭，女人現在可以、也確實享受自己的生殖器及其帶來的歡愉。誠如以下一名二十世紀女子對性高潮體驗的見證所言：「用不著我花費任何力氣，我的身體可以說是從體內受到撼動，每件事都對了。我感到節奏性的律動，感到融入某種大於小我之物，以及盡情享受真正的滿足與祥和的狂喜。」驕傲、歡愉和創造新生命的奇蹟，這種女陰觀就是女陰真正的故事。

參考書目

1 世界的源頭

Andersen, Jørgen, *The Witch on the Wall: Medieval Erotic Sculpture in the British Isles*, Copenhagen: Rosenkilde & Bagger, 1977.

Ardener, Shirley, 'A note on gender iconography: the vagina', *The Cultural Construction of Sexuality*, ed. Pat Caplan, London: Tavistock, 1987 113-42.

Bishop, Clifford, *Sex and Spirit*, London: Macmillan Reference Books, 1996.

Camphausen, Rufus C., *The Yoni: Sacred Symbol of Female Creative Power*, Vermont: Inner Traditions, 1996.

Camphausen, Rufus C., *The Encyclopaedia of Sacred Sexuality: From Aphrodisiacs and Ecstasy to Yoni Worship and Zap-Lam Yoga*, Vermont: Inner Traditions, 1999.

Clark, Kenneth, *The Nude*, London: Penguin Books, 1956.

Estés, Clarissa Pinkola, *Women Who Run With the Wolves: Contacting the Power of the Wild Woman*, London: Rider, 1992.

Frank, Anne, *The Diary of a Young Girl: The Definitive Edition*, new translation, ed. Otto H. Frank and Mirjam Pressler, London: Puffin, 1997.

Frymer-Kensky, Tikva, In the Wake of the Goddesses: *Women, Culture and the Biblical Transformation of Pagan Myth*, New York: Fawcett Columbine, 1992.

Gimbutas, Marija, *The Gods and Goddesses of Old Europe - Myths and Cult Images*, London: Thames and Hudson, 1982.

Gimbutas, Marija, *The Living Goddesses*, Los Angeles: University of

California Press, 1999.

Gimbutas, Marija, *The Language of the Goddess*, London: Thames and Hudson, 2001.

Halperin, David M., Winkler, John I., Zeitlin, Froma I., *Before Sexuality*, Princeton: Princeton University Press, 1991.

Jöchle, W., 'Biology and pathology of reproduction in Greek mythology', *Contraception*, 4 (1971), 1-13.

Lederer, Wolfgang, *The Fear of Women*, New York: Harcourt, Brace, Jovanovich, 1968.

Lubell, Winifred Milius, *The Metamorphosis of Baubo: Myths of Woman's Sexual Energy*, Nashville: Vanderbilt University Press, 1994.

Marshack, A., 'The Female Image: A "Time-factored" Symbol. A Study in Style and Aspects of Image Use in the Upper Palaeolithic', *Proceedings of the Prehistoric Society*, 57 (1991), 17-31.

Marshack, A., *The Roots of Civilisation*, New York: McGraw-Hill, 1972.

Murray, M. A., 'Female Fertility Figures', *Journal of the Royal Anthropological Institute of Great Britain and Ireland*, 64 (1934), 93-100.

Neumann, Erich, *The Great Mother: An Analysis of the Archetype*, trans. Ralph Mannheim, New Jersey: Princeton University Press, 1963.

Rudgeley, Richard, *Lost Civilisations of the Stone Age*, London: Arrow Books, 1999.

Singer, Kurt, 'Cowrie and Baubo in Early Japan', *Man*, 40 (1940), 50-53.

Stevens, John, *The Cosmic Embrace: An Illustrated Guide to Sacred Sex*, London: Thames and Hudson, 1999.

Stone, Merlin, *When God Was a Woman*, Florida: Harcourt Brace, 1976.

Suggs, R. C., *Marquesan Sexual Behaviour*, New York: Harcourt & Brace, 1966.

Taylor, Timothy, *The Prehistory of Sex: Four Million Years of Human Sexual Culture*, London: Fourth Estate, 1997.

Weir, Anthony, and Jerman, James, *Images of Lust: Sexual Carvings on Medieval Churches*, London: Routledge, 1986.

Yalom, Marilyn, *A History of the Breast*, London: Pandora, 1998.

2 玉戶

Adams, J. N., *The Latin Sexual Vocabulary*, London: Duckworth, 1982.

Blank, Joani, *Femalia*, San Francisco: Down There Press, 1993.

Burgen, Stephen, *Your Mother's Tongue: A Book of European Invective*, London: Gollancz, 1996.

Chia, Mantak, and Chia, Maneewan, *Cultivating Female Sexual Energy: Healing Love Through the Tao*, New York: Healing Tao Books, 1986.

de Graaf, Reinier, 'New Treatise Concerning the Generative Organs of Women', 1672, annotated translation by Jocelyn, H.B., and Setchell, B.P., *Journal of Reproduction and Fertility*, Supplement 17, Oxford: Blackwell Scientific Publications, 1972.

Dickinson, Robert Latou, *Human Sex Anatomy*, Baltimore: Williams & Wilkins, 1949.

Dreger, Alice Domurat, *Hermaphrodites and the Medical Invention of Sex*, Cambridge, Mass.: Harvard University Press, 1998.

Eisler, Riane, *The Chalice and the Blade*, California: HarperCollins, 1988.

Ensler, Eve, *The Vagina Monologues*, New York: Villard, 1998.

Fagan, Brian, *From Black Land to Fifth Sun: The Science of Sacred Sites*, Reading, Mass.: Perseus Books, 1998.

Fissell, Mary, 'Gender and Generation: Representing Reproduction in Early Modern England', *Gender and History*, 7 (3) (1995), 433-56.

Laqueur, Thomas, *Making Sex: Body and Gender From the Greeks to Freud*, Cambridge, Mass.: Harvard University Press, 1990.

Lemay, Helen Rodnite, *Women's Secrets: A Translation of Pseudo-Albertus Magnus' De Secretis Mulierum with Commentaries*, New York: State University of New York Press, 1992.

Paros, Lawrence, *The Erotic Tongue: A Sexual Lexicon*, New York: Henry Holt & Company, 1984.

Porter, Roy, and Hall, Lesley, *The Facts of Life: The Creation of Sexual Knowledge in Britain, 1650-1950*, New Haven and London: Yale University Press, 1995.

Schiebinger, Londa, *The Mind Has No Sex? Women in the Origins of Modern Science*, Cambridge, Mass.: Harvard University Press, 1989.

Tannahill, Reay, *Sex in History*, London: Abacus, 1989.

3 天鵝絨革命

Arthur Jr, Benjamin I., Hauschteck-Jungen, Elisabeth, Nothiger, Rolf, Ward, Paul I., 'A female nervous system is necessary for normal sperm storage in *Drosophila melanogaster*: a masculinized system is as good as none', *Proceedings of the Royal Society of London B*, 265 (1998), 1749-53.

Ben-Ari, Elia T., 'Choosy Females', *BioScience*, 50 (2000), 7-12.

Birkhead, T.R., and Møller, A. P., (eds.), *Sperm Competition and Sexual Selection*, London: Academic Press, 1998.

Birkhead, Tim, *Promiscuity: An Evolutionary History of Sperm Competition and Sexual Conflict*, London: Faber and Faber, 2000.

Calsbeek, Ryan, and Sinervo, Bary, 'Uncoupling direct and indirect components of female choice in the wild', *Proceedings of the National Academy of Sciences*, 99 (23) (2000), 14897-902.

Eberhard, William G., *Sexual Selection and Animal Genitalia*, Cambridge, Mass.: Harvard University Press, 1985.

Eberhard, William G., *Female Control: Sexual Selection by Cryptic Female Choice*, New Jersey: Princeton University Press, 1996.

Frank, L.G., Glickman, S.E., Powch, I., 'Sexual dimorphism in the spotted hyaena (*Crocuta crocuta*)', *Journal of Zoology*, 221 (1990), 308-13.

Frank, Laurence G., 'Evolution of genital masculinization: why do female hyaenas have such a large "penis"?', *Trends in Ecology and Evolution*, 12 (1997), 58-62.

Hellrigel, Barbara, and Bernasconi, Giorgina, 'Female-mediated differential sperm storage in a fly with complex spermathecae, *Scatophaga stercoraria*', *Animal Behaviour*, 59(1999), 311-17.

Hrdy, Sarah Blaffer, *The Woman That Never Evolved*, Cambridge, Mass.: Harvard University Press, 1999.

Hrdy, Sarah Blaffer, *Mother Nature: Natural Selection & the Female of the Species*, London: Chatto & Windus, 1999.

Margulis, Lynn, and Sagan, Dorion, *What is Sex?*, New York: Simon & Schuster Editions, 1997.

Neubaum, Deborah M., and Wolfner, Mariana F., "Wise, winsome or weird? Mechanisms of sperm storage in female animals', *Current Topics in Developmental Biology*, 41(1999), 67-97.

Newcomer, Scott, Zeh, David, Zeh, Jeanne, "Genetic benefits enhance the reproductive success of polyandrous females', *Proceedings of the National Academy of Sciences*, 96 (102) (1999), 36-41.

Pitnick, Scott, Markow, Therese, Spicer, Greg S., "Evolution of multiple kinds of female sperm-storage organs in *Drosophila'*, *Evolution*, 53 (6) (1999), 1804-22.

Pizzari, T., and Birkhead, T. R., "Female feral fowl eject sperm of subdominant males', *Nature*, 405 (2000), 787-9.

Small, Meredith F., *Female Choices: Sexual Behaviour of Female Primates*, Ithaca: Cornell University Press, 1993.

Tavris, Carol, *The Mismeasure of Woman*, New York: Simon & Schuster, 1992.

Wedekind, Claus, Chapuisat, M., Macas, E., Rulicke, T., 'Non-random fertilization in mice correlates with MHC and something else', *Heredity*, 77 (1995), 400-9.

4 夏娃的秘密

Angier, Natalie, *Woman: An Intimate Geography*, London: Virago, 1999.

Bagemihl, Bruce, *Biological Exuberance: Animal Homosexuality and Natural Diversity*, London: Profile Books, 1999.

Chalker, Rebecca, *The Clitoral Truth*, New York: Seven Stories Press, 2000.

Cloudsley, Anne, *Women of Omdurman: Life, Love and the Cult of Virginity*, London: Ethnographica, 1983.

de Waal, Frans, and Lanting, Frans, *Bonobo: The Forgotten Ape*, Berkeley:

University of California Press, 1997.

Dixson, Alan F., *Primate Sexuality: Comparative studies of the prosimians, monkeys, apes and human beings*, Oxford: Oxford University Press, 1998.

Fisher, Helen, *Anatomy of Love: A Natural History of Mating, Marriage and Why We Stray*, New York: Ballantine Books, 1992.

Galen, *On the Usefulness of the Parts (De usu partinum)*, Book 14.9, Vol. II, trans. Margaret Tallmadge May, Ithaca, New York: Cornell University Press, 1968.

Lowndes Sevely, Josephine, *Eve's Secrets: A New Theory of Female Sexuality*, New York: Random House, 1987.

Lowry, Thomas Power (ed.) *The Classic Clitoris: Historic Contributions to Scientific Sexuality*, Chicago: Nelson-Hall, 1978.

Moore, Lisa Jean, and Clarke, Adele E., 'Clitoral Conventions and Transgressions: Graphic Representations in Anatomy Texts, c. 1900-1991', *Feminist Studies*, 21(1995), 255-301.

Moscucci, Ornella, *The Science of Woman: Gynaecology and Gender in England 1800-1929*, Cambridge: University of Cambridge Press, 1990.

O'Connell, Helen, Hutson, John, Anderson, Colin, Plenter, Robert, 'Anatomical relationship between urethra and clitoris', *The Journal of Urology*, 159 (1998), 1892-7.

Pinto-Correia, Clara, *The Ovary of Eve: Egg and Sperm and Preformation*, Chicago: University of Chicago Press, 1997.

Schiebinger, Londa, *Nature's Body: Gender in the Making of Modern Science*, Boston: Beacon Press, 1993.

Sissa, Giulia, *Greek Virginity*, trans. Arthur Goldhammer, Cambridge, Mass.: Harvard University Press, 1990.

5 打開潘朵拉的盒子

Austin, C.R., 'Sperm fertility, viability and persistence in the female tract', *Journal of Reproduction and Fertility*, Supplement 22 (1975), 75-89.

Cabello Santamaria F., and Nesters R., 'Retrograde ejaculation: a new theory of female ejaculation', paper given at the 13th Congress of Sexology, Barcelona, Spain, August 1997.

Carr, Pat, and Gingerich, Willard, 'The Vagina Dentata Motif in Nahuatl and Pueblo Mythic Narratives: A Comparative Study', *Smoothing the Ground, Essays on Native American Oral Literature*, ed. Brian Swann, Los Angeles: University of California Press, 1983.

Douglas, Nik, and Slinger, Penny, *Sexual Secrets: The Alchemy of Ecstasy*, Vermont: Destiny Books, 1979.

Douglass, Marcia, and Douglass, Lisa, *Are We Having Fun Yet?: The Intelligent Woman's Guide to Sex*, New York: Hyperion, 1997.

Faix, A., Lapray, J.F., Courtieu, C., Maubon, A., Lanfrey, Kerry, 'Magnetic Resonance Imaging of Sexual Intercourse: Initial Experience', *Journal of Sex & Marital Therapy*, 27 (2001), 475-82.

Graber, Benjamin (ed.), *Circumvaginal Musculature and Sexual Function*, New York: S. Karger, 1982.

Gräfenberg, Ernest, 'The Role of the Urethra in Female Orgasm', *The International Journal of Sexology*, Vol. III (3) (1950), 145-8.

Gregor, Thomas, *Anxious Pleasures: The Sexual Lives of an Amazonian People*, Chicago: The University of Chicago Press, 1985.

Huffman, J.W., 'The Detailed Anatomy of the Paraurethral Ducts in the Adult Human Female', *American Journal of Obstetrics and Gynecology*, 55 (1948), 86-101.

Ladas, Alice Kahn, Whipple, Beverly, Perry, John D., *The G Spot and Other Discoveries about Human Sexuality*, New York: Bantam Doubleday, 1982.

Morgan, Elaine, *The Descent of Woman: The Classic Study of Evolution*, London: Souvenir Press, 1985.

Overstreet, J. W., and Mahi-Brown, C. A., 'Sperm Processing in the Female Reproductive Tract', *Local Immunity in Reproduction Tract Tissues*, ed. P.D. Griffin and P.M. Johnson, Oxford: Oxford University Press, 1993.

Perry, J.D., and Whipple, B., 'Pelvic muscle strength of female ejaculators: Evidence in support of a new theory of orgasm', *Journal of Sex Research*, 17 (1981), 22-39.

Raitt, Jill, 'The *Vagina Dentata and the Immaculatus Uterus Divini Fontis*', *The Journal of the American Academy of Religion*, XLVIII/3 (1980), 415-31.

Ruan, Fang Fu, *Sex in China: Studies in Sexology in Chinese Culture*, New York: Plenum Press, 1991.

Schleiner, Winfried, *Medical Ethics in the Renaissance*, Washington, D.C.: Georgetown University Press, 1995.

Stuart, Elizabeth, and Spencer, Paula, *The V Book: vital facts about the vulva, vestibule, vagina and more*, London: Piatkus, 2002.

Sundahl, Deborah, *Female Ejaculation & the G spot*, Alameda, California: Hunter House Publishers, 2003.

Van Lysebeth, André, *Tantra: The Cult of the Feminine*, Delhi: Motilal Banarsidass, 1995.

Walker, Barbara, *The Woman's Encyclopedia of Myths and Secrets*, San Francisco: Harper San Francisco, 1983.

Zaviacic, Milan, and Whipple, Beverly, 'Update on the Female Prostate and the Phenomenon of Female Ejaculation', *The Journal of Sex Research*, 30 (2) (1993), 148-51.

Zaviacic, Milan, *The Human Female Prostate: From Vestigial Skene's Paraurethral Glands and Ducts to Woman's Functional Prostate*, Bratislava: Slovak Academic Press, 1999.

Zaviacic, Milan, and Ablin, R.J., 'The female prostate and prostate-specific antigen. Immunohistochemical localization, implications of this prostate marker in women and reasons for using the term "prostate" in the human female', *Histology and Histopathology*, 15 (2000), 131-42.

6 芳香花園

Ackerman, Diane, *A Natural History of the Senses*, New York: Random House, 1990.

Barefoot Doctor's *Handbook for Modern Lovers*, London: Piatkus, 2000.

Blakemore, Cohn and Jennett, Sheila (eds.), *The Oxford Companion to the*

Body, Oxford, Oxford University Press, 2001.

Brahmachary, R.L., 'The expanding world of 2-acetyl-1-pyrrolline', *Current Science*, 71: Issue 4 (1996), 257-8.

Everett, H.C., 'Paroxysmal sneezing following orgasm (answer)', *Journal of the American Medical Association*, 219 (1972), 1350-1.

Fabricant, Noah, 'Sexual functions and the nose', *American Journal of the Medical Sciences*, 239 (1960), 156-60.

Green, Monica H., *The Trotula: A Medieval Compendium of Women's Medicine*, Philadelphia: University of Pennsylvania Press, 2001.

Jacquart, Danielle, and Thomasset, Claude, *Sexuality and Medicine in the Middle Ages*, Princeton: Princeton University Press, 1988.

Jöchle, Wolfgang, 'Current Research in Coitus-induced Ovulation: A Review', *Journal of Reproduction and Fertility*, Supplement 22 (1975), 165-207.

Kannan, S., and Archunan, G. 'Chemistry of clitoral gland secretions of the laboratory rat: Assessment of behavioural response to identified compounds', *Journal of Biosciences*, 26 (2001), 247-52.

King, Helen, *Hippocrates' Woman: Reading the Female Body in Ancient Greece*, London: Routledge, 1998.

Mackenzie, John N., 'Irritation of the sexual apparatus as an etiological factor in the production of nasal disease', *American Journal of the Medical Sciences*, 87 (1884), 360-5.

Milinski, Manfred, and Wedekind, Claus, 'Evidence for MHC-correlated perfume preferences in humans', *Behavioural Ecology*, 12: No. 2 (2001), 140-9.

Ober, Carole, Weitkamp, L.R., Cox, N., Dytch, H., Kostyu, D., Elias, S., 'HLA and human mate choice', *American Journal of Human Genetics*, 61 (3) (1997), 497-504.

Poran, N.S., 'Cyclic Attractivity of Human Female Odours', *Advances In the Biosciences*, 93 (1994), 555-60.

Purves, R., 'Accessory breasts in the labia majora', *British Journal of Surgery*, 15 (1928), 279-81.

369
▼

Stern, Kathleen, and McClintock, Martha K., 'Regulation of ovulation by human pheromones', *Nature*, 392 (1998), 177-9.

Stoddart, D. Michael, *The scented ape: The biology and culture of human odour*, London: Cambridge University Press, 1990.

van der Putte, S.C.J., 'Anogenital "sweat" glands: Histology and pathology of a gland that may mimic mammary glands', *The American Journal of Dermatopathology*, 13 (6) (1991), 557-67.

Veith, Jane L., Buck, Michael, Getzlaf, Shelly, van Dalfsen, Pamela, Slade, Sue, 'Exposure to men influences the occurrence of ovulation in women', *Physiology and Behaviour*, 31(1983), 313-5.

Vroon, Piet, with van Amerongen, Anton, and de Vries, Hans, *Smell: The Secret Seducer*, New York: Farrar, Straus and Giroux, 1994.

Wallen, Kim, and Schneider, Jill E. (eds.), *Reproduction in Context: Social and Environmental Influences on Reproduction*, Cambridge, Mass.: Massachusetts Institute of Technology, 2000.

Watson, Lyall, *Jacobson's Organ and the remarkable nature of smell*, London: The Penguin Press, 1999.

Wedekind, Claus, Seebeck, Thomas, Bettens, Florence, Pearce, Alexander J., 'MHC-dependent mate preferences in humans', *Proceedings of the Royal Society of London* Series B, 260 (1995), 245-9.

7 高潮的作用

Allen, M. L., and Lemmon, W. B., 'Orgasm in Female Primates', *American Journal of Primatology*, 1(1981), 15-34.

Baker, R. Robin, and Bellis, Mark A., 'Human Sperm Competition: ejaculate manipulation by females and a function for the female orgasm', *Animal Behaviour*, 46 (1993), 887-909.

Bohlen, Joseph G., Held, James P., Sanderson, Margaret Olwen, Ahlgren, Andrew, 'The Female Orgasm: Pelvic Contractions', *Archives of Sexual Behaviour*, 11(5) (1982), 367.

Bullough, Vernon L., and Bullough, Bonnie (eds.), *Human Sexuality: An*

Encyclopaedia, New York: Garland Publishing Inc., 1994.

Chia, Mantak, and Arava, Douglas Abrams, *The Multi-Orgasmic Man: how any man can experience multiple orgasms and dramatically enhance his sexual relationship*, San Francisco: Harper San Francisco, 1996.

Eberhard, W., 'Evidence for widespread courtship during copulation in 131 species of insects and spiders, and implications for cryptic female choice', *Evolution*, 48 (1994), 711-33.

Eberhard, W.G., Huber, BA., Rodriguez, R.L., Salas, I., Briceno, R.D., Rodriguez V., 'One size fits all? Relationships between the size and degree of variation in genitalia and other body parts in 20 species of insects and spiders', *Evolution*, 52 (1998), 415-31.

Eisler, Riane, *Sacred Pleasure: Sex, Myth and the Politics of the Body*, San Francisco: HarperCollins, 1995.

Fox, C.A., Wolff, H.S., Baker, J.A., 'Measurement of Intra-vaginal and Intrauterine Pressures during Human Coitus by Radio-telemetry', *Journal of Reproduction and Fertility*, 22 (1970), 243-51.

Fox, C.A., and Fox, Beatrice, 'A comparative study of coital physiology, with special reference to the sexual climax', *Journal of Reproduction and Fertility*, 24 (1971), 319-36.

Friedman, David M., *A Mind of Its Own: A Cultural History of the Penis*, London: Robert Hale, 2002.

Gay, Peter, *The Bourgeois Experience: Victoria to Freud, Volume 1, Education of the Senses*, New York: W. W Norton, 1984.

Giorgi, G., and Siccardi, M., 'Ultrasonographic observation of a female fetus' sexual behaviour in utero', *American Journal of Obstetrics and Gynecology*, 175 (3): Part 1(1996), 753.

Ho, Mae-Wan, *The Rainbow and the Worm: The Physics of Organisms*, Singapore: World Scientific Publishing, 1998.

Komisaruk, Barry R., Gerdes, Carolyn A., Whipple, Beverly, ' "Complete" spinal cord injury does not block perceptual responses to genital selfstimulation in women', *Archives of Neurology*, 54 (1997), 1513-20.

Komisaruk, Barry R., and Whipple, Beverly, 'Love as Sensory Stimulation:

參考書目

Physiological Consequences of its Deprivation and Expression', *Psychoneuroendocrinology*, 23: No 8 (1998), 927-44.

Komisaruk, Barry R., and Whipple, Beverly, 'How does vaginal stimulation produce pleasure, pain and analgesia?', *Sex, Gender and Pain, Progress in Pain Research and Management*, ed. Roger B. Fillingim, Vol. 17, Seattle: IASP Press, 2000.

Maines, Rachel P., *The Technology of Orgasm, 'Hysteria', the Vibrator, and Women's Sexual Satisfaction*, Baltimore: The Johns Hopkins University Press, 1999.

Pert, Candace, *Molecules of Emotion: Why You Feel The Way You Feel*, London: Simon & Schuster, 1998.

Porges, Stephen W., 'Love: An emergent property of the mammalian autonomic nervous system', *Psychoneuroendocrinology*, 23 (8) (1998), 837-61.

Reich,Wilhelm (1927), *The Function of the Orgasm – sex-economic problems of biological energy*, London: Souvenir Press, 1983.

Slob, A.K., Groenveld, W.H., van der Werff Ten Bosch, J.J., 'Physiological changes during copulation in male and female stumptail macaques (*Macaca arctoides*)', *Physiology and Behaviour*, 38 (1986), 891-5.

Whipple, Beverly, Gerdes, C.A., Komisaruk, B.R., 'Sexual response to self-stimulation in women with complete spinal cord injury', *Journal of Sex Research*, 33 (1996), 231-40.

Whipple, Beverly, Myers, Brent R., Komisaruk, Barry R., 'Male Multiple Ejaculatory Orgasms: A Case Study', *Journal of Sex Education and Therapy*, 23 (2) (1998), 157-62.

Wolf, Naomi, *Promiscuities: A Secret History of Female Desire*, London: Vintage, 1998.

Zeh, Jeanne A., and Zeh, David W, 'Reproductive mode and the genetic benefits of polyandry', *Animal Behaviour*, 61(2001), 1051-63.

Zuk, Marlene, *Sexual selections: What we can and can't learn about sex from animals*, Berkeley: University of California Press, 2002.

女陰

圖片出處

彩色

The vagina giving birth – from *The Yoni: Sacred Symbol of Female Creative Power* by Rufus C. Camphausen, Inner Traditions, Vermont, 1996.

The yoni as yantra – from *Yantra: The Tantric Symbol of Cosmic Unity* by Madhu Khanna, Thames & Hudson Ltd, London, 1979.

'The Origin of the World; Gustave Courbet, 1866 – Bridgeman Art Library/Musee d'Orsay, Paris.

Vulvas from *Femalia* by Joani Black, Down There Press, San Francisco. Reproduced with permission.

Female bonobos © Frans Lanting.

黑白

1.1   from *The Witch on the Wall: Medieval Erotic Sculpture in the British Isles* by Jorgen Anderson, Rosenkilde & Bagger, 1977.

1.2   from *Images of Lust: Sexual Carvings on Medieval Churches* by Anthony Weir and James Jerman, Routledge, 1986.

1.3   from *The Great Mother: An Analysis of the Archetype* translated by Ralph Mannheim, Princeton University Press, 1963. Staatliche Museum Preussischer Kulturbesitz, Antikenmuseum, Berlin; Museum für Volkerkunde, Berlin; British Museum.

1.4   The Castello Sforcesco, Milano. Photo Bartorelli.

1.5   from *Images of Lust: Sexual Carvings on Medieval Churches* by Anthony Weir and James Jerman, Routledge, 1986, Fortean Picture Library; *The Witch on the Wall: Medieval Erotic Sculpture in the British Isles* by Jorgen Anderson, Rosenkilde & Bagger, 1977, National Monuments Record, London; *The Yoni: Sacred Symbol of Female Creative Power* by Rufus C. Camphausen, Inner Traditions, Vermont, 1996.

1.6   Terence Medean/Fortean Picture Library.

1.7   Bridgeman Art Library/Kunsthistorisches Museum, Vienna; Bridgeman Art Library/Musee des Antiquites Nationales, St-Germain-en-Laye, France.

1.8   from *The Great Mother* by Erich Neumann; British Museum. Bridgeman Art Library/Ashmolean Museum, Oxford.

2.1   redrawn from *Language of the Goddess* by Gimbutas.

2.2   from *Making Sex: Body and Gender from Greeks to Freud* by Thomas Laqueur, Harvard University Press, 1990.

2.3   from *Eve's Secrets: A New theory of Female Sexuality* by Josephine Lowndes Sevely, Random House, 1987.

2.4   from *Making Sex: Body and Gender from Greeks to Freud* by Thomas Laqueur, Harvard University Press, 1990; *The Mind Has No Sex: Women in the Origins of Modern Science* by Londa Schiebinger, Harvard University Press, 1989.

2.5   from *Making Sex: Body and Gender from Greeks to Freud* by Thomas Laqueur, Harvard University Press, 1990.

3.1   from 'Communications from the Mammal Society', *New Scientist*, © Stephen Glickman.

3.2 from *Sexual Selection and Animal Genitalia* by William G. Eberhard; Harvard University Press, 1985; *Female Control: Sexual Selection and Cryptic Female Choice* by William G. Eberhard, Princeton University Press, 1996.

3.3 redrawn from *Female Control: Sexual Selection and Cryptic Female Choice* by William G. Eberhard, Princeton University Press, 1996.

3.4 from *Sexual Selection and Animal Genitalia* by William G. Eberhard; Harvard University Press, 1985.

4.1 from *Eve's Secrets: A New Theory of Female Sexuality* by Josephine Lowndes Sevely, Random House, 1987; 'New Treatise Concerning the Generative Organs of Women' by Reinier de Graaf, *Journal of Reproduction and Fertility*, Supplement 17, Blackwell Scientific Publications, 1972.

4.2 from *What is Sex?* by Lynn Margulis and Dorion Sagan, Simon & Schuster Editions, 1997, drawing by Christie Lyons.

4.3 to 4.6 redrawn from *Are We Having Fun Yet?: The Intelligent Woman's Guide to Sex* by Marcia Douglass and Lisa Douglass, Hyperion, 1997.

5.1 redrawn from 'The Vagina Dentata Motif in Nahuatl and Pueblo Mythic Narratives: A Comparative Study' by Carr, Pat and Gingerich, in *Smoothing the Ground: Essays on Native American Oral Literature*, edited by Brian Swann, University of California Press, 1983.

5.2 from *Pandora's Box: The Changing Aspects of a Mythical Symbol* by Dora and Erwin Panofsky, Princeton University Press, 1991. Kunstmuseum, Bern.

5.3 redrawn from *The Clitoral Truth* by Rebecca Chalker, Seven Stories Press, 2000.

圖片出處

5.4   redrawn from *The Human Female Prostate: From Vestigial Skene's Paraurethral Glands and Ducts to Woman's Functional Prostate* by Milan Zaviacic, Slovak Academic Press, 1999.

5.5 & 5.6 redrawn from *Are We Having Fun Yet?: The Intelligent Woman's Guide to Sex* by Marcia Douglass and Lisa Douglass, Hyperion, 1997.

5.7   redrawn from *The Human Female Prostate: From Vestigial Skene's Paraurethral Glands and Ducts to Woman's Functional Prostate* by Milan Zaviacic, Slovak Academic Press, 1999.

6.1   from *The Technology of Orgasm, 'Hysteria', the Vibrator and Women's Sexual Satisfaction* by Rachel P. Maines, The Johns Hopkins University Press, 1999.

6.2   from *The Scented Ape: The Biology and Culture of Human Odour* by Michael D. Stoddart, Cambridge University Press, 1990.

6.3   redrawn from *Female Control: Sexual Selection and Cryptic Female Choice* by William G. Eberhard, Princeton University Press, 1996.

7.1   Bridgeman Art Library/Santa Maria Della Vittorio, Rome.

7.2 & 7.3 from *The Technology of Orgasm, 'Hysteria', the Vibrator and Women's Sexual Satisfaction* by Rachel P. Maines, The Johns Hopkins University Press, 1999.

7.4   redrawn from 'The Female Orgasm: Pelvic Contractions' in *Archives of Sexual Behaviour, 11*.

7.5   redrawn from 'Physiological Changes During Copulation in Male and Female Stumptail Macaques' in *Physiology and Behaviour, 38*.

7.6   from *Primate Sexuality: Comparative Studies of the Prosimians, Monkeys, Apes and Human Beings* by Alan F. Dixson, Oxford University Press, 1998.

譯名對照表及索引

《G點與人類性行為的其他新發現》The G Spot and Other Discoveries About Human Sexuality／231

二劃
《人體各部位的作用》On the Usefulness of the Parts／90, 157, 233, 244, 308
《人體地圖》Anthropographia／84
《人體結構》Syntagma Anatomicum／79
《人體結構七卷》De Humani Corporis Fabrica／85, 88, 94
卜塔 Ptah／23
《卜塔霍特普格言錄》the maxims of Ptah-Hotep／108

三劃
土木土群島 Tuamotos Islands／205
大亞伯特 Albertus Magnus／80, 326
大壺節 Kumbh Mela／21
《女人的自然史》Histoire Naturelle de la Femme／177
《女人的秘密》De Secretis MuLierum／80, 91, 96, 259, 310, 327
《女巫之鎚》Malleus Maleficarum／327

《女性生殖器研究》The Treatise Concerning the Generative Organs of Women／82, 109, 159, 219, 233

四劃
《五箭集》Pancasayaka／242
內夫橈伊 Sheikh Nefzaoui／215
厄瑞克 Erech／43
孔亞高原 Konya Plain／86
《巴比倫塔木德經》Babylonian Talmud／80
巴氏腺 Bartholin's glands／156, 210, 279-280
巴托羅人 Batoro／247
巴隆人 Balong／27

五劃
以撒克‧布朗 Isaac Baker Brown／163
加根堡 Galgenberg／46
加泰隆尼亞 Catalonia／17, 87
北蒂耶蓋諾族 Northern Diegueno／55
卡內克鎮 Carnac／61
卡波 Kapo／56
卡瑪普 Kamapua／56
可兒 Kore／30, 32
古爾奈鎮 Qurna／59

史孔拉克 Scannlach／25

史氏腺 Skene's glands／210, 234, 244

史考特斯 Michael Scotus／258

史金 Alexander Skene／234

史密斯 E. H. Smith／319

尼可森・貝克 Nicolson Baker／75

左拉 Emile Zola／264

布巴斯提斯 Bubastis／21-23

布瓦荻葉 Diane de Poitiers／221

布魯門巴赫 Johann Blumenbach／180

布魯瑪 Ian Buruma／31

弗里吉亞 Phrygia／65

弗雷克 Ludwig Fleck／111

札加吉克 Zagazig／22

《玉戶》Femalia／259

瓦里恩 Samuel Spencer Wallian／314

《生物的奧秘》Mysteries of the Organism／
321

皮麗 Pele／56

六劃

《伊尼亞德》Aeneid／257

伊西斯 Isis／36, 39, 53, 265

伊洛西斯 Eleusis／30, 32-33

多貢人 Dogon／166

多敦河 Dordogne／46-48, 50

多羅邁特 Dolomites／20

安妮・法蘭克 Anne Frank／69, 71

安格爾 Jean Auguste Dominique Ingres／69

安達吉 Federico Andahazi／159

安魯儀式 Anlu／25-26

老普林尼 Pliny／17, 20, 64, 78

考伯氏腺 Cowper's glands／239, 250, 280

艾克頓 William Acton／318

艾森 Charles Eisen／18

西布莉 Cybele／65, 67

西瑞歐諾族 Siriono tribe／170

七劃

何露斯 Horus／28

克呂居諾村 Crucuno／61

克拉夫特─埃賓 Richard von Krafft-Ebing
／316

克連斯 Krems／46

克雷莫納 Cremona／155

克魯克 Helkiah Crooke／97

《助產術概論》A General Treatise of
Midwifery／79

希瓦羅人 Jivaro／167

希拉斯 Psellus／33

希波克拉底 Hippocrates／78, 95, 245,
260-261, 263, 266, 270, 308-310, 312

《希波克拉底箴言集》Hippocratic
Aphorisms／261

希羅多德 Herodotus／21-23, 31-32

希羅菲勒斯 Herophilus／76, 94-96

沙克蒂 Shakti／57-58, 61

狄米特 Demeter／30-33, 36-37, 43

狄奧多羅斯 Diodorus Siculus／23

狄奧根尼・拉爾提斯 Diogenes Laertius／
263

《男性生殖器》The Generative Organs of
Men／258

芒蓋亞 Mangaia／169-170, 247, 306

貝尼尼 Gianlorenzo Bernini／305
貝克 Joseph Beck／328-329
貝克維立人 Bakweri／26-27
貝斯特 Bast／21-22
貝爾瓦勒第 Mondonus Belvaleti／68
貝德亞克的女陰 Bédeilhac vulva／49
里奧朗 Jean Riolan／84

八劃

《亞里斯多德的傑作》Aristotle's Masterpiece／98, 110
《亞雅曼加納》Jayamangala／242
亞歷山卓的克萊門 Clement of Alexandria／33
亞諾比斯 Arnobius／33
奇曼族 Chimane／55
孟培澤爾 Monpazier／46
孟斐斯 Memphis／23, 165
居維葉 Georges Cuvier／173
帕雷 Ambroise Paré／92, 177, 311
帕齊尼氏小體 Pacinian corpuscles／194
性力派 Shakta／57
《性心理變態》Psychopathia Sexualis／316
《性典》Ananga Ranga／64, 220, 242, 274-275
《性器圖》Tabulae sex／90
拉伯雷 François Rabelais／19
拉芳登 Jean de La Fontaine／18
拉齊 Rhazes／314
昂格勒村 Angles-sur-L'Anglin／51
明布雷斯時期 Mimbres／205
杭珊 Francois Ranchin／246

林布蘭姆 Lindblom／329
林奈 Carl Linnaeus／278
波科特族 Pokot／28
波特萊爾 Charles Baudelaire／280
波納佩島 Ponape／247, 253
波提且利 Botticelli／63
波賽頓 Poseidon／24
法洛皮歐 Gabriel Fallopius／84, 155-159, 161, 198
法摩丹 Jan Swammerdam／98
金迪 al-Kindi／64
阿布卡西姆 Albucasim／156
阿布魯佐 Abruzzo／18
阿皮斯 Apis／23
阿米達的艾提厄斯 Äetius of Amida／309, 313
阿拉佩什族 Arapesh／28
阿威羅伊 Averroes／311
阿特密絲 Artemis／64
阿善提人 Ashanti／257
阿瑪魯 Amaru／242
《阿瑪魯詩集》Amarusataka／242
阿維拉 Avila／305
阿維森納 Avicenna／156-157, 326
阿德勒 Otto Adler／319
阿贊德族 Azande／27
非洲人康斯坦丁 Constantine the African／325

九劃

保羅·克利 Paul Klee／207
哈托爾 Hathor／28-29, 31, 36
哈特教派 Hutterites／299
哈騰托維納斯 Hottentot Venus／173-174

城堡之女 Sheela-na-Gig girls／12, 40-45, 58

查塔堆 Çatal Hüyük／86-87

查爾斯・泰勒 Charles Taylor／318

柏勒羅豐 Bellerophon／24-25

柏盧諾 Belluno／20

洛威 Pierre Louÿs／276

珍・夏普 Jane Sharp／76, 99

科伊科伊人 Khoi Khoi／171-173

科地維列河 Cordevole river／20

科貝爾特 Georg Ludwig Kobelt／189

科依桑族 Khoisan／28

科姆人 Kom／25-26

科隆博 Matteo Realdo Colombo／79, 81-82, 155-156, 158-159

科摩 Como／39

美杜莎 Medusa／37

美奈弗 Men-Nefer／23

范弗瑞斯特 Pieter van Foreest／313

迦利那摩羅 Kalyanamalla／220

迪奧斯科里斯 Dioscorides／275

《面具之下》Behind the Mask／31

《面相學》Physiognomica／257

十劃

《哲學家與醫生歧異的調解人》Conciliator Differentiarum／158

《夏娃的秘密：女性性慾新理論》Eve's Secrets: A New Theory of Female Sexuality／159, 191

家樂氏 J. H. Kellogg／163

庫克連 Cúchulain／25

庫梅亞伊族 Kumeyaay／55

庫爾貝 Gustave Courbet／69

桑方坦 Sandfontein／173

格拉維特文化 Gravettian period／46

海克爾 Ernst Haeckel／271

海摩爾 Nathaniel Highmore／314

烏魯阿族 Urua／171

特土良 Tertullian／65

特西皮赫 Auguste Tripier／314

《特卓拉》Trotula／177, 261-263, 312

特洛布里安群島 Trobriand Islands／53, 166-167, 170, 247, 306

《特殊醫學案例》Observations Rares de Médecine／268

索蘭納斯 Soranus／83, 158, 175, 309

馬克薩斯 Marquesas／19-21, 169, 171, 222, 286, 307

馬肯吉 John N. Mackenzie／267-269

馬漢─史密斯 Walter Mahon-Smith／19

馬德拉斯 Madras／17

高哈提 Gauhati／58

十一劃

基庫尤族 Kikuyu／27

《婦科學》Gynaecology／83, 158, 175, 309

敘拉古 Syracuse／32

梵迪朋貝克 Abraham van Diepenbeeck／207

梵特查 Juan-Alonso de los Ruyzes de Fontecha 西班牙醫生／177

梅因納庫人 Mehinaku／168, 171, 201, 259-260

梅斯納氏小體 Meissner corpuscles／194

梅寶‧陶德 Mabel Loomis Todd／311-312

理查‧波頓 Richard Burton／220

《現代普麗西拉》Modern Priscilla／316

《產婆手冊》The Midwives Book／76, 99

莎塔婕 Saartjie Baartman／173-174

莫內爾 Samuel Howard Monell／315

莫波徒伊 Pierre de Maupertuis／309

麥克林塔克 Martha McClintock／291

麥斯特斯 William Masters／228, 340

十二劃

凱格爾 Arnold Kegel／226-227

凱斯特勒斯 Petrus Castellus／264

勞塞爾 Laussel／47-48, 86

《博物誌》Natural History／17

喬治‧納菲斯 George Napheys／318

提索特 Tissot／164

提瑞西亞斯 Teiresias／324, 334

斯帕蘭札尼 Lazzaro Spallanzani／311

普里內 Priene／37

普埃布羅人 Pueblo／204-205

普路托 Pluto／30

普魯塔克 Plutarch／17, 19, 24

湯瑪斯‧巴多林 Thomas Bartholin／99, 156

猶里封 Euryphon／158

華里絲‧辛普森 Wallis Simpson／221

菲利斯 Wilhelm Fliess／269

費拉西 La Ferrassie／49-50

隆荻絲塞維利 Josephine Lowndes Sevely／159, 191

雅沙達羅 Yasodhara／242

雅諾馬莫人 Yanomamo／201

十三劃

塞內加 Seneca／78

塞佛特 E. Seifert／269

塞拉皮翁神廟 Serapeum temple／23

塞特 Seth／28

塞爾蘇斯 Celsus／78, 260

塞維亞的伊西多爾 Isidore of Seville／77, 80

奧弗涅 Auvergne／32

奧瑞納文化 Aurignacian period／49

《愛之明燈》Smaradipika／242

《愛神之軀》Venus Physique／309

《愛情的祕密》Ratirahasya／242

《愛經》Kama Sutra／57, 216, 242

楚克島 Truk／170, 247

《歇斯底里與慮病症》De Passione Hysterica et Affectione Hypochodriaca／314

瑞 Ra／28

聖女大德蘭 St Teresa／305-306, 313, 360

葛拉斯頓伯里 Glastonbury／21

葛芬伯格 Ernst Gräfenberg／230-232, 241

葛蘭維爾 Joseph Mortimer Granville／314

《解剖師與性感帶》The Anatomist／159

《解剖學入門簡編》Isagoge brevis／86

《解剖學觀察》Observationes Anatomicae／84, 155

達巴諾 Pietro d'Abano／158

達卡皮 Jacopo Berengario da Carpi／85-86

達葛拉迪 Giovanni Matteo Ferrari da Gradi／313

雷翰 Reinheim／34

十四劃

榮格 Carl Jung／166

瑪格麗特・米德 Margaret Mead／359

瑪麗亞・雷翁薩 Marie Leonza／37

維吉爾 Virgil／257

維伯黑 Paul de Vibraye／48

維倫多夫 Willendorf／46-48, 69

維恩地區 Vienne／51

維斯林 Jhann Vesling／79, 81

維薩里 Andreas Vesalius／85, 88-90, 94

蓋倫 Galen／90-91, 93-97, 157, 175, 233, 243-244, 308, 312-313

蓋斯伯・巴多林 Kaspar Bartholin／97, 156

蓋爾人 Gaelic／25

蓋婭 Gaia／33

《語源學》Etymologiarum／77

赫利奧加巴盧斯 Heliogabalus／257

赫里克 Robert Herrick／265, 276

赫曼・菲林 Hermann Fehling／318

十五劃

德格拉夫 Reinier de Graaf／80, 82-83, 97-98, 109, 159-162, 219, 228, 230, 233-234, 244, 257

德謨克利特 Democritus／263

摩特莫爾 Hector Mortimer／269

《摩訶婆羅多》Mahabharata／109, 324

潘朵拉 Pandora／206-207

滕布人 Tembu／205

緬因斯 Rachel Maines／314

《論性交》On Coitus／325

魯弗斯 Rufus of Ephesus／100, 157, 275

十六劃

盧波 Felix Roubaud／328

賴希 Wilhelm Reich／320-321

鮑辛 Gaspard Bauhin／92

《默克醫學診斷及治療手冊》Merck Manual／319

十七劃

戴歐尼斯 Pierre Dionis／79

《聲音》Vox／75

薇吉妮亞・強森 Virginia Johnson／228, 340

邁諾安 Minoan／87

十八劃

薩赫特 Jacques Moreau de la Sarthe／177

薩德侯爵 Marqis de Sade／240

《醫術大全》Pantegni／84

魏爾 Stalpart de Wiel／268

十九劃

瓊妮・布連克 Joani Blank／75, 259

《羅摩衍那》Ramayana／325

《藥物論》De Materia Medica／275

二十劃以上

寶波 Baubo／12, 30-34, 36-38, 43-44, 202

《蘇達》Suda／59

蘭尼厄斯 Lemnius／326

《讓靈魂愉悅的芳香花園》The Perfumed Garden／215

ReNew 014

女陰：揭開女性秘密花園的秘密

作　　　者	凱瑟琳・布雷克里琪
譯　　　者	郭乃嘉
主　　編	郭顯煒
發　行　人	涂玉雲

出　　　版　麥田出版
　　　　　　城邦文化事業股份有限公司
　　　　　　台北市信義路二段213號11樓
　　　　　　電話：(02) 2351-7776　傳真：(02) 2351-9179

發　　　行　英屬蓋曼群島商家庭傳媒股份有限公司城邦分公司
　　　　　　台北市民生東路二段141號2樓
　　　　　　讀者服務專線：0800-020-299
　　　　　　服務時間：週一至週五9：30~12：00；13：30~17：30
　　　　　　24小時傳真服務：(02) 2517-0999
　　　　　　讀者服務信箱E-mail: cs@cite.com.tw
　　　　　　郵撥帳號：19833503
　　　　　　戶名：英屬蓋曼群島商家庭傳媒股份有限公司城邦分公司

香港發行所　城邦（香港）出版集團有限公司
　　　　　　地址：香港灣仔軒尼詩道235號3樓
　　　　　　電話：(852) 25086231　傳真：(852) 25789337
　　　　　　電郵：hkcite@biznetvigator.com

馬新發行所　城邦（馬新）出版集團 Cite (M) Sdn. Bhd. (458372U)
　　　　　　11, Jalan 30D/146, Desa Tasik, Sungai Besi,
　　　　　　57000 Kuala Lumpur, Malaysia
　　　　　　電話：(603) 90563833　傳真：(603) 90562833
　　　　　　電郵：citecite@streamyx.com

印　　　刷　禾堅有限公司
初 版 一 刷　2005年12月

ISBN : 986-173-000-1

Printed in Taiwan

售價：420元

版權所有◎翻印必究

國家圖書館出版品預行編目資料

女陰：揭開女性秘密花園的秘密 / 凱瑟琳‧布雷
克里琪（Catherine Blackledge）著；郭乃嘉譯.
－－初版.－－臺北市：麥田出版：家庭傳媒城
邦分公司發行, 2005 [民94]
　　面；　公分.－－（ReNew : 14）
參考書目：面
含索引
譯自：The Story of V : Opening Pandora's Box
ISBN 986-173-000-1（平裝）

　　1. 性器官　2. 性

398.82　　　　　　　　　　　　　94020493

ReNew

新視野・新觀點・新活力

ReNew

新視野・新觀點・新活力